AF602522

Double imp. les planches
les 21 1res feuilles ont été réimprimées.

~~imp. la table~~

S 926
J.c.3

(Edition diff.)

ICONOGRAPHIE

ET

HISTOIRE NATURELLE

DES COLÉOPTÈRES D'EUROPE.

IMPRIMERIE DE L.-S. CRÉTÉ. — CORBEIL.

ICONOGRAPHIE

ET

HISTOIRE NATURELLE

DES COLÉOPTÈRES D'EUROPE;

PAR M. LE COMTE DEJEAN,

PAIR DE FRANCE, LIEUTENANT-GÉNÉRAL DES ARMÉES DU ROI, COMMANDEUR DE L'ORDRE ROYAL DE LA LÉGION D'HONNEUR, CHEVALIER DE L'ORDRE ROYAL ET MILITAIRE DE SAINT-LOUIS, MEMBRE DE LA SOCIÉTÉ PHILOMATIQUE ET DE PLUSIEURS AUTRES SOCIÉTÉS SAVANTES, NATIONALES ET ÉTRANGÈRES;

ET M. LE DOCTEUR J.-A. BOISDUVAL,

MEMBRE DE PLUSIEURS SOCIÉTÉS SAVANTES NATIONALES ET ÉTRANGÈRES.

TOME TROISIÈME.

A PARIS,

CHEZ MÉQUIGNON-MARVIS, LIBRAIRE-ÉDITEUR,

RUE DU JARDINET, N° 13;

A BRUXELLES,

AU DÉPÔT GÉNÉRAL DE LA LIBRAIRIE MÉDICALE FRANÇAISE.

1832.

ICONOGRAPHIE

ET

HISTOIRE NATURELLE

DES COLÉOPTÈRES D'EUROPE.

XXVI. FERONIA. *Latreille.*

PLATYSMA PTEROSTICHUS. ABAX. MOLOPS. *Bonelli.* *Sturm.* POECILUS MELANIUS. PERCUS. *Bonelli.* OMASEUS. NOMALUS. COPHOSUS. *Ziegler.* ARGUTOR. STÉROPUS. *Megerle* HARPALUS. *Gyllenhal.* CARABUS. *Fabricius.*

Les trois premiers articles des tarses antérieurs dilatés dans les mâles, moins longs que larges et fortement triangulaires ou cordiformes. Dernier article des palpes plus ou moins allongé, cylindrique ou légèrement sécuriforme. Antennes filiformes plus ou moins allongées. Lèvre supérieure en carré moins long que large, quelquefois presque transversale, coupée carrément antérieurement ou légèrement échancrée. Mandibules plus ou moins avancées, plus ou moins arquées et plus ou moins aiguës. Une dent bifide au milieu de l'échancrure du menton. Corselet plus ou moins cordiforme, arrondi, carré ou trapézoïde, jamais transversal. Élytres plus ou moins allongées, ovales ou parallèles. Jambes intermédiaires toujours droites.

Bonelli, dans la table synoptique jointe à la première partie de ses Observations entomologiques publiées en 1809, donne les caractères génériques qu'il assigne à ses genres *Platysma, Pœcilus, Abax*, *Molops*, *Percus*, *Melanius* et *Pterostichus*. Depuis, MM. Megerle et Ziegler établirent les genres *Argutor, Steropus, Cophosus* et *Omaseus;* ce dernier correspond au *Melanius* de Bonelli.

Tel que M. Dejean le conçoit maintenant, le genre *Feronia* paraît assez distinct de tous les autres de cette tribu, et quoiqu'il renferme des espèces très-différentes les unes des autres par leur taille et leur *facies*, on les reconnaîtra facilement aux caractères suivans :

La lèvre supérieure est plane ou très-légèrement convexe, en carré moins long que large, quelquefois presque transversale, coupée carrément antérieurement et quelquefois légèrement échancrée. Les mandibules sont plus ou moins avancées, mais jamais très-saillantes, plus ou moins arquées et plus ou moins aiguës ; elles ont quelquefois une ou plusieurs dents à leur base, mais peu distinctes et toujours cachées par la lèvre supérieure. Le menton est assez grand, plus ou moins concave, fortement échancré, et il a au milieu de son échancrure une forte dent distinctement bifide. Les palpes sont plus ou moins allongés, quelquefois assez minces, quelquefois assez forts ; leur dernier article est toujours presque cylindrique ou légèrement sécuriforme. Les antennes sont filiformes, quelquefois assez allongées, quelquefois assez courtes et quelquefois presque moniliformes ; leurs articles sont tantôt assez allongés, presque cylindriques ou obconiques ou légèrement comprimés, et tantôt assez courts et grenus ; le premier article est toujours un peu plus gros que les autres ; le second est le plus court de tous, et le troisième un peu plus long que les suivans. La tête est ordinairement ovale, plus ou moins allongée et peu ou point rétrécie postérieurement. Les yeux sont peu saillans. Le corselet est plus ou moins cordiforme, arrondi, carré ou trapézoïde, mais jamais transversal. Les élytres sont quelquefois très-courtes, quelquefois très-allongées et plus ou moins ovales ou parallèles, plus ou moins planes ou convexes. Les pattes sont plus ou moins fortes ou allongées. Les jambes antérieures sont assez profondément échancrées ; les intermédiaires sont toujours droites ou très-légèrement arquées. Les articles des tarses sont plus ou moins allongés, presque cylindriques ou légèrement triangulaires et bifides à l'extrémité ; les trois premiers des tarses antérieurs sont fortement dilatés dans les mâles : le premier est triangulaire et plus grand que les suivans, qui sont moins longs que larges et fortement cordiformes. Les crochets des tarses ne sont pas dentelés en dessous.

Ce genre étant très-nombreux en espèces, il devient indispensable de le subdiviser ; mais cela est presque aussi difficile que d'établir des genres.

Voici les divisions que M. Dejean a cru devoir établir dans le troisième volume de son *Species*.

1re Division. *Pœcilus*, Bonelli.

Insectes de taille moyenne, ordinairement ailés, quelquefois aptères, de couleur verte ou métallique, quelquefois noire, très-agiles et courant rapidement en plein jour; corps assez allongé, corselet cordiforme ou presque carré; articles des antennes comprimés; palpes assez minces, dernier article cylindrique.

2e Division. *Argutor*. Megerle.

Insectes presque toujours au dessus de la taille moyenne, ordinairement ailés, quelquefois aptères, de couleur noire ou brune, très-rarement métallique, assez agiles, mais moins que les *Pœcilus*, et se trouvant ordinairement sous les pierres, aux bords des eaux et dans les montagnes; corps assez allongé, quelquefois large et déprimé; corselet presque carré ou cordiforme; antennes filiformes et très-légèrement comprimées; palpes assez minces, dernier article cylindrique.

3e Division. *Omaseus*. Ziegler. *Mélanius*. Bonelli.

Insectes au-dessus de la taille moyenne, ordinairement aptères, quelquefois ailés, de couleur noire et luisante, peu agiles, se trouvant ordinairement sous les pierres, corps assez allongé; corselet presque carré, tronqué postérieurement; élytres légèrement ovales et presque parallèles; pattes assez fortes et assez allongées; antennes assez fortes et filiformes, dernier article des palpes presque cylindrique ou légèrement sécuriforme.

4e Division. *Steropus*. Megerle.

Insectes au-dessus de la taille moyenne, toujours aptères, de couleur noire et luisante, rarement brune ou métallique, ressemblant beaucoup à ceux de la division précédente, mais ayant le corselet arrondi postérieurement et les élytres plus ovales et plus convexes.

5e Division. *Platysma*. Sturm.

Insectes de différentes grandeurs, aptères ou ailés, ordinairement de couleur métallique ou noire, et quelquefois brune, ressemblant à ceux des deux divisions précédentes, mais ayant le corselet cordiforme ou rétréci postérieurement.

Cette division renferme quelques-uns des *Platysma* de Sturm et plusieurs espèces exotiques. Elle pourrait peut-être être subdivisée.

6e Division. *Cophosus*. Ziegler.

Insectes au-dessus de la taille moyenne, toujours aptères; de couleur noire et luisante, ressemblant aux *Omaseus* de Ziegler; ayant le corps plus allongé et cylindrique, les antennes un peu plus courtes et les palpes un peu plus forts.

7e Division. *Pterostichus*. Bonelli.

Insectes au-dessus de la taille moyenne, presque toujours aptères, très-rarement ailés, de couleur métallique ou noire, peu agiles et se trouvant ordinairement sous les pierres, dans les montagnes; corps ordinairement allongé et déprimé, rarement raccourci; pattes assez fortes et assez allongées; corselet ordinairement cordiforme, quelquefois presque carré; antennes assez fortes, filiformes et non comprimées; dernier article des palpes légèrement sécuriforme. Les mâles ayant toujours une crête longitudinale sur le dernier anneau de l'abdomen; ce qui ne se voit que très-rarement dans les autres divisions.

8e Division. *Abax*. Bonelli.

Insectes au-dessus de la taille moyenne, toujours aptères, de couleur noire et luisante, peu agiles et se trouvant ordinairement sous les pierres ; corps ordinairement large et court ; pattes assez fortes et assez allongées ; corselet presque carré ou trapézoïde, aussi large que les élytres à la base ; élytres presque parallèles, peu allongées ; antennes assez fortes et filiformes ; dernier article des palpes légèrement sécuriforme.

9e Division. *Percus*. Bonelli.

Insectes au-dessus de la taille moyenne, quelquefois assez grands, toujours aptères, de couleur noire et luisante, peu agiles, se trouvant sous les pierres, dans les parties les plus méridionales de l'Europe. Ressemblant quelquefois aux *Abax* par la forme, mais étant toujours plus allongés, et quelquefois aux *Steropus*; mais n'ayant jamais de rebords à la base des élytres, tandis qu'il y en a toujours dans toutes les autres divisions de ce genre ; antennes assez fortes, filiformes, ordinairement peu allongées ; palpes assez forts, dernier article légèrement sécuriforme.

10e Division. *Molops*. Bonelli.

Insectes au-dessus de la taille moyenne, toujours aptères, de couleur noire et luisante, quelquefois tirant sur le brun ; très-peu agiles et se trouvant sous les pierres ; corps court et assez épais ; pattes fortes et assez courtes ; corselet cordiforme ou presque carré ; antennes courtes et presque moniliformes ; palpes assez minces, dernier article cylindrique.

PREMIÈRE DIVISION.

POECILUS. *Bonelli.*

1. F. PUNCTULATA.

Pl. 126. fig. 1.

Alata, nigra; thorace breviore, subquadrato, postice utrinque obsoletissime bistriato; elytris oblongo-ovatis, subparallelis, subtiliter striato punctatis, punctisque tribus impressis.

DEJ. *Spec.* III. p. 206. n° 1.
Carabus Punctulatus. FABR. *Sys. El.* I. p. 191. n° 115.
SCH. *Syn. Ins.* I. p. 197. n° 165.
DUFTSCHMID. II. p. 72. n° 76.
Harpalus Punctulatus. GYLLENHAL. III. p. 695. n° 34-35. et IV. p. 441. n° 34-35.
STURM. IV. p. 83. n° 48.
Pœcilus Punctulatus. DEJ. *Cat.* p. 11.

Long. 5 ½, 6 lignes. Larg. 2 ¼, 2 ½ lignes.

Un peu plus grand que la *Cuprea*, et entièrement en dessus d'un noir mat et peu brillant.

Tête un peu plus grande, plus lisse et plus fortement ponctuée.

Corselet plus court, plus large antérieurement, plus arrondi sur les côtés et un peu plus convexe, avec quelques stries longitudinales le long du bord antérieur, et les rides transversales ondulées un peu plus distinctes; le bord antérieur assez échancré et légèrement sinué; les côtés moins déprimés vers les angles postérieurs; ceux-ci coupés moins carrément et la base légèrement échancrée dans son milieu.

Élytres avec les stries très-peu marquées, formées par une ligne de petits points enfoncés; trois points enfoncés distincts sur le troisième intervalle, près de la troisième strie. Dessous du corps et pattes noirs.

Elle se trouve en France, en Allemagne, en Autriche, en Russie et en Sibérie.

2. F. Cuprea.

Pl. 126. fig. 2.

Alata, supra plerumque viridi vel cupreo-ænea; thorace subquadrato, postice utrinque bistriato; elytris oblongo-ovatis, subparallelis, striato-punctatis, punctisque tribus postice impressis, antennarum articulis duobus primis rufis.

Dej. *Spec.* III. p. 207. n° 2.

Carabus Cupreus. Fabr. *Sys. El.* I. p. 195. n° 134.

Oliv. III. 35. p. 73. n° 95. t. 3. fig. 25.

Sch. *Syn. Ins.* I. p. 200. n° 185.

Duftschmid. II. p. 74. n° 78.

Harpalus Cupreus. Gyllenhal. II. p. 114. n° 30 et IV. p. 431. n° 30.

Sahlberg. *Dissert. entom. Ins. Fennica.* p. 234. n° 30.

Platysma Cuprea. STURM. v. p. 94. n° 34.
Pœcilus Cupreus. DEJ. *Cat.* p. 11.
Le Bupreste Perroquet. GEOFF. 1. p. 161. n° 40.
VAR. A. *Carabus Cœrulescens.* FABR. *Sys. El.* 1. p. 194. n° 130.
OLIV. III. 35. p. 68. n° 86. T. 12. fig. 132. a. b.
VAR. B. *Pœcilus Medius.* MEGERLE. DAHL. *Coleoptera und Lepidoptera.* p. 8.
VAR. C. *Platysma Affinis.* STURM. v. p. 98. n° 36. T. 120. fig. a. A.
Pœcilus Nemorensis. MEGERLE. DAHL. *Coleoptera and Lepidoptera.* p. 8.
Pœcilus Erythropus. STÉVEN.

Long. 4, 6 lignes. Larg. 1 $\frac{1}{2}$, 2 $\frac{1}{2}$ lignes.

Varie pour la grandeur, la couleur et même quelquefois un peu pour la forme. Ordinairement en dessus d'un vert-bronzé plus ou moins clair, plus ou moins obscur et plus ou moins cuivreux, quelquefois d'un rouge cuivreux assez brillant, quelquefois d'un bleu verdâtre ou violet, quelquefois même tout-à-fait noire.

Tête assez avancée, ovale, très-légèrement rétrécie postérieurement et couverte de petits points enfoncés, peu marqués et assez serrés, et de rides irrégulières très-peu apparentes, qui se confondent ensemble.

Corselet à peu près le double plus large que la tête, moins long que large, assez plane, presque carré et un peu rétréci antérieurement, couvert de rides transversales ondulées et irrégulières, plus ou moins marquées, jamais très-apparentes, et postérieurement de petits points enfoncés, assez serrés et peu marqués ; le bord antérieur assez échancré ; les côtés rebordés et un peu déprimés vers les angles postérieurs ; ceux-ci coupés presque carrément.

Élytres plus larges que le corselet, assez allongées, très-légèrement ovales, presque parallèles, peu convexes et un peu sinuées près de l'extrémité, ayant chacune neuf stries et le commencement d'une dixième à la base ; les troisième et quatrième, cinquième et sixième se réunissant deux à deux et n'allant pas tout-à-fait jusqu'à l'extrémité ; ces stries assez marquées, plus ou moins fortement ponctuées ; les intervalles tantôt planes, tantôt un peu relevés ; trois points enfoncés distincts sur le troisième intervalle près de la seconde strie ; des ailes sous les élytres.

Dessous du corps variant, d'après la couleur du dessus, du vert bronzé au noir plus ou moins obscur, avec les cuisses d'un noir ordinairement verdâtre ou bleuâtre, et les jambes d'un brun noirâtre.

Elle se trouve très-communément sous les pierres et courant dans les champs, dans presque toute l'Europe et dans la Sibérie. M. Dejean possède deux individus provenant de la collection de feu Palisot de Beauvois, où ils étaient notés comme de l'Amérique septentrionale.

La variété A, *Carabus Cœrulescens* de Fabricius, est ordinairement plus petite, un peu plus étroite, d'un bleu-violet plus ou moins clair et brillant, et son corselet est moins ponctué postérieurement.

La variété B, *Pœcilus Medius* de Megerle, est de la même forme, de la même grandeur, et sa couleur est d'un vert-bronzé plus ou moins cuivreux.

La variété C, *Platysma Affinis* de Sturm, *Pœcilus Ne-*

morensis de Megerle, est au contraire ordinairement un peu plus grande et toujours un peu plus large; sa couleur est ordinairement d'un bleu verdâtre et quelquefois tout-à-fait noire; le corselet est un peu plus ponctué postérieurement; quelquefois les cuisses sont d'un rouge ferrugineux; c'est à cette dernière variété qu'il faut rapporter le *Pœcilus Erythropus* de Stéven.

Toutes ces variétés ne sont pas constantes, on trouve tous les passages intermédiaires entre elles, et il est impossible d'en former des espèces particulières.

3. F. Cursoria.

Pl. 126. fig. 3.

Alata, supra obscure cyanea; thorace subquadrato, postice utrinque bistriato; elytris oblongo-ovatis, subparallelis, striato-punctatis, punctisque duobus postice impressis; antennarum articulis duobus primis rufis.

Dej. *Spec.* III. p. 210. n° 3.
Pœcilus Punctatostriatus. Dahl.

Long. 4 $\frac{3}{4}$, 5 $\frac{1}{4}$ lignes. Larg. 2, 2 $\frac{1}{4}$ lignes.

Très-voisine de la *Cuprea*. D'un bleu-violet, un peu plus clair sur la tête et le corselet, et un peu plus foncé sur les élytres.

Tête un peu plus fortement et plus distinctement ponctuée.

Corselet un peu plus lisse, un peu plus arrondi sur les

côtés, très-légèrement rétréci postérieurement; ses côtés nullement déprimés vers les angles postérieurs.

Élytres ayant à peu près la même forme; les stries un peu plus marquées, un peu plus distinctement ponctuées; deux points enfoncés seulement sur le troisième intervalle.

Dessous du corps d'un noir un peu bleuâtre, avec les pattes d'un noir un peu brunâtre.

Elle se trouve assez communément dans le midi de la France, en Dalmatie et en Toscane.

4. F. DIMIDIATA.

Pl. 126. fig. 4.

Alata; capite thoraceque subquadrato, postice utrinque bistriato, cupreis; elytris viridi-æneis, oblongo-ovatis, subparallelis, striato-punctatis, punctisque quatuor impressis.

DEJ. *Spec.* III. p. 213. n° 7.
Carabus Dimidiatus. FABR. *Sys. El.* I. p. 194. n° 129.
OLIV. III. 35. p. 72. n° 94. T. II. fig. 121.
SCH. *Syn. Ins.* I. p. 199. n° 179.
DUFTSCHMID. II. p. 72. n° 75.
Platysma Dimidiata. STURM. V. p. 90. n° 32.
Pœcilus Dimidiatus. DEJ. *Cat.* p. 11.
Carabus Tricolor. FABR. *Sys. El.* I. 195. n° 135.
SCH. *Syn. Ins.* I. p. 199. n° 180.
Carabus Kugellanni. ILLIGER. *Kœfer Preus.* I. p. 166. n° 30.
VAR. *Pœcilus Æneus.* DEJ. *Cat.* p. 11.

Long. 5 $\frac{1}{2}$, 7 lignes. Larg. 2, 2 $\frac{3}{4}$ lignes.

Plus grande que la *Cuprea* et proportionnellement un peu plus allongée.

Tête et corselet d'un beau rouge cuivreux plus ou moins brillant, rarement d'un vert bronzé ou d'un bronzé obscur.

Tête un peu plus grande, d'une ponctuation moins serrée, avec les antennes un peu plus courtes.

Corselet un peu plus long, plus large, plus lisse, un peu plus arrondi sur les côtés et point rétréci antérieurement, avec des rides transversales ondulées moins rapprochées, un peu plus distinctes; le bord antérieur légèrement échancré et un peu sinué; les côtés rebordés, nullement déprimés, les angles postérieurs coupés moins carrément, la base très-légèrement échancrée et presque coupée en arc de cercle.

Élytres ordinairement d'un beau vert, plus brillant dans les mâles, rarement d'un bronzé obscur ou cuivreux, plus allongées et plus parallèles, moins ovales et moins convexes que celles de la *Cuprea*, les stries assez fortement marquées et toujours assez fortement ponctuées; les intervalles peu relevées; quatre points enfoncés peu distincts sur le troisième intervalle près de la troisième strie; quelquefois il n'y a que trois points et d'autres fois il y en a cinq. Des ailes sous les élytres.

Dessous du corps et pattes noirs, avec la poitrine et le dessous du corselet d'un vert-bronzé obscur.

Elle se trouve communément en France, surtout dans

les départemens méridionaux et en Espagne ; elle est plus rare en Allemagne et en Autriche.

Le *Pœcilus Æneus* du Catalogue est une variété qui est entièrement en dessus d'un bronzé obscur ou cuivreux.

5. F. Crenulata.

Pl. 126. fig. 5.

Alata, angustata, supra œnea vel nigro-cyanea; thorace subquadrato, postice utrinque bistriato ; elytris oblongo-ovatis, subparallelis, striato-punctatis, punctisque tribus impressis.

Dej. *Spec.* III. p. 215. n° 8.
Pœcilus Crenulatus. Dej. *Cat.* p. 11.

Long. 4 $\frac{3}{4}$, 5 $\frac{1}{4}$ lignes. Larg. 1 $\frac{3}{4}$, 2 lignes.

Plus petite que la *Dimidiata*, proportionnellement plus étroite, et tantôt en dessus d'un bronzé-obscur un peu verdâtre, tantôt d'un bleu-violet plus ou moins obscur et quelquefois presque tout-à-fait noire.

Tête un peu plus étroite, assez fortement ponctuée entre les yeux.

Corselet plus étroit, avec la base coupée presque carrément.

Élytres plus étroites, striées à peu près de la même manière; trois points enfoncés distincts sur le troisième intervalle.

Dessous du corps et pattes noirs.

Elle se trouve en Espagne.

6. F. Viatica. *Bonelli.*

Pl. 127. fig. 1.

Aptera, supra plerumque violacea; thorace latiore, subquadrato, postice utrinque bistriato; elytris oblongo-ovatis, subparellelis, striatis, striis plerumque punctatis, subcrenatis, punctisque tribus impressis.

Dej. *Spec.* iii. p. 216. n° 6.
Pœcilus Viaticus. Dej. p. 11.
Pœcilus Koyi. Dahl. *Coleoptera und Lepidoptera.* p. 8.
Germar. *Coleop. Sp. Nov.* p. 16. n° 26.
Var. *Pœcilus Marginalis.* Megerle. Dahl. *idem.*
Pœcilus Cyanescens. Besser.
Pœcilus Lepidus. var. d. ? Fischer. *Entomogr. de la Russie.* ii. p. 138. n° 5. t. 19. fig. 9.

Long. 5, 7 lignes. Larg. 1 $\frac{3}{4}$, 2 $\frac{3}{4}$ lignes.

Assez distincte, mais se rapprochant quelquefois beaucoup par ses variétés de la *Lepida.*

Ordinairement en dessus d'un bleu-violet plus ou moins obscur, avec les bords des élytres un peu plus clairs, quelquefois presque tout-à-fait noire et quelquefois d'un vert métallique plus ou moins clair ou plus ou moins obscur.

Tête ordinairement assez fortement ponctuée entre les yeux et quelquefois presque lisse.

Corselet ordinairement un peu plus large que dans la

Lepida, et toujours un peu moins convexe antérieurement, jamais rétréci postérieurement; ses côtés un peu plus arrondis, conservant la même courbure et ne se redressant nullement pour tomber carrément sur la base, comme dans la *Lepida*.

Élytres avec les stries ordinairement plus fortement marquées, fortement ponctuées, presque crénelées, les intervalles un peu relevés; pas d'ailes sous les élytres.

Dessous du corps ordinairement noir ou un peu verdâtre, avec les pattes toujours noires.

Elle se trouve très-communément en Italie, en Illyrie et en Dalmatie.

Les individus que l'on prend dans le midi de la France sont souvent d'un vert métallique, les stries des élytres sont très-légèrement ponctuées, et les deux premiers articles des antennes tout-à-fait noirs.

Ceux que l'on trouve en Hongrie sont ordinairement tout-à-fait noirs, un peu plus petits et plus étroits. Les stries des élytres sont aussi fortement ponctuées, et les deux premiers articles des antennes sont également d'un brun ferrugineux.

Le *Pœcilus Marginalis* de Megerle, *Cyanescens* de Besser, que l'on trouve en Hongrie, en Volhynie et dans le midi de la Russie, est un peu plus petit; les stries des élytres sont tout-à-fait lisses; les deux premiers articles des antennes sont noirs, et il se rapproche beaucoup de la *Lepida;* mais la forme du corselet est toujours différente. M. Dejean pense qu'il faut rapporter à cette variété, et non à la *Lepida*, la variété *d* du *Pœcilus Lepidus* de Fischer.

7. F. Lepida.

Pl. 127. fig. 2.

Aptera, supra plerumque viridi vel cupreo-ænea; thorace subquadrato, postice utrinque bistriato; elytris oblongo-ovatis subparallelis, striatis, punctisque tribus impressis.

Dej. *Spec.* III. p. 218. n° 10.
Carabus Lepidus. Fabr. *Sys. El.* I. p. 189. n° 107.
Oliv. III. 35. p. 69. n° 88. t. 11. fig. 118. a. b.
Sch. *Syn. Ins.* I. p. 194, n° 151.
Duftschmid. II. p. 71. n° 74.
Harpalus Lepidus. Gyllenhal. II. p. 94. n° 14. et IV. p. 427. n° 14.
Sahlberg. *Dissert. entom. Ins. Fennica.* p. 224. n° 14.
Platisma Lepida. Sturm. V. p. 92. n° 33.
Pœcilus Lepidus. Dej. *Cat.* p. 11.
Fischer. *Entomographie de la Russie.* II. p. 138. n° 5.

Long. 5 $\frac{1}{4}$, 6 $\frac{1}{4}$ lignes. Larg. 1 $\frac{3}{4}$, 2 $\frac{1}{4}$ lignes.

Plus grande et plus allongée que la *Cuprea*, et tantôt d'un vert-bronzé plus ou moins clair, plus ou moins obscur, tantôt d'un rouge-cuivreux plus ou moins brillant, quelquefois d'un bleu-violet plus ou moins obscur, quelquefois même tout-à-fait noire.

Tête plus lisse, avec les antennes proportionnellement un peu plus courtes.

Corselet plus long, plus lisse, un peu plus convexe, moins rétréci antérieurement, plus arrondi sur les côtés et très-légèrement rétréci postérieurement, avec les rides transversales ondulées, un peu moins rapprochées; les côtés légèrement rebordés, nullement déprimés; la base légèrement échancrée et presque coupée en arc de cercle.

Élytres plus brillantes dans les mâles, plus allongées qu e cles de la *Cuprea* et proportionnellement plus étroites; les stries paraissant lisses à la vue simple; les intervalles planes ou très-faiblement relevées; trois points enfoncés distincts sur le troisième intervalle, point d'ailes sous les élytres.

Dessous d u corps variant du noir un peu verdâtre au vert bronzé; pattes noires, avec les cuisses légèrement verdâtres ou bronzées.

Elle se trouve fréquemment dans les parties septentrionales et tempérées de l'Europe et dans la Sibérie.

8. F. Gebleri.

Pl. 127. fig. 3.

Aptera, nigra; thorace longiore, subquadrato, postice utrinque bistriato; elytris oblongo-ovatis, subparallelis, striatis, punctisque tribus impressis.

Dej. *Spec.* III. p. 220. n° 11.
Pœcilus Gebleri. Eschscholtz.

Long. 7 lignes. Larg. 2 ½ lignes.

Très-voisine de la *Lepida*, dont elle n'est peut-être qu'une variété un peu plus grande.

Tête et corselet d'un noir assez brillant, avec les élytres d'un noir plus terne.

Corselet proportionnellement plus allongé, moins convexe antérieurement, un peu moins arrondi sur ses côtés, moins rétréci postérieurement, avec une impression transversale plus marquée près de la base.

Élytres striées et ponctuées de la même manière.

Dessous du corps et pattes noirs.

Elle se trouve en Daourie, dans la Sibérie orientale.

9. F. Gressoria.

Pl. 127. fig. 4.

Alata, supra cyanea; thorace longiore, subcordato, postice utrinque bistriato; elytris oblongis, subparallelis, striatis, striis obsolete punctatis, punctisque tribus impressis.

Dej. *Spec.* III. p. 220. n. 12.

Long. 5 $\frac{3}{4}$, 6 $\frac{1}{4}$, lignes. Larg. 2, 2 $\frac{1}{4}$ lignes.

Plus grande et plus allongée que la *Lepida*, et ordinairement en dessus, d'un bleu-violet plus ou moins brillant, quelquefois un peu verdâtre sur les élytres.

Corselet un peu allongé, plus plane, un peu rétréci postérieurement et presque cordiforme.

Élytres plus allongées, un peu déprimées, plus brillantes dans les mâles; les stries légèrement ponctuées, les intervalles planes; trois points enfoncés distincts sur le troisième. Des ailes sous les élytres.

Dessous du corps d'un noir un peu bleuâtre, avec les pattes noires.

Elle se trouve dans le département des Basses-Alpes.

10. F. Striatopunctata.

Pl. 127. fig. 5.

Alata, supra cyanea vel viridi-ænea; thorace subcordato, postice utrinque bistriato; elytris oblongo-ovatis, striato-punctatis, punctisque duobus postice impressis.

Dej. *Spec.* III. p. 223. n° 15.

Carabus Striatopunctatus. Duftschmid. II. p. 160. n° 210.

Platysma Striatopunctata. Sturm. V. p. 101. n° 38. T. 119. fig. b. B.

Pœcilus Striatopunctatus. Dej. *Cat.* p. 11.

Long. 4 $\frac{1}{2}$, 5 $\frac{1}{4}$ lignes. Larg. 1 $\frac{3}{4}$, 2 $\frac{1}{3}$ lignes.

Voisine de la *Cuprea* par sa forme, ordinairement plus petite et d'un bleu-métallique quelquefois plus ou moins verdâtre en dessus.

Tête presque lisse, avec quelques rides irrégulières et quelques points peu marqués.

Corselet moins large, un peu rétréci postérieurement, presque cordiforme et plus lisse, avec quelques rides transversales ondulées à peine marquées; le bord antérieur un peu échancré ; les côtés légèrement rebordés et nullement déprimés ; les angles postérieurs coupés très-carrément.

Élytres un peu plus ovales et un peu moins parallèles ; leurs stries assez fortement ponctuées vers la base et plus légèrement vers l'extrémité ; les intervalles très-légèrement relevés ; deux points enfoncés distincts sur le troisième près de la seconde strie. Des ailes sous les élytres. Dessous du corps et cuisses d'un noir un peu verdâtre ou bleuâtre, avec les jambes et les tarses d'un brun noirâtre.

Elle est assez commune en Autriche, elle se trouve aussi aux environs de Lyon et en Sibérie.

11. F. Infuscata. *Hoffmansegg.*

Pl. 128. fig. 1.

Alata, supra viridi vel nigro-ænea; thorace lævi, subcordato postice utrinque striato; elytris subparallelis, striatis, striis obsolete punctatis, punctisque duobus postice impressis.

Dej. *Spec.* III. p. 225. n° 17.
Pœcilus Infuscatus. Dej. *Cat.* p. 11.

Long. 4 $\frac{1}{4}$, 5 $\frac{1}{4}$ lignes. Larg. 1 $\frac{1}{2}$, 2 lignes.

Plus petite que la *Lepida*, proportionnellement plus étroite, plus plane et d'un vert-bronzé plus ou moins obscur, quelquefois presque tout-à-fait noire.

Tête un peu plus étroite, presque lisse.

Corselet le double plus large que la tête, presque aussi long que large, lisse, assez plane, rétréci postérieurement, légèrement cordiforme; les côtés très-légèrement rebordés, nullement déprimés, arrondis antérieurement; les angles postérieurs coupés presque carrément; la base légèrement sinuée, un peu échancrée dans son milieu et coupée presque obliquement sur les côtés.

Élytres plus allongées, plus étroites, moins ovales, presque parallèles, presque planes; les stries assez fortement marquées, très-légèrement ponctuées; les intervalles presque planes; deux points enfoncés distincts sur le troisième, près de la seconde strie. Des ailes sous les élytres.

Dessous du corps d'un noir obscur très-finement ponctué, avec les pattes d'un brun noirâtre.

Elle se trouve en Portugal, en Espagne et dans la France méridionale.

12. F. Crenata.

Pl. 128. fig. 2.

Alata, nigra; thorace cordato, postice coarctato, utrinque striato; elytris subparallelis, crenato-striatis.

Dej. *Spec.* III. p. 226. n° 18.
Carabus Crenatus. Hoffmansegg.

Long. 5 lignes. Larg. 1 $\frac{3}{4}$ ligne.

A peu près de la taille de l'*Infuscata* et d'un noir assez brillant en dessus.

Tête légèrement ponctuée vers sa partie postérieure.

Corselet fortement cordiforme, plus arrondi antérieurement, très-rétréci postérieurement, avec les angles postérieurs coupés plus carrément.

Élytres à peu près de la même forme; les stries plus fortement marquées, fortement ponctuées et distinctement crénelées; les intervalles un peu relevés; pas de points enfoncés sur le troisième.

Dessous du corps d'un noir obscur, avec les pattes d'un brun noirâtre.

Elle se trouve en Portugal.

13. F. Lugubris.

Pl. 128. fig. 3.

Alata, nigra; thorace cordato, postice utrinque bistriato; elytris subparallelis, striato punctatis, punctatis; postice impresso; antennis pedibusque piceis.

Dej. *Spec.* iii. p. 227. n° 19.
Pœcilus Lugubris. Stéven.
Carabus Advena? Sch. *Syn. Ins.* i. p. 186. n° 95.

Long. 5 ½ lignes. Larg. 2 lignes.

Un peu plus grande que la *Crenata* et d'un noir assez brillant en dessus.

Tête presque entièrement ponctuée, avec les antennes d'un brun roussâtre.

Corselet un peu moins plane et moins rétréci postérieurement; le bord antérieur un peu moins échancré et les angles antérieurs presque arrondis.

Élytres un peu moins planes; leurs stries moins marquées, moins fortement ponctuées, surtout les cinq extérieures; les intervalles un peu plus planes; un point enfoncé distinct sur le troisième, près de la seconde strie.

Dessous du corps d'un noir un peu brunâtre, avec les pattes d'un brun roussâtre.

Elle se trouve dans les environs de Kislar, près de la mer Caspienne.

14. F. Nitida.

Pl. 128. fig. 4.

Alata; capite thoraceque subrotundato, postice utrinque impresso, rubro-cupreis, nitidis; elytris viridi-æneis, nitidis, subparallelis, striato-punctatis, punctisque duobus postice impressis.

Dej. *Spec.* III. p. 227. n° 20.
Pœcilus Nitidus. Dej. *Cat.* p. 11.

Long. 4, 5 lignes. Larg. 1 $\frac{1}{2}$, 2 lignes.

A peu près de la grandeur de l'*Infuscata*.

Tête et corselet d'un rouge-cuivreux très-brillant, quelquefois d'un vert-bronzé un peu cuivreux.

Tête un peu plus large, moins allongée, presque lisse, avec quelques rides irrégulières.

Corselet plus large, presque arrondi et un peu rétréci

postérieurement, couvert de rides transversales ondulées, peu rapprochées ; le bord antérieur assez échancré ; les côtés très-arrondis antérieurement, tombant obliquement sur la base ; celle-ci très-légèrement sinuée et un peu échancrée dans son milieu.

Élytres d'un beau vert-métallique plus ou moins brillant, plus planes, plus large et un peu moins allongées; leurs stries un peu moins marquées, fortement ponctuées vers la base et plus légèrement vers l'extrémité ; les intervalles plus planes; deux points enfoncés sur le troisième.

Dessous du corps et pattes noirs.

Elle a été découverte en Espagne par M. le comte Dejean.

15. F. Puncticollis.

Pl. 128. fig. 5.

Alata, supra obscure viridi-æenea vel nigro-cyanea; thorace subrotundato, in medio punctato, postice utrinque striato; elytris subparallelis, striato-punctatis, punctisque duobus postice impressis.

Dej. *Spec.* III. p. 229. n° 21.
Pœcilus Puncticollis. Dej. *Cat.* p. 11.
Pœcilus Crenatostriatus. Stéven.
Ancholeus Chalybeipennis. Ziegler.

Long. 4 ½, 5 lignes. Larg. 1 ½, 1 ¾ ligne.

A peu près de la grandeur de l'*Infuscata* et d'un bronzé-obscur un peu verdâtre, ou d'un noir un peu bleuâtre en dessus.

Tête assez fortement ponctuée.

Corselet arrondi, un peu rétréci postérieurement; les côtés presque lisses et le milieu fortement ponctué depuis le bord antérieur jusqu'à la base; couvert de rides transversales ondulées, peu rapprochées; le bord antérieur un peu moins échancré; les côtés plus arrondis antérieurement, paraissant tomber obliquement sur la base, mais se redressant très-près de l'angle postérieur pour former avec elle un angle droit.

Élytres un peu plus étroites, plus parallèles et un peu moins planes; les stries fortement ponctuées vers la base et plus légèrement vers l'extrémité; les intervalles un peu moins planes, moins lisses; deux points enfoncés sur le troisième. Des ailes sous les élytres.

Dessous du corps et cuisses noirs, avec les jambes et les tarses d'un brun noirâtre.

Elle se trouve assez communément dans le midi de la France, en Italie, en Dalmatie, en Hongrie et dans les provinces méridionales de la Russie.

16. F. Rugosa.

Pl. 128. fig. 6.

Aptera, nigra; thorace quadrato, rugoso; elytris oblongo-ovatis, subparallelis, rugosis, rugis faveolisque intricatis.

Dej. *Spec.* III. p. 336. n° 28.

Pœcilus Rugosus. Gebler. *Mémoires de la Société imp. des Naturalistes de Moscou.* vi. p. 127. n° 1.

Fischer. *Entomographie de la Russie.* ii. p. 135. n° 3. t. 19. f. 8.

Long. 6 lignes. Larg. 2 $\frac{1}{3}$ lignes.

Tête ovale, assez allongée, un peu rétrécie derrière les yeux.

Corselet le double plus large que la tête, moins long que large, très-légèrement arrondi sur les côtés et presque carré, couvert de points enfoncés irréguliers se confondant entre eux; le bord antérieur assez échancré; les côtés assez largement déprimés, un peu relevés et point rebordés; les angles postérieurs presque obtus et un peu arrondis; la base très-légèrement échancrée.

Élytres plus larges que le corselet, peu allongées, très-légèrement ovales, presque parallèles, assez planes et très-légèrement sinuées à l'extrémité, couvertes de rides très-courtes et d'enfoncemens irréguliers très-marqués qui se confondent ensemble et qui les font paraître très-fortement rugueuses; le bord extérieur un peu relevé et presque en carêne. Point d'ailes sous les élytres.

Dessous du corps d'un noir plus brillant que le dessus, avec les pattes noires et assez fortes.

MM. Gebler et Fischer disent qu'elle se trouve en Daourie, dans la Sibérie orientale, près du fleuve Argun.

SECONDE DIVISION.

Argutor. *Megerle.*

17. F. Vernalis.

Pl. 129. fig. 1.

Alata, nigra; thorace subquadrato, postice utrinque punctato-striato; elytris oblongo-ovatis, subparallelis, striatis, striis obsolete punctatis, punctisque tribus impressis; antennis pedibusque piceis.

Dej. *Spec.* iii. p. 24. n° 30.
Carabus Vernalis. Fabr. *Sys. El.* p. 207. n° 202.
Sch. *Syn. Ins.* i. p. 217. n° 274.
Harpalus Vernalis. Gyll. ii. p. 90. n° 10. et iv. p. 427. n° 10.
Sahlberg. *Dissert. entom. Ins. Fennica.* p. 222. n° 9.
Platysma Vernalis. Sturm. v. p. 69. n° 18.
Argutor Venalis. Dej. *Cat.* p. 11.
Carabus Crenatus. Duftschmid. ii. p. 92. n° 104.
Omaseus Clancularius. Eschscholtz.
Var. A. *Argutor Sedulus.* Dej. *Cat.* p. 11.
Var. B. *Argutor Cursor.* Dej. *Cat.* p. 11.

Long. 2 $\frac{1}{4}$, 3 $\frac{3}{6}$ lignes. Larg. 1 $\frac{1}{4}$, 1 $\frac{2}{3}$ ligne.

Entièrement en dessus d'un noir assez brillant.
Tête presque triangulaire, très-légèrement rétrécie pos-

térieurement, avec les antennes d'un brun plus ou moins obscur.

Corselet à peu près le double plus large que la tête, aussi long que large, légèrement arrondi sur les côtés, presque carré et très-légèrement convexe; la base assez fortement ponctuée sur ses côtés et très-légèrement rugueuse dans son milieu; le bord antérieur assez fortement échancré; les côtés légèrement rebordés; les angles postérieurs et la base coupés presque carrément.

Élytres un peu plus larges que le corselet, très-légèrement ovales, presque parallèles, peu convexes et légèrement sinuées près de l'extrémité, marquées chacune de neuf stries assez prononcées, ordinairement presque lisses et quelquefois légèrement ponctuées, les troisième et quatrième, cinquième et sixième se réunissant deux à deux et n'allant pas tout-à-fait jusqu'à l'extrémité; les intervalles presque planes; trois points enfoncés distincts sur le troisième. Des ailes sous les élytres.

Dessous du corps d'un noir obscur, quelquefois un peu brunâtre; les côtés du corselet légèrement ponctués, avec les pattes d'un brun obscur, quelquefois un peu roussâtres ou ferrugineuses.

Elle se trouve très-communément dans les lieux humides, sous les pierres, dans presque toute l'Europe et en Sibérie.

La variété A, *Argutor Sedulus* du Catalogue, n'en diffère que par sa couleur d'un brun roussâtre, plus obscure sur la tête; elle n'est probablement qu'un individu récemment transformé.

La variété B, *Argutor Cursor* du même ouvrage, est

plus grande ; les élytres ont un reflet brillant et un peu bleuâtre, les stries sont plus distinctement ponctuées, et les intervalles sont un peu relevés. Elle se trouve dans les provinces méridionales de la France, particulièrement dans les environs de Bordeaux, en Italie et en Dalmatie.

18. F. Rubripes. *Hoffmansegg.*

Pl. 129. fig. 2.

Alata, supra cyanea; thorace cordato, postice punctato, utrinque striato; elytris oblongo-ovatis, striatis, punctoque impresso; antennis pedibusque rufis.

Dej. *Spec.* III. p. 248. n° 39.
Argutor Rubripes. Dej. *Cat.* p. 11.

Long. 2 $\frac{1}{4}$, 3 lignes. Larg. 1, 1 $\frac{1}{2}$ ligne.

Plus petite que la *Vernalis* et d'un bleu assez brillant, quelquefois un peu verdâtre en dessus.

Tête moins large, avec les palpes et les antennes d'un rouge ferrugineux.

Corselet un peu plus étroit, arrondi antérieurement, cordiforme et assez fortement rétréci postérieurement ; le milieu de la base entre les impressions assez fortement ponctué ; la partie extérieure tout-à-fait lisse ; les côtés un peu plus fortement rebordés et les angles postérieurs coupés plus carrément.

Élytres un peu plus ovales et un peu plus convexes ;

leurs stries tout-à-fait lisses, un peu plus marquées; un seul point enfoncé sur le troisième intervalle. Des ailes sous les élytres.

Dessous du corps d'un noir obscur, avec les pattes d'un rouge ferrugineux.

Elle est très-commune dans le midi de la France, sur les bords des rivières et des ruisseaux; elle se trouve aussi en Portugal, et M. Goudot l'a rapportée des environs de Tanger.

19. F. Negligens. *Megerle.*

Pl. 129. fig. 3.

Aptera, nigro-picea; thorace subquadrato, postice punctato, utrinque striato; elytris oblongo-ovatis, striato-punctatis, punctoque postice impresso; antennis pedibusque rufis.

Dej. *Spec.* iii. p. 249. n° 40.
Argutor Negligens. Dej. *Cat.* p. 11.
Carabus Longicollis ? Duftschmid. ii. p. 180, n° 243.
Platysma Longicollis. Sturm. v. p. 80. n° 25. t. 116. fig. d. D.

Long. 2 ½, 2 ¾ lignes. Larg. 1, 1 ¼ ligne.

Plus petite que la *Vernalis*, plus déprimée et ordinairement en dessus d'un brun noirâtre, quelquefois un peu roussâtre et quelquefois même d'un rouge ferrugineux.

Tête un peu plus petite, avec les palpes et les antennes d'un rouge ferrugineux.

Corselet un peu plus plane, un peu sinué près de la base, et un peu rétréci postérieurement; toute la base assez fortement ponctuée, et les angles postérieurs coupés plus carrément.

Élytres plus planes; leurs stries assez fortement ponctuées presque crénelées; un seul point enfoncé sur le troisième intervalle.

Dessous du corps d'un brun noirâtre, quelquefois un peu roussâtre et entièrement couvert de points enfoncés, assez serrés et assez marqués. Les pattes d'un rouge ferrugineux.

Elle se trouve, mais assez rarement, en France, en Allemagne et en Autriche.

20. F. Inquieta.

Pl. 129. fig. 4.

Aptera, nigra; thorace subquadrato, postice utrinque striato; elytris oblongo-ovatis, striato-punctatis, punctoque postice impresso; antennis pedibusque rufis.

Dej. *Spec.* v. *Suppl.* p. 757. n° 200.

Argutor Inquietus. Megerle.

Platysma Inquinata. Sturm. v. p. 79, n° 24. t. 116. fig. c. C.

Long. 3 $\frac{3}{4}$ lignes. Larg. 1 $\frac{1}{2}$ ligne.

Très-voisine de la *Negligens*, mais plus grande, proportionnellement plus allongée et d'un noir assez brillant en dessus.

Tête et antennes comme dans la *Negligens*.

Corselet à peu près comme dans cette espèce, mais plus plane, avec la base nullement ponctuée.

Élytres un peu plus allongées et un peu plus parrallèles, striées et ponctuées à peu près de la même manière, avec les intervalles un peu plus planes. Dessous du corps et pattes comme dans la *Negligens*.

Elle se trouve en Hongrie.

Le nom d'*Inquinata*, donné par Sturm, est probablement une faute d'impression.

21. F. Sturmii. *Dejean*.

Pl. 129. fig. 5.

Aptera, nigra; thorace cordato, postice utrinque striato; elytris elongato-oblongis, striatis, striis obsolete punctatis, punctisque tribus impressis; antennis pedibusque rufo-piceis.

Dej. *Spec.* v. *Suppl.* p. 758. n° 201.

Platysma Negligens. Sturm. v. p. 60. n° 13. t. 113. fig. b. B.

Long. 3 3/4 lignes. Larg. 1 1/3 ligne.

Plus grande que la *Vernalis*, proportionnellement beaucoup plus allongée et d'un noir assez brillant en dessus.

Tête presque triangulaire, un peu rétrécie postérieurement avec les palpes et les antennes d'un brun rougeâtre.

Corselet plus large que la tête, aussi long que large, arrondi sur les côtés antérieurement, rétréci postérieurement, plus fortement cordiforme et peu convexe; de chaque côté de la base, près de l'angle postérieur, une impression longitudinale un peu oblique, assez large; le bord antérieur légèrement échancré; les angles antérieurs arrondis; les côtés rebordés; les angles postérieurs et la base coupés carrément.

Élytres plus larges que le corselet, en ovale très-allongé, assez étroites antérieurement, avec l'angle de la base très-arrondi et à peine marqué; les cinq premières stries un peu plus marquées que les trois suivantes; toutes très-légèrement ponctuées; les intervalles presque planes; trois points enfoncés sur le troisième.

Dessous du corps noir, avec les pattes d'un brun rougeâtre.

Elle se trouve en Saxe.

22. F. Erudita. *Megerle.*

Pl. 129. fig. 6.

Aptera, nigra; thorace subcordato, postice punctato utrinque bistriato; elytris oblongo-ovatis, striato-punctatis, punctisque tribus impressis, antennis pedibusque rufis.

Dej. *Spec.* III. p. 252. n° 43.

Argutor Eruditus. Dej. *Cat.* p. 11.

Platysma Interstincta. Sturm. v. p. 77. n° 23. t. 116. fig. b. B.

Long. 2 $\frac{3}{4}$, 3 $\frac{1}{4}$ lignes. Larg. 1 $\frac{1}{4}$, 1 $\frac{1}{2}$ ligne.

Très-voisine de la *Strenua*, mais plus grande.

Corselet offrant près de l'angle postérieur une seconde impression longitudinale très-courte, quelquefois peu marquée, mais toujours apparente.

Le reste comme dans la *Strenua*.

Elle se trouve en France, en Suisse, en Allemagne et en Autriche.

23. F. Strenua.

Pl. 130. fig. 1.

Aptera, nigra; thorace subcordato, postice punctato, utrinque striato; elytris oblongo-ovatis, striato-punctatis, punctisque tribus impressis; antennis pedibusque rufis.

Dej. *Spec.* III. p. 252. n° 44.

Carabus Strenuus. Panzer. *Fauna Germ.* 38. n° 6.

Sch. *Syn. Ins.* I. p. 179. n° 60.

Duftschmid. II. p. 179. n° 240.

Harpalus Strenuus. Gyllenhal. II. p. 98. n° 17. et IV. p. 428. n° 17.

Shalberg. *Dissert. entom. Ins. Fennica.* p. 227. n° 17.

Platysma Strenua. Sturm. V. p. 71. n° 19.

Argutor Strenuus. Dej. *Cat.* p. 11.

Carabus Gagates? Megerle. Dufstchmid. II. p. 180. n° 242.

Argutor Diligens. Dej. *Cat.* p. 11.

Argutor Intermedius. Dej. *Cat.* p. 11.

Long. $2\frac{1}{2}$, $2\frac{3}{4}$ lignes. Larg. $1\frac{1}{4}$, $1\frac{1}{3}$ ligne.

Plus petite et proportionnellement plus étroite que la *Vernalis*.

Tête un peu plus étroite, avec les antennes et les palples d'un rouge ferrugineux.

Corselet plus étroit, plus arrondi antérieurement, un peu rétréci postérieurement et presque cordiforme; sa base entièrement ponctuée; l'impression longitudinale plus marquée; les angles postérieurs coupés plus carrément.

Élytres plus étroites, un peu plus convexes; leurs stries distinctement ponctuées; les cinquième, sixième et septième moins fortement marquées que les autres; point d'ailes sous les élytres le plus ordinairement.

Dessous du corps d'un noir obscur, avec les côtés du corselet assez fortement ponctués et les pattes d'un rouge ferrugineux.

Elle se trouve assez communément sous les pierres, dans les endroits humides, en Suède, en Angleterre, en France, en Allemagne, en Autriche, en Pologne et en Russie.

L'*Argutor Diligens* du Catalogue paraît être une variété de cette espèce, dont les élytres sont un peu plus larges et un peu moins allongées, et dont la base du corselet est un peu moins fortement ponctuée dans son milieu.

24. F. Pulla.

Pl. 130. fig. 2.

Aptera, nigra; thorace subcordato, postice obsolete punctato, utrinque striato; elytris oblongis, striato-punctatis punctisque tribus impressis; antennis pedibusque rufo-piceis.

Dej. *Spec.* iii. p. 254. n° 44.
Harpalus Pullus. Gyllenhal. iv. p. 429. n° 17-18.
Sahlberg. *Dissert. entom. Ins. Fennica.* p. 227. n° 18.
Carabus Rotundicollis? Duftschmid. ii. p. 93. n° 105.
Platysma Rotundicollis? Sturm. ii. p. 87. n° 30.
t. 118. fig. a. A.

Long. 2 ½ lignes. Larg. 1 ¼ ligne.

Très-voisine de la *Strenua*, mais ordinairement un peu plus petite et un peu plus étroite.

Tête de la même forme, avec les antennes d'un brun plus ou moins obscur.

Corselet un peu moins large et un peu moins arrondi antérieurement; un peu moins rétréci postérieurement; les angles postérieurs coupés un peu moins carrément.

Élytres un peu plus étroites, un peu moins ovales et un peu plus parallèles; les cinquième, sixième et septième stries presque aussi marquées que les autres.

Dessous du corps avec les côtés du corselet sans ponctuation sensible; cuisses d'un brun noirâtre, quelquefois un peu roussâtres, avec les jambes et les tarses d'un brun ferrugineux.

Elle se trouve en Suède, en France et en Allemagne.

25. F. Pusilla.

Pl. 130. fig. 3.

Aptera, nigra; thorace subcordato, planiusculo, postice obsolete punctato, utrinque striato; elytris oblongo-ovatis, striatis, striis obsolete punctatis, punctisque tribus obsoletis impressis; antennis pedibusque rufis.

Dej. *Spec.* III. p. 255. n° 46.
Argutor Pusillus. Dej. *Cat.* p. 11.

Long. 2 $\frac{1}{4}$, 2 $\frac{1}{2}$ lignes. Larg. $\frac{3}{4}$, 1 ligne.

Ordinairement plus petite que la *Pulla*.

Tête de la même forme, avec les palpes d'un rouge ferrugineux et une grande tache d'un brun obscur à la base des deux derniers articles ; antennes d'un rouge ferrugineux.

Corselet moins convexe, plus plane, plus cordiforme, moins large et moins arrondi antérieurement ; la base moins fortement ponctuée, surtout dans son milieu, avec les angles postérieurs coupés plus carrément.

Élytres un peu moins allongées, un peu plus ovales et moins parallèles ; les stries très-légèrement ponctuées, avec les trois points enfoncés du troisième intervalle peu distincts. Pas d'ailes sous les élytres.

Dessous du corps avec les côtés du corselet très-légèrement ponctués et les pattes d'un rouge ferrugineux.

Elle a été découverte dans les Hautes-Pyrénées par M. de la Frenaye.

26. F. Amoena. *Dejean.*

Pl. 130. fig. 4.

Aptera, nigro-picea; thorace longiore, subcordato, planiusculo, postice transverse impresso, utrinque punctato, striato; elytris oblongis, striatis, striis obsolete punctatis, punctisque tribus obsoletis impressis; antennis pedibusque rufis.

Dej. *Spec.* III. p. 255. n° 47.

Long. 2 $\frac{2}{3}$ lignes. Larg. 1 ligne.

Plus grande que la *Pusilla* et d'un brun noirâtre en dessus, un peu roussâtre sur le corselet.

Tête un peu plus allongée, avec les palpes et les antennes entièrement d'un rouge ferrugineux.

Corselet plus plane et un peu plus allongé; la base plus fortement ponctuée sur les côtés, un peu ridée dans son milieu, avec les impressions longitudinales plus fortement marquées; les angles postérieurs coupés plus carrément; la base un peu échancrée dans son milieu.

Élytres un peu plus planes, un peu plus ovales, striées et ponctuées à peu près de la même manière.

Dessous du corps d'un brun obscur, avec l'extrémité de l'abdomen un peu roussâtre et les pattes d'un rouge ferrugineux.

Elle a été découverte dans les Hautes-Pyrénées par M. de la Frenaye.

27. F. Pumilio. *Dejean.*

Pl. 130. fig. 5.

Aptera, nigro-picea; thorace subquadrato, postice obsolete punctato, utrinque striato; elytris oblongo-ovatis, striato-punctatis, punctisque duobus impressis; antennis pedibusque rufis.

Dej. *Spec.* III. p. 256.

Long. 2 lignes. Larg. $\frac{4}{3}$ ligne.

Plus Petite que la *Pusilla*, un peu moins allongée et d'un brun noirâtre en dessus.

Tête un peu plus large, moins rétrécie postérieurement, avec les palpes et les antennes entièrement d'un rouge ferrugineux.

Corselet plus large, à peine rétréci postérieurement, presque carré, la base très-légèrement ponctuée, l'impression longitudinale plus fortement marquée; les angles postérieurs coupés plus carrément et la base très-légèrement échancrée dans son milieu.

Élytres un peu moins allongées et un peu plus ovales; leurs stries un peu plus marquées et un peu plus fortement ponctuées; les intervalles un peu moins planes; deux points enfoncés distincts sur le troisième.

Dessous du corps d'un brun obscur, avec l'extrémité

de l'abdomen un peu roussâtre et les pattes d'un rouge ferrugineux.

Elle a été découverte dans les Pyrénées orientales par M. le comte Dejean.

28. F. Lusitanica.

Pl. 130. fig. 6.

Aptera, nigro-picea; thorace elongato-quadrato, postice utrinque striato; elytris oblongo-ovatis, planiusculis, crenato-striatis, punctisque tribus impressis; antennis pedibusque rufis.

Dej. *Spec.* III. p. 257. n° 49.
Calathus Crenatus. Dej. *Cat.* p. 11.

Long. 3, 3 ½ lignes. Larg. 1 ¼, 1 ⅓ ligne.

Très-voisine de la *Depressa*, mais un peu plus allongée.

Tête un peu plus étroite.

Corselet un peu moins rougeâtre, plus étroit et plus allongé.

Élytres un peu plus noirâtres, plus étroites, plus parallèles et moins ovales; leurs stries plus fortement marquées, très-fortement ponctuées et presque crénelées; les intervalles un peu moins planes et les trois points enfoncés du troisième se confondant souvent avec ceux des stries.

Elle se trouve en Portugal.

29. F. Depressa.

Pl. 131. fig. 1.

Aptera, nigro-picea; thorace rufescente, oblongo-quadrato, postice utrinque striato; elytris oblongo-ovatis, planiusculis, striatis, punctisque tribus impressis; antennis pedibusque rufis.

Dej. *Spec.* iii. p. 258. n° 50.
Calathus Depressus. Dej. *Cat.* p. 10.

Long. 3 $\frac{1}{4}$, 3 $\frac{3}{4}$ lignes. Larg. 1 $\frac{1}{4}$, 1 $\frac{1}{2}$ ligne.

Plus grande que la *Vernalis*, et entièrement en dessus d'un brun noirâtre, quelquefois un peu roussâtre, avec le corselet d'un rouge-ferrugineux obscur.

Tête ovale assez allongée, un peu rétrécie postérieurement, presque lisse, avec les palpes et les antennes d'un rouge-ferrugineux un peu jaunâtre.

Corselet presque le double aussi large que la tête, à peu près aussi long que large, presque carré, plane et assez lisse; les impressions longitudinales très-marquées; le bord antérieur assez échancré et un peu sinué; les côtés rebordés presque droits et très-légèrement arrondis antérieurement; les angles postérieurs coupés carrément et un peu arrondis; la basse légèrement échancrée dans son milieu.

Élytres un peu plus larges que le corselet, en ovale très-allongé, presque ponctuées, planes et presque arrondies à l'extrémité, ayant chacune neuf stries et le commencement d'une dixième à la base ; les stries peu enfoncées, paraissant lisses à la vue simple ; les intervalles planes, trois points enfoncés distincts sur le troisième. Pas d'ailes sous les élytres.

Dessous de la tête et du corselet d'un rouge-ferrugineux obscur, avec la poitrine et l'abdomen d'un brun plus ou moins roussâtre et les pattes d'un rouge ferrugineux.

Elle se trouve en France, dans les provinces méridionales, dans les bois, sous les pierres, les mousses et les feuilles sèches. Elle habite aussi le Portugal.

30. F. Rufa. *Megerle.*

Pl. 131. fig. 2.

Aptera, obscure rufa ; thorace subquadrato, postice utrinque striato ; elytris brevioribus, oblongo-ovatis, striatis, punctisque tribus impressis ; antennis pedibusque rufis.

Dej. *Spec.* III. p. 268. n° 52.

Carabus Rufus. Duftschmid. II. p. 105. n° 124.

Platysma Rufa. Sturm. V. p. 76. n° 22. T. 116. fig. a. A.

Calathus Rufus. Dej. *Cat.* p. 11.

Long. 2 $\frac{3}{4}$ 3 $\frac{1}{4}$ lignes. Larg. 1, 1 $\frac{1}{4}$ ligne.

Plus petite que la *Depressa*, moins allongée et d'un rouge-ferrugineux obscur en dessus, un peu plus foncé sur les élytres.

Tête un peu moins allongée.

Corselet à peu près de la même forme, avec la base un peu échancrée dans son milieu.

Élytres moins planes proportionnellement plus courtes; les stries lisses, les intervalles un peu moins planes; trois points enfoncés sur le troisième.

Dessous du corps d'un rouge-ferrugineux obscur, avec les pattes et les antennes comme dans la *Depressa*.

Elle se trouve assez communément en Autriche.

31. F. Hispanica.

Pl. 131. fig. 3.

Aptera, nigro-picea; thorace subquadrato, antice subangustato, postice utrinque bistriato; elytris subparallelis, striatis, punctisque duobus impressis; antennis pedibusque rufis.

Dej. *Spec.* III. p. 261. n° 53.
Argutor Hispanicus. Dej. *Cat.* p. 11.

Long. 3 $\frac{1}{2}$, 4 lignes. Larg. 1 $\frac{1}{2}$, 1 $\frac{3}{4}$ ligne.

Très-voisine de la *Barbara*, mais plus petite, un peu moins allongée et un peu plus brune et moins brillante.

Corselet un peu plus plane, moins rétréci antérieurement, ayant de chaque côté de la base deux impressions longitudinales, dont l'extérieure moins longue.

Élytres un peu moins allongées, moins parallèles et moins convexes; les stries lisses; deux points enfoncés sur le troisième intervalle.

Elle se trouve en Espagne et aux environs de Tanger.

32. F. Barbara.

Pl. 131. fig. 4.

Aptera, nigro-picea; thorace subquadrato, antice angustato, postice utrinque striato; elytris parallelis, striatis, punctisque duobus impressis; antennis pedibusque rufis.

Dej. *Spec.* III. p. 261. n° 54.
Argutor Barbarus. Dej. *Cat.* p. 11.
Argutor Elongatus. Klug.

Long. 4, 4 $\frac{1}{2}$ lignes. Larg. 1 $\frac{1}{2}$, 1 $\frac{3}{4}$ ligne.

Plus grande que la *Vernalis* et entièrement d'un brun noirâtre plus ou moins foncé et assez brillant.

Tête à peu près comme dans la *Vernalis*, avec les palpes et les antennes d'un rouge ferrugineux, quelquefois un peu obscur.

Corselet le double plus large que la tête, presque aussi long que large, presque carré, rétréci antérieurement, très-légèrement arrondi sur les côtés, presque lisse, légèrement convexe; les impressions longitudinales assez marquées; le bord antérieur assez échancré; les côtés légèrement rebordés; les angles postérieurs coupés carrément et la base très-légèrement échancrée et presque en arc de cercle.

Élytres à peine plus larges que le corselet, allongées,

parallèles, très-légèrement convexes et sinuées près de l'extrémité, ayant chacune neuf stries assez marquées, quelquefois légèrement ponctuées; les intervalles presque planes; deux points enfoncés sur le troisième. Pas d'ailes sous les élytres.

Dessous du corps d'un brun obscur, quelquefois un peu roussâtre, avec les pattes d'un rouge furrugineux un peu obscur.

Elle se trouve assez communément dans le midi de la France et de l'Espagne, en Sicile et sur la côte de Barbarie.

33. F. SPADICEA.

Pl. 131. fig. 5.

Aptera, nigro-picea; thorace subquadrato, postice subangustato, obsolete punctato, utrinque striato; elytris brevioribus, oblongo-ovatis, striatis, striis subtiliter punctatis, punctisque duobus impressis; antennis pedibusque rufis.

DEJ. *Spec.* III. p. 253. n° 56.
Argutor Planus. JENISSON.

Long. 2 ½ lignes. Larg. 1 ligne.

Plus petite que l'*Unctulata*, et propotionnellement un peu plus étroite.

Tête un peu moins large.

Corselet un peu plus étroit, un peu sinué sur les côtés

près de la base, presque rétréci postérieurement, et un peu plus convexe antérieurement, l'impression transversale postérieure un peu plus marquée; la base légèrement ponctuée sur ses côtés et presque lisse dans son milieu; l'impression longitudinale de chaque côté un peu plus fortement marquée; les angles postérieurs coupés un peu plus carrément et presque un peu saillans.

Élytres plus étroites, un peu plus ovales, moins rétrécies postérieurement striées à peu près de la même manière; deux points placés de la même manière sur le troisième intervalle.

Dessous du corps d'un brun noirâtre, avec l'extrémité de l'abdomen quelquefois un peu roussâtre. Pattes et antennes d'un rouge ferrugineux.

Elle se trouve dans les parties orientales de la France; elle est commune aux environs de Lyon.

34. F. Subsinuata.

Pl. 131. fig. 6.

Aptera, nigro-picea; thorace subquadrato, postice utrinque punctato, bistriato; elytris brevioribus, oblongo-ovatis, striatis, striis obsolete punctatis, punctisque duobus impressis; antennis pedibusque rufis.

Dej. *Spec.* iii. p. 264. n° 57.
Argutor Subsinuatus. Dej. *Cat.* p. 11.

Long. 2 $\frac{2}{3}$, 3 lignes. Larg. 1, 1 $\frac{1}{4}$ ligne.

A peu près de la longueur de l'*Unctulata*, mais un peu plus étroite.

Corselet un peu moins large, un peu plus plane, ses côtés presque sinués près de la base ; l'impression transversale postérieure un peu plus marquée ; une seconde impression longitudinale, assez courte, mais distincte, près des angles postérieurs ; ceux-ci coupés un peu plus carrément.

Élytres un peu plus étroites, un peu plus ovales et un peu moins rétrécies postérieurement ; la ponctuation des stries un peu moins distincte ; deux points enfoncés, placés à peu près de la même manière sur le troisième intervalle.

Dessous du corps d'un brun très-obscur, souvent plus ou moins roussâtre. Antennes et pattes d'un rouge ferrugineux.

Elle se trouve en Styrie.

35. F. Unctulata. *Creutzer.*

Pl. 132. fig. 1.

Aptera, nigro-picea; thorace subquadrato, postice utrinque punctato, striato; elytris brevioribus, subparallelis, postice angustatis, striatis, striis subtiliter punctatis, punctisque duobus obsoletis impressis ; antennis pedibusque rufis.

Dej. *Spec.* iii. p. 265. n° 58.
Carabus Unctulatus. Duftschmid. ii. p. 104. n° 123.

Amara Unctulata. STURM. VI. p. 22. n° 8. T. 140. fig. d. D.

Argutor Unctulatus. DEJ. *Cat.* p. 11.

Argutor Brevis. DEJ. *Cat.* p. 11.

Long. 2 $\frac{3}{4}$, 3 $\frac{1}{4}$ lignes. Larg. 1 $\frac{1}{4}$, 1 $\frac{1}{2}$ ligne.

A peu près de la taille de la *Vernalis*, mais proportionnellement plus large, et d'un brun noirâtre en dessus, quelquefois presque ferrugineux et quelquefois presque noir.

Tête un peu plus grande, avec les impressions entre les antennes un peu plus marquées, et les antennes d'un rouge ferrugineux.

Corselet plus grand, plus large, presque carré, un peu rétréci antérieurement et presque plane; la base assez fortement ponctuée sur ses côtés, presque lisse dans son milieu; une impression longitudinale de chaque côté, à peu près au milieu, assez longue et assez marquée; le bord antérieur assez échancré; les côtes rebordées et tombant carrément sur la base, avec laquelle ils forment un angle droit; la base très-légèrement échancrée en arc de cercle.

Élytres assez courtes, de la largeur du corselet à leur base, presque parallèles et plus étroites vers l'extrémité: neuf stries sur chacune, et le commencement d'une dixième à la base, entre la première et la seconde; les intervalles presque planes; deux points enfoncés peu marqués sur le troisième; point d'ailes sous les élytres.

Dessous du corps d'un brun plus ou moins roussâtre, avec les pattes d'un rouge ferrugineux.

Elle se trouve dans les montagnes de l'Autriche et en Styrie.

36. F. Apennina.

Pl. 132, fig. 2.

Aptera, nigro-picea; thorace subquadrato, postice utrinque punctato, bistriato; elytris subparallelis, postice angustatis, striatis, striis subtiliter punctatis, punctisque duobus impressis; antennis pedibusque rufis.

Dej. *Spec.* v. *Suppl.* p. 760. n° 204.

Long. 3 lignes. Larg. 1 $\frac{1}{4}$ ligne.

Très-voisine de l'*Unctulata*, mais un peu peu plus étroite.

Corselet un peu plus étroit, paraissant un peu plus allongé, un peu sinué près de la base, ayant une seconde impression longitudinale près des angles postérieurs, comme dans la *Subsinuata*, ceux-ci un peu plus aigus et plus saillans.

Élytres un peu plus étroites et un peu plus allongées, striées et ponctuées de la même manière : les deux points enfoncés du troisième intervalle plus marqués.

Dessous du corps et pattes à peu près comme dans l'*Unctulata*.

Elle se trouve dans les Apennins.

37. F. Amaroides.

Pl. 132, fig. 3.

Aptera, nigro-picea; thorace subquadrato, postice bistriato, elytris subparallelis, postice angustatis, striatis, striis subtiliter punctatis, punctisque duobus postice impressis, antennis pedibusque rufis.

Dej. *Spec.* III. p. 266. n° 59.

Amara Attenuata. Sturm. *Catal.* p. 90.

Long. 3 $\frac{1}{2}$, 4 lignes. Larg. 1 $\frac{1}{2}$, 1 $\frac{3}{4}$ ligne.

Plus grande que l'*Unctulata*.

Tête un peu plus large, moins rétrécie postérieurement.

Corselet un peu plus long, un peu moins rétréci antérieurement et moins plane; la base peu sensiblement ponctuée, de chaque côté deux impressions longitudinales assez marquées, dont l'extérieure un peu plus longue que l'intérieure.

Élytres un peu plus allongées, un peu plus convexes; les stries un peu moins marquées, très-finement ponctuées; les intervalles un peu plus planes; deux points enfoncés distincts sur le troisième intervalle près de la seconde strie.

Dessous du corps d'un brun noirâtre, avec les pattes d'un rouge ferrugineux.

Elle se trouve communément dans les Pyrénées-Orientales.

38. F. Abaxoides.

Pl. 132. fig. 4.

Aptera, nigro-picea; thorace latiore, subquadrato, postice bistriato; elytris latioribus, ovatis, postice angustatis, striatis, striis subtiliter punctatis, punctisque duobus postice impressis; antennis pedibusque rufo-piceis.

Dej. *Spec.* III. p. 267. n° 60.
Argutor Abaxoides. Dej. *Cat.* p. 11.

Long. 4 $\frac{1}{4}$, 4 $\frac{3}{4}$ lignes. Larg. 1 $\frac{3}{4}$, 2 lignes.

Plus grande que l'*Amaroides*, et proportionnellement plus large.

Tête moins lisse, avec quelques rides irrégulières ondulées.

Corselet plus large, un peu plus plane; les deux impressions longitudinales de chaque côté de la base un peu moins marquées, plus larges et légèrement ponctuées; le bord antérieur plus fortement échancré; les côtés un peu déprimés, surtout vers les angles postérieurs, ceux-ci un peu relevés.

Élytres plus larges, plus planes, striées et ponctuées à peu près de la même manière.

Les pattes et les antennes d'un rouge ferrugineux plus obscur et presque brunâtre.

Elle se trouve dans les Hautes-Pyrénees.

39. F. Striatocollis.

Pl. 132. fig. 5.

Aptera, nigro-picea; thorace lævi, subquadrato, postice subangustato, utrinque profunde striato; elytris brevio-

ribus, oblongo-ovatis, striato-punctatis, punctoque postice impresso; antennis pedibusque rufis.

DEJ. *Spec.* III. p. 268. n° 61.
Argutor Striatocollis. DEJ. *Cat.* p. 11.
Argutor Picipes. STURM. *Catal.* p. 97.

Long. 3 $\frac{1}{4}$, 3 $\frac{1}{2}$ lignes. Larg. 1 $\frac{1}{3}$, 1 $\frac{1}{2}$ ligne.

Ordinairement un peu plus grande que l'*Unctulata*, proportionnellement un peu plus étroite, et, comme elle, d'un brun noirâtre, quelquefois un peu ferrugineux en dessus.

Tête plus grosse, non rétrécie postérieurement, avec les antennes un peu plus fortes et plus courtes.

Corselet plus lisse, plus étroit, presque carré; très-légèrement sinué près de la base et un peu rétréci postérieurement; les impressions transversales un peu plus marquées; la base tout-à-fait lisse; de chaque côté une impression transversale assez longue et très-fortement marquée; le bord antérieur un peu moins échancré; les angles postérieurs coupés carrément, presque un peu plus relevés: la base légèrement échancrée dans son milieu.

Élytres plus étroites, plus rétrécies à leur base et moins vers l'extrémité; les stries un peu plus distinctement ponctuées; un seul point enfoncé sur le troisième intervalle; pas d'ailes sous les élytres.

Dessous du corps d'un brun obscur, quelquefois un peu roussâtre, avec les pattes d'un rouge ferrugineux.

Elle a été découverte dans la Croatie militaire, par

M. le comte Dejean. M. Dahl l'a retrouvée depuis dans le Bannat, en Hongrie.

TROISIÈME DIVISION.

OMASEUS. *Ziegler*.

40. F. BOPHOSIOIDES. *Ziegler*.

Pl. 133. fig. 1.

Aptera, nigra; thorace subquadrato, postice subangustato, utrinque foveolato; elytris elongatis, subparallelis, profunde striatis, punctisque duobus impressis.

DEJ. *Spec.* III. p. 269. n° 62.
Nomalus Cophosioides. DAHL. *Coleopt. und. Lepidoptera.* p. 9.
Cophosus Cyclops. KOLLAR. STURM. *Catal.* p. 125.
VAR. *Cophosus Bannaticus.* STURM. *idem.*

Long. 8, 9 $\frac{3}{4}$ lignes. Larg. 2 $\frac{3}{4}$, 3 $\frac{1}{3}$ lignes.

Plus grande et plus allongée que la *Melanaria*, proportionnellement plus étroite et d'un noir assez brillant.

Tête un peu plus allongée.

Corselet un peu plus large, moins rétréci postérieurement, moins arrondi sur les côtés, un peu plus convexe; de chaque côté de la base, une impression assez grande, plus profondément marquée, terminée brusquement vers le bord extérieur, un peu rugueuse dans le fond; le bord antérieur moins échancré; les côtés moins fortement rebordés, nullement relevés, ne formant aucune dent saillante à l'angle postérieur; celui-ci presque arrondi, sa base légèrement échancrée dans son milieu.

Élytres un peu plus étroites et plus allongées; les stries lisses; deux points enfoncés sur le troisième intervalle, très-rarement un troisième point enfoncé.

Dessous du corps et pattes noirs.

Une impression assez large, peu marquée et presque arrondie, dans les mâles, à l'extrémité du dernier anneau.

Elle se trouve dans le Bannat, en Hongrie.

41. F. Pennata.

Pl. 133. fig. 2.

Alata, nigra; thorace subquadrato, postice subangustato, utrinque punctato, foveolato, bistriato; elytris oblongis, subparallelis, profunde staiatis, punctisque duobus impressis.

Dej. *Spec.* III. p. 270. n° 63.
Omaseus Pennatus. Dej. *Cat.* p. 12.

Long. 7, 8 lignes. Larg. 2 $\frac{2}{3}$, 3 lignes.

Ressemble beaucoup à la *Melanaria*, dont elle n'est peut-être qu'une variété.

Corselet ayant la petite dent de l'angle postérieur un peu moins marquée et moins saillante.

Élytres un peu plus allongées, plus parallèles et un pen moins ovales ; des ailes complètes et propres au vol.

Elle se trouve en Styrie, en Autriche et aux environs de Paris.

42. F. Melanaria.

Pl. 133. fig. 3.

Aptera, nigra ; thorace subquadrato, postice subangustato, utrinque punctato, foveolato, bistriato ; elytris oblongis, subparallelis, profunde striatis, punctisque duobus impressis.

Dej. *Spec.* III. p. 271. n° 64.

Carabus Melanarius. Illig. *Kœffer Preus.* I. p. 163. n° 28.

Duftschmid. II. p. 70. n° 72.

Omaseus Melanarius. Dej. *Cat.* p. 12.

Harpalus Melanaris. Gyllenhal. II. p. 92. n° 12. et IV. p. 427. n° 12.

Sahlberg. *Dissert. entom. Ins. Fennica.* p. 224. n° 13.

Carabus Leucophtalmus. Fabr. *Sys. El.* I. p. 177. n° 41.

Oliv. III. 35. p. 48. n° 51. T. I. fig. 4.

Sch. *Syn. Ins.* I. p. 178. n° 52.

Platysma Leucophtalma. Sturm. V. p. 39. n° 1. T. 119.

Le Bupreste tout noir. Geoff. I. p. 146. n° 117.

Var. *Platysma Nigerrima.* Sturm. V. p. 41. n° 2. T. 120. fig. a.

Harpalus Furvus? SAHLBERG. *Dissert. entom. Ins. Fennica.* p. 223. n° 11.

Harpalus Ater? SAHLBERG. *idem.* n° 12.

Long. 5 $\frac{2}{3}$, 8 $\frac{1}{4}$ lignes. Larg. 2, 3 lignes.

Variable pour la grandeur et un peu pour la forme, et entièrement en dessus d'un noir assez brillant.

Tête assez grande, presque ovale, peu ou point rétrécie postérieurement, avec les antennes d'un brun obscur.

Corselet à peu près le double plus large que la tête, un peu moins long que large, presque carré, un peu rétréci postérieurement, légèrement arrondi sur les côtés, peu convexe, presque plane; les deux impressions transversales peu apparentes; une impression assez grande et assez prononcée de chaque côté de la base, marquée de deux impressions longitudinales; le bord antérieur échancré assez fortement; les côtés rebordés, un peu relevés; formant, à leur jonction avec la base, une petite dent plus ou moins saillante, quelquefois presque aiguë, et quelquefois à peine sensible; la base coupée presque carrément.

Élytres plus ou moins larges, plus ou moins allongées, très légèrement ovales, presque parallèles, un peu sinuées près de l'extrémité, très-légèrement convexes ou presque planes, ayant chacunes neuf stries et le commencement d'un dixième à la base; les troisième et quatrième, cinquième et sixième se réunissant deux à deux, et n'allant pas tout-à-fait jusqu'à l'extrémité; ces stries assez fortement marquées, quelquefois lisses, quelquefois légèrement ponctuées; les intervalles plus ou moins relevés, quelquefois presque arrondis, rarement presque planes, deux points enfoncés distincts sur le troisième; près de la seconde strie; point d'ailes sous les élytres.

Dessous du corps d'un noir assez brillant, avec les pattes d'un noir un peu brunâtre. Le dernier anneau de l'abdomen tout-à-fait lisse dans les deux sexes.

Elle se trouve très-communément sous les pierres, dans presque toute l'Europe et dans la Sibérie.

La *Platysma Nigerrima* de Sturm, qui a été envoyée par cet auteur à M. Dejean, ne paraît être qu'une très-légère variété de cette espèce; elle est un peu plus large; le corselet est un peu plus rétréci postérieurement; les intervalles des élytres sont un peu plus relevés, et les stries sont très-légèrement ponctuées; mais ces différences ne sont pas constantes, et il possède beaucoup d'individus intermédiaires.

Il présume que les *Harpalus Furvus* et *Ater* de Sahlberg ne sont aussi que des variétés de cette espèce.

43. F. Eschscholtzii. *Gebler.*

Pl. 133. fig. 4.

Alata, nigra; thorace subquadrato, postice utrinque bistriato; elytris piceis, oblongis, subparallelis, profunde striatis, punctisque tribus impressis.

Dej. *Spec.* v. *Suppl.* p. 761. n° 205.

Platysma Eschscholtzii. Germar. *Coleop. Sp. nov.* p. 19. n° 30.

F. Nigra. var. Species. iii. p. 337. n° 128.

Long. 7 lignes. Larg. 2 $\frac{2}{3}$ lignes.

Très-voisine de la *Nigra*, mais plus petite.

Élytres toujours d'un brun un peu roussâtre ; les stries un peu moins profondes, les intervalles un peu moins relevés.

Dernier anneau de l'abdomen des mâles sans aucune trace de ligne longitudinale élevée.

Elle se trouve en Sibérie.

44. F. Melas.

Pl. 133. fig. 5.

Aptera, nigra; thorace subquadrato, lateribus rotundatis, postice utrinque bistriato; elytris oblongo-ovatis striatis, striis interdum punctulatis, punctisque duobus impressis.

Dej. *Spec.* III. p. 273. n° 65.
Carabus Melas. Creutzer. *Entom. Versuche.* I. p. 114. n° 6. T. 2. fig. 18.
Duftschmid. II. p. 59. n° 55.
Omaseus Melas. Dej. *Cat.* p. 12.
Carabus Maurus? Fabr. *Sys. El.* I. p. 178. n° 45.
Sch. *Syn. Ins.* I. p. 179. n° 57.
Molops Maurus. Sturm. IV. p. 169. n° 4. T. 103. fig. b.
Var. A. *Omaseus Depressus.* Ziegler.
Var. B. *Omaseus Italicus.* Bonelli. Dej. *Cat.* p. 12.

Long. $6\frac{1}{3}$, 8 lignes. Larg. $2\frac{1}{3}$, $3\frac{1}{4}$ lignes.

Variable pour la grandeur et un peu pour la forme, et, comme la *Melanaria*, entièrement en dessus d'un noir assez brillant.

Corselet plus convexe, plus arrondi sur les côtés, nullement retréci postérieurement; l'impression transversale postérieure plus ponctuée; deux impressions longitudinales fortement marquées, dont l'intérieure plus longue et dont le fond est légèrement rugueux, de chaque côté de la base; les côtés légèrement rebordés, à peine relevés, formant près de la base une dent beaucoup plus petite, et quelquefois à peine sensible; la base un peu échancrée dans son milieu.

Elytres un peu moins parallèles, un peu plus ovales et ordinairement un peu plus convexes; les stries moins fortement marquées, quelquefois lisses, et quelquefois assez fortement ponctuées; les intervalles un peu moins relevés; deux points enfoncés, distincts, sur le troisième; point d'ailes sous les élytres.

Dessous du corps et pattes noirs. Dernier anneau de l'abdomen des mâles offrant une impression longitudinale oblongue, assez grande et assez marquée.

Elle se trouve communément dans les différentes provinces de l'Autriche, en Dalmatie, en Italie et dans le midi de la France.

Les individus que l'on trouve en Autriche sont ordinairement plus petits, plus étroits, et les stries des élytres sont presque toujours lisses. Ceux que l'on trouve en

Dalmatie sont plus grands, beaucoup plus larges, et les stries des élytres sont ou lisses ou légèremeut ponctuées; c'est à ceux-ci qu'il faut rapporter l'*Omaseus Depressus* de Ziegler. Enfin, ceux que l'on trouve en Italie et dans le midi de la France, et auxquels il faut rapporter l'*Omaseus Italicus* de Bonelli, sont plus grands, plus larges, mais moins cependant que ceux de la Dalmatie, et les stries des élytres sont presque toujours distinctement ponctuées. Ces variétés ne sont pas constantes, et il est impossible d'en former des espèces particulières.

45. F. Hungarica.

Pl. 134. fig. 1.

Aptera, nigra; thorace subquadrato, lateribus rotundatis, postice utrinque bistriato; elytris subparallelis, striatis, punctisque duobus impressis.

Dej. *Spec.* III. p. 274. n° 66.

Omaseus Italicus. Dahl. *Coleoptera und Lepidoptera.* p. 8.

Cophosus Italicus. Sturm. *Catal.* p. 125.

Long. 6 $\frac{1}{2}$, 8 lignes. Larg. 2 $\frac{1}{2}$, 3 $\frac{1}{4}$ lignes.

Très-voisine de la *Melas*.

Corselet un peu plus large, un peu moins arrondi sur les côtés, et un peu moins rétréci antérieurement et postérieurement.

Élytres un peu plus courtes, moins rétrécies à leur base, moins ovales et un peu plus parallèles.

Elle se trouve en Hongrie, et particulièrement dans le Bannat.

46. F. Altaica. *Gebler.*

Pl. 134. fig. 2.

Aptera, nigra; thorace subcordato, postice utrinque bistriato; elytris brevioribus, oblongo ovatis, subparallelis, striatis, punctisque quinque impressis.

Dej. *Spec.* III. p. 275. n° 67.
Pœcilus Altaicus. Germar. *Coleop. Sp. Nov.* p. 18. n°. 29.

Long. 5 $\frac{1}{4}$, 7 lignes. Larg. 2, 2 $\frac{3}{4}$ lignes.

Ordinairement plus petite que la *Melanaria*, proportionnellement plus courte et d'un noir assez brillant.

Tête un peu plus grosse, presque renflée postérieurement, avec les antennes plus courtes.

Corselet un peu moins arrondi sur les côtés, un peu rétréci postérieurement et presque cordiforme; l'impression de chaque côté de la base un peu moins marquée; le fond presque entièrement rugueux et les deux impressions longitudinales comme dans la *Melanaria*; le bord antérieur un peu plus fortement échancré, les côtés moins largement rebordés, nullement relevés, tombant carrément sur la base et formant avec elle un angle droit; point de dent à l'angle postérieur; la base très-légèrement sinuée et presque échancrée dans son milieu.

Élytres proportionnellement plus courtes et un peu plus larges; leurs stries lisses et moins fortement marquées; les intervalles plus planes; cinq points enfoncés distincts sur le troisième; point d'ailes sous les élytres. Dernier anneau de l'abdomen lisse dans les deux sexes.

Elle se trouve en Sibérie.

47. F. Magus. *Eschscholtz.*

Pl. 134. fig. 3.

Aptera, nigra; thorace subquadrato, lateribus rotundatis, postice utrinque bistriato; elytris brevioribus, oblongo-ovatis, subparallelis, striatis, punctisque quatuor impressis.

Dej. *Spec.* III. p. 276. n° 68.

Omaseus Magus. Hummel. *Essais entomologiques.* 4. p. 23. n° 6.

Long, 5 ½, 6 lignes. Larg. 2, 2 ½ lignes.

Ordinairement plus petite que l'*Altaica*.

Corselet plus court, plus convexe, plus arrondi sur les côtés, nullement rétréci postérieurement; les côtés de la base un peu plus rugueux ou légèrement ponctués; les deux impressions longitudinales un peu moins marquées; le bord anterieur un peu moins échancré; les côtés plus arrondis, plus légèrement et moins largement rebordés, tombant un peu obliquement sur la base et formant à l'angle postérieur une dent beaucoup plus petite et moins saillante que dans la *Melanaria*; la base un peu échancrée et presque coupée en arc de cercle.

Élytres à peu près de la même forme, striées de la même manière; quatre points enfoncés sur le troisième intervalle.

Elle se trouve en Sibérie.

48. F. Nigrita.

Pl. 134. fig. 4.

Alata, nigra; thorace subquadrato, postice subangustato, utrinque punctato, foveolato, obselete bistriato; elytris oblongis; subparallelis; striatis, striis obsolete punctatis, punctisque tribus impressis; maris ano puncto obsoleto elevato.

Dej. *Spec.* iii. p. 284. n° 78.

Carabus Nigrita. Fabr. *Sys. El.* i. p. 200. n° 164.

Sch. *Syn. Ins.* i. p. 208. n° 223.

Duftschmid. ii. p. 92. n° 103.

Harpalus Nigrita. Gyllenhal. ii. p. 88. n° 8. et iv. p. 425. n° 8.

Sahlberg. *Dissert. entom. Ins. Fennica.* p. 121. n° 7.

Platysma Nigrita Sturm. v. p. 64. n° 15.

Omaseus Nigrita. Dej. *Cat.* p. 12.

Long. 4 ½, 5 ½ lignes. Larg. 1 ½, 2 lignes.

Plus petite que la *Melanaria*, proportionnellement plus étroite et d'un noir assez brillant.

Corselet un peu plus étroit, plus lisse, un peu moins plane; l'impression de chaque côté de la base un peu plus profonde, plus arrondie et plus fortement ponctuée; les deux impressions longitudinales presque entièrement effacées; les côtés un peu moins largement rebordés et nullement relevés; la base très-légèrement échancrée dans son milieu et coupée un peu obliquement sur les côtés.

Élytres plus étroites; leurs stries un peu moins marquées, quelquefois lisses, et quelquefois légèrement ponctuées; les intervalles plus planes; trois points enfoncés sur le troisième; des ailes sous les élytres.

Dessous du corps et pattes d'un noir assez brillant. Un très-petit point élevé, à peine marqué, sur le dernier anneau de l'abdomen du mâle, et seulement visible à la loupe.

Elle se trouve très-communément sous les pierres, principalement dans les endroits humides, dans presque toute l'Europe et dans la Sibérie.

49. F. Anthracina.

Pl. 134. fig. 5.

Alata, nigra; thorace subcordato, utrinque punctato, foveolato, obsolete bistriato; elytris oblongis, subparallelis, striatis, striis obsolete punctatis, punctisque tribus impressis; maris ano foveolato.

DEJ. *Spec.* III. p. 286. n° 79.

Carabus Anthracinus. ILLIGER. *Kæfer Preus.* I. p. 181. n° 55.

SCH. *Syn. Ins.* I. p. 207. n° 218.

DUFTSCHMID. II. p. 162. n° 214.

Harphalus Anthracinus. GYLLENHAL. IV. p. 425. n° 8-9.

Platysma Anthracina. STURM. V. p. 65. n° 16.

Omaseus Anthracinus. DEJ. *Cat.* p. 12.

Long. 4 ½, 5 ½ lignes. Larg. 1 ½, 2 lignes.

Très-voisine de la *Nigrita,* et souvent confondue avec elle ; à peu près de la même forme, et de même d'un noir assez brillant.

Corselet un peu plus long, un peu sinué sur les côtés près de la base, un peu rétréci postérieurement et presque cordiforme ; les deux impressions longitudinales de chaque côté un peu plus distinctes, les côtés tombant plus carrément sur la base ; aucune dent sensible à l'angle postérieur.

Élytres avec les stries un peu plus distinctement ponctuées ; trois points enfoncés sur le troisième intervalle.

Les jambes et les tarses un peu moins noirs. Une fosette oblongue, visible à la vue simple, sur le dernier anneau de l'abdomen des mâles.

Elle se trouve avec la *Nigrita* dans presque toute l'Europe ; mais elle est plus rare dans le Nord, et plus commune dans les parties méridionales.

50. F. Gracilis.

Pl. 135. fig. 1.

Alata, nigra; thorace subcordato, utrinque punctato, subfoveolato, bistriato; elytris oblongis, subparallelis, striatis, striis obsolete punctatis, punctisque tribus impressis; antennis pedibusque piceis; ano in utroque sexu lævigato.

Dej. *Spec.* III. p. 287. n° 80.
Platysma Gracilis. Sturm. *Catal.* p. 185.

Long. 3 $\frac{1}{2}$, 4 lignes. Larg. 1 $\frac{1}{3}$, 1 $\frac{1}{2}$ ligne.

Très-voisine de la *Minor*, dont elle n'est peut-être qu'une variété plus grande.

Élytres avec les stries plus distinctement ponctuées.

Dernier anneau de l'abdomen des mâles paraissant lisse à la vue simple, mais offrant, avec une très-forte loupe, les vestiges d'une ligne longitudinale élevée, presque complètement effacée.

Elle est assez rare; elle habite la France, l'Allemagne et la Hongrie.

51. F. Minor.

Pl. 135. fig. 2.

Alata, nigra; thorace subcordato; utrinque punctato, subfoveolato, bistriato; elytris oblongis, subparallelis, striatis, striis obsolete punctatis, punctisque tribus impressis; antennis pedibusque piceis; maris ano linea obsoleta elevata.

Dej. *Spec.* III. p. 287. n° 81.
Omaseus Minor. Dej. *Cat.* p. 12.
Harpalus Minor. Sahlberg. *Dissert. Entom. Ins. Fennica.* p. 221. n° 8.
Harpalus Anthracinus. Gyllenhal. II. p. 89. n° 9. et IV. p. 426. n° 9.

Long. 3, 3 $\frac{1}{2}$ lignes. Larg. 1 $\frac{1}{4}$, 1 $\frac{1}{3}$ ligne.

Très-voisine de l'*Anthracina*, mais beaucoup plus petite.

Corselet à peu près de la même forme; l'impression de chaque côté de la base moins marquée; les points enfoncés plus rares et plus distincts; les deux impressions longitudinales plus fortement marquées et toujours distinctes.

Élytres avec les stries presque lisses, très-légèrement ponctuées; trois points enfoncés sur le troisième intervalle.

Dessous du corps d'un noir obscur, avec les pattes d'un brun un peu roussâtre. Une petite ligne longitudinale élevée sur le dernier anneau de l'abdomen des mâles.

Elle se trouve assez communément en Suède et dans le nord de la Russie; on la trouve aussi, mais rarement, en France, en Allemagne et dans les provinces méridionales de la Russie.

Cette espèce est très-voisine des *Argutor* de Megerle, et fait évidemment le passage de cette division à la seconde.

52. F. Elongata. *Megerle.*

Pl. 135. fig. 3.

Alata, nigra; thorace subcordato, postice utrinque foveolato, angulis posticis subrotundatis; elytris elongatis, subparallelis, striatis, striis obsolete punctatis, punctisque tribus impressis.

Dej. *Spec.* III. p. 288. n° 82.

Carabus Elongatus. Duftschmid. II. p. 128. n° 163.

Platysma Elongata. Sturm. V. p. 43. n° 3. T. 110. fig. b. B.

Omaseus Elongatus. Dej. *Cat.* p. 12.

Long. 6 ½, 7 lignes. Larg. 2, 2 ¼ lignes.

Un peu plus allongée, plus étroite, et d'un noir moins brillant que l'*Aterrima*.

Corselet un peu plus long, assez fortement rétréci postérieurement et presque cordiforme; l'impression de chaque côté de la base un peu plus arrondie; le fond un peu rugueux; les bords latéraux un peu moins déprimés, et les angles postérieurs un peu moins arrondis.

Élytres un peu plus longues, plus étroites et plus parallèles; leurs stries plus marquées et très-légèrement ponctuées; les intervalles, surtout ceux près de la suture, un peu moins planes; les trois points enfoncés du troisième intervalle un peu moins grands et moins marqués; quelquefois un quatrième point enfoncé; des ailes sous les élytres.

Pattes un peu plus courtes. Dernier anneau de l'abdomen lisse dans les deux sexes.

Elle se trouve en Hongrie, au Caucase et sur la côte de Barbarie.

53. F. Meridionalis.

Pl. 135. fig. 4.

Alata, nigra; thorace cordato, breviore, postice utrinque foveolato, angulis posticis subrotundatis; elytris elongatis, subparallelis, striatis, striis obsolete punctatis, punctisque tribus impressis.

Long. 6 lignes. Larg. 2 lignes.

Voisine de l'*Elongata.*

Tête moins avancée, un peu plus large et un peu plus plane.

Corselet un peu plus court, plus large antérieurement, plus cordiforme et un peu plus plane.

Élytres un peu plus larges, un peu plus courtes et un peu plus planes; trois points enfoncés sur le troisème intervalle.

Elle se trouve, mais très-rarement, dans le midi de la France.

54. F. Aterrima.

Pl. 135. fig. 5.

Alata, nigra, nitida; thorace quadrato, postice utrinque foveolato, angulis posticis subrotundatis, elytris oblongis, subparallelis, subtiliter striato-punctatis, foveolisque tribus impressis.

Dej. *Spec.* III. p. 290. n° 84.
Carabus Aterrimus. Fabr. *Sys. El.* I. p. 198. n° 155.
Oliv. III. 35. p. 58. n° 69. T. 12. fig. 141.
Sch. *Syn. Ins.* I. p. 206. n° 211.
Duftschmid. II. p. 128. n° 162.
Harpalus Aterrimus. Gyllenhal. II. p. 153. n° 60. et IV. p. 449. n° 60.
Sahlberg. *Dissert. Entom. Ins. Fennica.* p. 254. n° 65.
Pterostichus Aterrimus. Sturm. V. p. 29. n° 14. T. 108. fig. b. B.
Omaseus Aterrimus. Dej. *Cat.* p. 12.

Long. 5 $\frac{1}{2}$, 6 lignes. Larg. 2, 2 $\frac{1}{3}$ lignes.

Ordinairement plus petite que la *Melanaria*, proportionnellement moins large, et d'un noir plus brillant et presque vernissé.

Corselet plus court, plus carré, point rétréci postérieurement, un peu moins arrondi sur les côtés et plus lisse; les stries transversales ondulées, à peine distinctes, l'impression transversale postérieure plus distincte, et celle près du bord antérieur en arc de cercle et très-fortement marquée; de chaque côté de la base, un enfoncement assez marqué et presque arrondi, dont le fond est légèrement rugueux; les côtés assez largement rebordés, presque déprimés, mais nullement relevés; les angles postérieurs assez arrondis et la basse coupée presque carrément.

Élytres un peu plus étroites et un peu plus parallèles; les stries, surtout les extérieures, très-légèrement marquées et finement ponctuées; les intervalle planes; trois gros points enfoncés sur le troisième, assez fortement marqués; des ailes sous les élytres.

Dessous du corps et pattes d'un noir moins brillant que le dessus. Le dernier anneau de l'abdomen lisse dans les deux sexes.

Elle se trouve en Suède, dans le nord de la France, en Autriche et un Volhynie.

55. F. Nigerrima.

Pl. 135. fig. 6.

Alata, nigra, nitida; thorace subcordato, postice utrinque foveolato, angulis posticis subrotundatis; elytris oblongis, subparallelis subtiliter striato-punctatis; foveolisque tribus impressis.

Dej. *Spec.* iii. p. 291. n° 85.
Omaseus Nigerrimus. Dej. *Cat.* p. 12.
Pterostichus Simplicipunctatus. Kollar.

Long. 6, 6 $\frac{1}{2}$ lignes. Larg. 2 $\frac{1}{4}$, 2 $\frac{1}{2}$ lignes.

Très-voisine de l'*Aterrima*.

Corselet un peu rétréci postérieurement, un peu plus arrondi sur les côtés, et presque cordiforme.

Élytres avec les stries un peu plus marquées, surtout celles qui sont près de la suture; les points enfoncés du troisième intervalle un peu moins grands.

Elle se trouve communément en Espagne et dans les Pyrénées; elle habite aussi la côte de Barbarie et l'île de Madère.

QUATRIÈME DIVISION.

Steropus. *Megerle*.

56. F. Concinna.

Pl. 136. fig. 1.

Aptera, nigra; thorace subrotundato, postice utrinque foveolato; elytris ovatis, subconvexis, striatis, punctoque postice impresso.

Dej. *Spec.* III. p. 293. n° 87.
Molops Concinnus. Sturm. IV. p. 175. n° 7. T. 104. fig. c.
Steropus Concinnus. Dej. *Cat.* p. 13.
Var. *F. Valida*. Dejean.

Long. 6 ½, 8 lignes. Larg. 2 ¼, 3 lignes.

De la taille de la *Melanaria*, et comme elle d'un noir assez brillant.

Tête un peu plus allongée, avec les palpes d'un brun un peu roussâtre.

Corselet plus convexe, plus rétréci antérieurement, plus arrondi sur les côtés; la ligne longitudinale du milieu un peu plus marquée; les deux impressions transversales peu distinctes; une impression arrondie assez marquée, dont le fond est presque lisse ou légèrement rugueux, de chaque côté de la base; les côtés très-légèrement rebordés, les angles postérieurs arrondis, avec la base un peu échancrée dans son milieu.

Élytres plus rétrécies antérieurement, plus ovales et plus convexes; leurs stries plus marquées, lisses, ou très-légèrement ponctuées; les intervalles presque planes; un seul point enfoncé sur le troisième, à peu près aux deux tiers, près de la seconde strie; point d'ailes sous les élytres.

Dessous du corps et pattes noirs. Dernier anneau de l'abdomen des mâles offrant une impression presque arrondie, assez grande et assez profonde, dont le bord antérieur est relevé et forme une arête transversale assez saillante.

Elle se trouve assez communément en France, en Belgique et en Suisse, principalement dans les bois et les montagnes; elle est rare en Allemagne.

Les individus que l'on trouve dans le sud-est de la

France, particulièrement dans le département de l'Aveyron, sont un peu plus grands et plus forts. M. Dejean en avait d'abord formé une espèce sous le nom de *Valida*; mais depuis il a reconnu qu'ils ne pouvaient pas être séparés.

57. F. Madida.

Pl. 136. fig. 2.

Aptera, nigra; thorace subrotundato, postice utrinque foveolato; elytris ovatis, subconvexis, striatis, punctoque postice impresso; femoribus rufis.

Dej. *Spec.* III. p. 294. n° 88.
Carabus Madidus. Fabr. *Sys. El.* I. p. 181. n° 59.
Sch. *Syn. Ins.* I. p. 178. n° 55.
Molops Madidus. Ahrens. *Fauna Ins. Europ.* V. T. 2.
Steropus Madidus. Dej. *Cat.* p. 13.
Molops Humidus. Sturm. *Catal.* p. 170.

Long. 6 $\frac{1}{2}$, 8 lignes. Larg. 2 $\frac{1}{4}$, 3 lignes.

Très-voisine de la *Concinna*, dont elle n'est peut-être qu'une variété. Elle en diffère par les cuisses, qui sont d'un rouge ferrugineux; quelquefois les jambes et les tarses sont d'un brun un peu roussâtre.

Elle se trouve dans presque toute la France.

58. F. Hoffmanseggii.

Pl. 136. fig. 3.

Aptera, nigra; thorace ovato, postice utrinque striato; elytris ovatis, couvexis, subtilissime striatis, punctoque postice impresso.

Dej. *Spec.* III. p. 295. n° 89.
Carabus Gagatinus. Hoffmansegg.
Carabus Ebenus. Sch. *Syn. Ins.* I. p. 191. n° 126.

Long. 6 $\frac{3}{4}$ lignes. Larg. 2 $\frac{1}{2}$ lignes.

Très-voisine de la *Gagatina*, mais plus petite et d'un noir un peu plus brillant.

Tête un peu plus étroite et un peu rétrécie postérieurement.

Corselet plus étroit, plus allongé et plus lisse; les rides transversales moins marquées; la ligne longitudinale plus marquée; le bord antérieur un peu plus échancré.

Les élytres un peu plus étroites; leurs stries paraissant lisses et un peu moins marquées; le point enfoncé du troisième intervalle placé de la même manière. Dernier anneau de l'abdomen également lisse dans les deux sexes.

Elle se trouve en Portugal.

59. F. Gagatina.

Pl. 136. fig. 4.

Aptera, nigra; thorace subgloboso, postice utrinque striato; elytris ovatis, convexis, subtilissime striatis, punctoque postice impresso.

Dej. *Spec.* iii. p. 296. n° 90.
Molops Gagatinus. Germar. *Coleopt. Sp. Nov.* p. 20. n° 32.
Steropus Gagatinus. Dej. *Cat.* p. 13.
Carabus Arrogans? Duftschmid. ii. p. 60. n° 58.
Molops Arrogans? Sturm. iv. p. 173. n° 6. t. 104. fig. d.

Long. 8, 9 lignes. Larg. 2 $\frac{2}{3}$, 3 $\frac{1}{4}$ lignes.

Un peu plus grande que la *Concinna*, et proportionnellement un plus allongée.

Tête un peu plus grande, nullement rétrécie postérieurement.

Corselet plus court, plus convexe, plus arrondi sur les côtés, plus large antérieurement, un peu récréci postérieurement ; les rides transversales ondulées un peu plus distinctes ; la ligne longitudinale du milieu un peu moins marquée, l'impression transversale postérieure plus marquée ; une impression longitudinale assez courte et assez marquée de chaque côté de la base ; le bord antérieur moins échancré ; les côtés légèrement rebordés ; les angles postérieurs très-arrondis et la base coupée presque carrément.

Élytres plus allongées et plus convexes; les stries fines, très-peu marquées, lisses ou très-légèrement ponctuées; les intervalles plus planes; le point enfoncé du troisième intervalle placé plus bas. Point d'ailes sous les élytres. Dernier anneau de l'abdomen tout-à-fait lisse dans les deux sexes.

Elle se trouve communément en Espagne.

60. F. Globosa.

Pl. 137. fig. 1.

Aptera, nigra; thorace subgloboso, postice utrinque striato; elytris oblongo-ovatis, convexiusculis, striatis, punctoque postice impresso.

Dej. *Spec.* III. p. 297. n° 91.
Carabus Globosus. Fabr. *Sys. El.* I. p. 190. n° 111.
Sch. *Syn. Ins.* I. p. 194. n° 155.
Steropus Globosus. Dej. *Cat.* p. 13.

Long. 7 ½, 8 ½ lignes. Larg. 2 ⅔, 3 lignes.

Très-voisine de la *Gagatina*, dont elle n'est peut-être qu'une variété.

Élytres un peu moins larges; un peu moins ovales et un peu moins convexes; les stries plus fortement marquées, tout-à-fait lisses dans les mâles; moins marquées dans les femelles, quoique toujours plus fortement que dans la *Gagatina*.

Elle se trouve en Portugal et sur la côte de Barbarie.

61. F. MANNERHEIMII.

Pl. 137. fig. 2.

Aptera; thorace nigro-æneo, subrotundato; postice utrinque foveolato; elytris cupreo-æneis, ovatis, subconvexis, striatis; punctisque tribus impressis; capite, antennis pedibusque nigris.

DEJ. *Spec.* v. *Suppl.* p. 761. n° 206.

Long. 6 $\frac{1}{4}$ lignes. Larg. 2 $\frac{1}{3}$ lignes.

Très-voisine de l'*Æthiops*, mais un peu plus grande, un peu plus allongée et d'un noir brillant sur la tête, d'un bronzé obscur sur le corselet, et d'un bronzé un peu cuivreux sur les élytres.

Tête moins allongée.

Corselet presque noirâtre antérieurement, presque cuivreux postérieurement, ne paraissant pas rétréci en arrière.

Élytres un peu plus allongées, striées et ponctuées comme dans l'*Æthiops*.

Dessous du corselet et de la poitrine d'un bronzé obscur; dessous de l'abdomen noir. Point de dent ni de ligne longitudinale élevée sur les derniers anneaux de l'abdomen des mâles.

Elle se trouve dans les montagnes de l'Oural.

62. F. Æthiops.

Pl. 137. fig. 3.

Aptera, nigra; thorace subrotundato, postice utrinque foveolato; elytris ovatis, subconvexis, striatis punctisque tribus impressis; maris penultimo segmento abdominis dentato.

Dej. *Spec.* iii. p. 298. n° 92.
Carabus Æthiops. Illiger. *Kæfer Preus.* i. p. 161. n° 24.
Sch. *Syn. Ins.* i. p. 194. n° 156.
Duftschmid. ii. p. 126. n° 160.
Pterostichus Æthiops. Sturm. v. p. 31. n° 15.
Harpalus Æthiops. Sahlberg. *Dissert. entom. Ins. Fennica.* p. 254. n° 66.
Steropus Æthiops. Dej. *Cat.* p. 13.
Steropus Maurusiacus. Hummel. *Essais entomologiques.* 4. p. 24. n° 7.
Steropus Obtusus. Mannerheim.

Long. 5 $\frac{1}{4}$, 6 lignes. larg. 2, 2 $\frac{1}{3}$ lignes.

Plus petite que la *Concinna*, un peu moins allongée et d'un noir assez brillant.

Corselet plus court, un peu plus large antérieurement; les rides transversales ondulées moins distinctes ; le fond de l'impression de chaque côté de la base légèrement ponctué ou un peu rugueux; les deux impressions longitudinales presque effacées; les angles postérieurs plus arrondis, et la base un peu plus échancrée dans son milieu.

Élytres un peu plus courtes, un peu plus rétrécies vers la base, un peu élargies au delà du milieu; les stries lisses et plus fortement marquées; les intervalles plus relevés; trois points enfoncés sur le troisième. Point d'ailes sous les élytres.

Dessous du corps et pattes noirs. Une dent saillante et assez élevée sur l'avant-dernier anneau de l'abdomen des mâles; le dernier anneau ordinairement lisse, rarement avec une petite élévation à peine sensible.

Elle se trouve particulièrement dans les bois et les montagnes, en Allemagne, en Autriche, en Pologne, en Russie, en Finlande et en Sibérie.

63. F. Rufitarsis. *Parreyss.*

Pl. 137. fig. 4.

Aptera, nigra; thorace subrotundato, postice utrinque foveolato; elytris ovatis, subconvexis, striatis, punctisque tribus impressis; maris ano crista longitudinali elevata.

Dej. *Spec.* III. p. 229. n° 93.
Molops Rufitarsis. Sturm. *Catal.* p. 170.

Long. 5 $\frac{1}{3}$ lignes. Larg. 1 $\frac{3}{4}$, 2 lignes.

Très-voisine de l'*Æthiops*, mais plus petite.

Corselet ayant les rides transversales ondulées et l'impression transversale postérieure un peu plus distincte; les angles postérieurs un peu moins arrondis.

Élytres avec les stries moins marquées, paraissant très-légèrement ponctuées à l'aide d'une forte loupe; les intervalles plus planes; trois points enfoncés sur le troisième.

Tarses, et quelquefois les jambes et les cuisses, d'un jaune roussâtre. Point de dent sensible sur l'avant-dernier anneau de l'abdomen des mâles; une ligne élevée longitudinale sur le dernier.

Elle a été trouvée par M. Parreyss dans la Buchovine.

64. F. Illegeri. *Megerle.*

Pl. 137. fig. 5.

Aptera, nigro-picea; thorace subcordato, postice utrinque striato, angulis posticis rotundatis; elytris ovatis, subconvexis, striatis, punctisque duobos postice impressis; antennis pedibusque rufis.

Dej. *Spec.* III. p. 300. n° 94.
Carabus Illigeri. Sch. *Syn. Ins.* I. p. 196. n° 160.
Duftschmid. II. p. 61. n° 59.
Molops Illegeri. Sturm. IV. p. 176. n° 8.
Steropus Illigeri. Dej. *Cat.* p. 13.

Long. 3 $\frac{3}{4}$, 4 lignes. Larg. 1 $\frac{1}{2}$, 1 $\frac{2}{3}$ ligne.

Beaucoup plus petite que l'*Æthiops*, et d'un brun noirâtre en dessus, quelquefois assez foncé et quelquefois presque roussâtre.

Tête un peu moins allongée, avec les palpes et les antennes d'un rouge ferrugineux.

Corselet un peu plus allongé, un peu plus rétréci postérieurement et presque cordiforme, ayant de chaque côté de la base une impression longitudinale assez fortement marquée, dont le fond est lisse ou très-légèrement rugueux.

Élytres un peu moins rétrécies vers la base et moins larges postérieurement; les stries moins marquées, quelquefois lisses, quelquefois légèrement ponctuées; les intervalles plus planes; deux points enfoncés distincts sur le troisième.

Dessous du corps d'un brun plus ou moins roussâtre, avec les pattes d'un rouge ferrugineux; une impression oblongue ou arrondie peu marquée sur le dernier anneau de l'abdomen des mâles.

Elle se trouve dans les montagnes de l'Autriche et de la Styrie.

CINQUIÈME DIVISION.

PLATYSMA. *Sturm.*

65. F. PICIMANA. *Creutzer.*

Pl. 138. fig. 1.

Alata, nigro-picea; thorace cordato, postice coarctato, utrinque striato; elytris planiusculis, oblongis, subparallelis, striatis, punctisque tribus impressis; pedibus rufis.

DEJ. *Spec.* III. p. 310. n° 103.
Carabus Picimanus. DUFTSCHMID. II. p. 159. n° 208.
Platysma Picimana. STURM. V. p. 48. n° 6. T. III. fig. b. B.
Pterostichus Picimanus. DEJ. *Cat.* p. 12.
Carabus Monticola. HELLWIG.
Pœcilus Mœstus. STÉVEN.

Long. 5 $\frac{1}{2}$, 6 $\frac{1}{4}$ lignes. Larg. 1 $\frac{3}{4}$, 2 $\frac{1}{4}$ lignes.

Un peu plus grande que la *Nigrita*, un peu déprimée, d'un brun-obscur presque noir, quelquefois un peu roussâtre.

Tête assez grande, ovale, un peu rétrécie postérieurement, presque lisse.

Corselet plus large que la tête, un peu moins long que large, cordiforme, fortement rétréci postrérieurement et presque plane, couvert de rides transversales ondulées peu distinctes; la ligne longitudinale du milieu assez marquée; les deux impressions transversales peu apparentes; une impression longitudinale bien marquée de chaque côté de la base; le bord antérieur légèrement échancré; les angles antérieurs presque arrondis; les côtés légèrement rebordés; les angles postérieurs coupés carrément; la base un peu échancrée dans son milieu.

Élytres assez allongées, planes, presque parallèles, à peine sinuées près de l'extrémité; les stries assez marquées, lisses ou très-légèrement ponctuées; les intervalles planes; trois points enfoncés distincts sur le troisième. Des ailes sous les élytres.

Dessous du corps d'un brun plus ou moins roussâtre, avec les pattes d'un rouge ferrugineux. Dernier anneau de l'abdomen lisse dans les deux sexes.

Elle se trouve, mais assez rarement, en France, en Allemagne, en Autriche et sur les bords de la mer Caspienne.

66. F. GRAJA. *Bonelli*.

Pl. 138. fig. 2.

Aptera, nigro-picea; thorace cordato, postice transverse impresso, utrinque striato; elytris planiusculis, oblongo-ovatis, obsolete striatis, punctisque duobus postice impressis; antennis pedibusque piceis.

DEJ. *Spec.* III. p. 311. n° 104.
Pterostichus Grajus. DEJ. *Cat.* p. 12.

Long. 5, 5 $\frac{1}{4}$ lignes. Larg. 1 $\frac{3}{4}$, 2 lignes.

Plus petite que la *Picimana*, et de même assez déprimée et d'un brun presque noirâtre.

Antennes plus courtes et d'un brun roussâtre.

Corselet plus court, plus plane, plus large antérieurement, moins rétréci postérieurement, ayant près de la base une impression transversale assez fortement marquée, l'impression longitudinale de chaque côté un peu plus courte, plus large, plus lisse; les côtés tombant obliquement sur la base et formant avec elle un angle obtus ; le milieu de la base moins sensiblement échancré.

Élytres un peu plus courtes, plus ovales et moins parallèles ; les stries moins marquées ; ordinairement deux points enfoncés sur le troisième intervalle. Point d'ailes sous les élytres.

Dessous du corps et cuisses d'un brun noirâtre, quelquefois un peu roussâtre. Dernier anneau de l'abdomen des mâles offrant un enfoncement assez grand, assez marqué, presque arrondi, dont le bord forme une crête transversale assez saillante.

Elle se trouve dans les montagnes du Piémont.

67. F. Cognata.

Pl. 138. fig. 3.

Aptera, nigra; thorace cordato, postice utrinque striato ; elytris oblongo-ovatis, striatis, striis obsolete punctatis, punctisque duobus impressis ; antennis pedibusque rufo-piceis.

Dej. *Spec.* v. *Suppl.* p. 765. n° 209.

Long. 5 lignes. Larg. 1 $\frac{2}{3}$ ligne.

À peu près de la taille de la *Graja*, un peu plus étroite plus convexe et d'un noir assez brillant.

Tête allongée, non rétrécie postérieurement, lisse, avec les antennes d'un brun roussâtre.

Corselet plus large que la tête, presque aussi long que large, arrondi antérieurement sur les côtés, rétréci postérieurement, cordiforme et légèrement convexe, la ligne longitudinale assez marquée, ne dépassant guère les deux impressions transversales ; une impression longitudinale bien marquée de chaque côté de la base ; le bord antérieur légèrement échancré ; les angles antérieurs obtus ; côtés rebordés, tombant carrément sur la base et formant avec elle un angle droit ; la base légèrement échancrée dans son milieu.

Élytres un peu plus larges que le corselet, en ovale très-allongé, légèrement convexes et sinuées obliquement à l'extrémité ; les stries fines, assez marquées, trés-légèrement ponctuées ; les intervalles planes ; deux points enfoncés assez distincts sur le troisième.

Dessous du corps d'un brun noirâtre, avec les pattes d'un brun rougeâtre.

Dernier anneau de l'abdomen du mâle déprimé postérieurement.

Elle se trouve en Hongrie.

68. F. Extensa. *Parreyss.*

Pl. 138. fig. 4.

Aptera, angustata, nigro-picea; thorace cordato, postice utrinque striato: elytris oblongis, striatis, punctisque duobus postice impressis; antennis pedibusque rufis.

Dej. Spec. v. *Suppl.* p. 766. n° 210.

Long. 5 $\frac{1}{4}$ ligne. Larg. 1 $\frac{3}{4}$ ligne.

A peu près de la taille de la *Graja*, mais plus allongée et d'un brun-noirâtre assez brillant.

Tête allongée, lisse, avec les palpes et les antennes d'un rouge ferrugineux.

Corselet plus large que la tête, aussi long que large, légèrement arrondi antérieurement sur les côtés, rétréci postérieurement, cordiforme, presque plane, couvert de rides transversales ondulées à peine distinctes; la ligne longitudinale du milieu assez marquée, ne dépassant guère les deux impressions transversales; une impression longitudinale assez longue et fortement marquée, de chaque côté de la base; le bord antérieur légèrement échancré; les angles antérieurs peu avancés, coupés presque carrément; les côtés rebordés, tombant carrément sur la base et formant avec elle un angle droit; la base très-légèrement échancrée dans son milieu et coupée presque carrément.

Élytres un peu plus larges que le corselet, en ovale très-allongé, presque planes, presque arrondies à l'extrémité; les stries assez marquées, paraissant lisses; les intervalles planes; deux points enfoncés assez distincts sur le troisième.

Dessous du corps d'un brun roussâtre, avec les pattes d'un rouge ferrugineux.

Elle se trouve dans les îles Ioniennes.

69. F. Marginepunctata.

Pl. 139. fig. 1.

Aptera, nigra; thorace cordato, postice utrinque striato; elytris planiusculis; subparallelis, subtiliter striatis, stria quinta punctis remotis impressa, lineis duabus lateralibus subcarinatis.

Dej. *Spec.* v. *Suppl.* p. 767. n° 211.

Long. 8 lignes. Larg. 2 $\frac{2}{3}$ lignes.

Très-voisine de l'*Edura*, mais un peu plus grande.

Tête proportionnellement un peu plus grosse, moins lisse.

Corselet plus allongé beaucoup moins arrondi sur les côtés antérieurement, plus plane, couvert de rides transversales ondulées plus marquées.

Élytres moins ovales, plus parallèles et plus planes; les stries fines, mais bien marquées; six à sept gros points enfoncés bien marqués sur la cinquième; les septième et huitième intervalles plus étroits, relevés, et formant deux lignes assez saillantes.

Dessous du corps et pattes comme dans l'espèce suivante.

Elle se trouve en Italie.

70. F. Edura.

Pl. 139. fig. 2.

Aptera, nigra, nitida; thorace cordato, postice coarctato utrinque striato; elytris planiusculis oblongo-ovatis, obsolete striatis, margineque linea punctorum impresso.

Dej. *Spec.* III. p. 312. n° 105.
Pterostichus Edurus. Dej. *Cat.* p. 12.

Long. 7 lignes. Larg. 2 $\frac{1}{3}$ lignes.

D'un noir brillant et presque vernissé en dessus.

Tête un peu plus large, moins allongée, moins rétrécie postérieurement que celle de la *Fasciatopunctata.*

Corselet plus convexe antérieurment; la ligne médiane moins marquée; l'impression transversale postérieure à peine distincte; l'impression longitudinale de chaque côté de la base, assez longue et très-fortement marquée; la base moins lisse, un peu rugueuse près des impressions; les angles antérieurs un peu moins aigus : les côtés moins arrondis antérieurement, moins largement rebordés, et nullement relevés.

Élytres un peu plus étroites; les stries très-peu marquées et à peine distinctes; les sixième, septième et huitième très-rapprochées les unes des autres; le interyalles planes ; sept gros points enfoncés, assez marqués, placés sur la cinquième strie ; point d'ailes sous les élytres.

Elle se trouve dans les montagnes du Piémont.

71. F. Maura.

Pl. 139. fig. 3.

Aptera, nigra; thorace subquadrato, postice subangustato, utrinque bistriato; elytris brevioribus, subparallelis, subtiliter striatis, punctisque quatuor impressis; femoribus interdum rufis.

Dej. *Spec.* iii. p. 314. n° 106.

Carabus Maurus. Duftschmid. ii. p. 160. n° 211.

Pterostichus Maurus. Dej. *Cat.* p. 12.

Platysma Conformis. Sturm. v. p. 46. n° 5. t. iii. fig. a. A.

Pterostichus Bilineatopunctatus. Dahl. *Coleoptera und Lepidoptera.* p. 8.

Pterostichus Bilineipunctatus ? Peiroleri. Sturm. *Cat.* p. 188.

Pterostichus Parnassius. Bonelli.

Pterostichus Planus. Sturm. *Catal.* p. 189.

Long. 4 $\frac{1}{3}$, 5 $\frac{1}{3}$ lignes. Larg. 1 $\frac{2}{3}$, 2 lignes.

A peu près de la taille de l'*Oblongopunctata*, et d'un noir assez brillant en dessus.

Tête un peu plus étroite, plus allongée, plus lisse.

Corselet un peu plus plane, presque carré, très-légèrement rétréci postérieurement; l'impression transversale antérieure à peine distincte; la postérieure, au contraire, plus marquée; deux impressions longitudinales assez marquées de chaque côté de la base : le bord antérieur un peu plus fortement échancré; les angles postérieurs coupés carrément, mais un peu moins saillans; la base légèrement échancrée dans son milieu.

Élytres moins rétrécies à leur base, moins larges au delà du milieu, moins ovales, plus parallèles, plus planes, presque pas sinuées à l'extrémité; les stries très-peu marquées, lisses, ou très-légèrement ponctuées; les intervalles plus planes; quatre points enfoncés distincts sur le troisième; dans quelques individus, les points varient de un à six. Point d'ailes sous élytres.

Dessous du corps et pattes noirs. Un enfoncement presque arrondi à l'extrémité du dernier anneau de l'bdomen des mâles.

Elle se trouve dans les hautes montagnes de l'Autriche, de la Styrie, et dans celles du Bannat, en Hongrie.

72. F. Tamsii. *Dejean.*

Pl. 139. fig. 4.

Aptera, nigra; thorace quadrato, postice utrinque bistriato; elytris brevioribus, subparallelis, subtiliter striatis, striis obsolete punctatis, punctisque quatuor impressis.

Dej. *Spec.* v. *Suppl.* p. 768. n° 212.

Long. $5 \frac{1}{2}$ lignes. Larg. $2 \frac{1}{4}$ lignes.

Très-voisine de la *Maura*, mais plus grande et proportionnellement plus large.

Tête plus large, presque triangulaire et non rétrécie postérieurement.

Corselet plus plane ; les deux impressions longitudinales de chaque côté de la base moins larges et moins profondément marquées.

Élytres plus larges, un peu moins parallèles ; les stries un peu plus marquées, très-légèrement ponctuées ; les intervalles presque planes ; quatre points enfoncés distincts sur le troisième.

Dessous du corps et pattes noirs.

Elle se trouve en Crimée.

73. F. Findelii.

Pl. 140. fig. 1.

Aptera, supra obscure ænea ; thorace subquadrato, postice subangustato, utrinque bistriato ; elytris brevioribus, subparallelis, subtiliter striatis, striis obsolete punctatis, punctisque tribus impressis.

Dej. *Spec.* III. p. 315. n° 107.

Pterostichus Findelii. Dahl. *Coleoptera und Lopidoptera.* p. 8.

Long. 4 $\frac{3}{4}$, 5 $\frac{3}{4}$ lignes. Larg. 1 $\frac{3}{4}$, 2 $\frac{1}{4}$ lignes.

Ordinairement un peu plus grande que l'*Oblongopunctata*.

Tête et corselet d'un bronzé obscur et presque noir.

Corselet un peu plus grand, plus large, plus carré, moins rétréci postérieurement; l'impression transversale antérieure à peine distincte; la postérieure, au contraire, plus marquée; une impression assez grande presque arrondie, peu enfoncée de chaque côté de la base; le bord antérieur plus fortement échancré; les côté un peu plus largement rebordés; la basse un peu plus échancrée dans son milieu.

Élytres ordinairement d'une couleur bronzée verdâtre ou cuivreuse, rarement noirâtre; plus planes, moins rétrécies antérieurement, moins larges au-delà du milieu, moins ovales et plus parallèles; les stries moins marquées et légèrement ponctuées; les intervalles plus planes; trois points enfoncés distincts sur le troisième; point d'ailes sous les élytres.

Dessous du corps et cuisses noirs, avec les jambes et les tarses d'un brun un peu roussâtre. Le dernier anneau de l'abdomen lisse dans les deux sexes.

Elle se trouve dans les montagnes du Bannat, en Hongrie.

74. F. Oblongopunctata.

Pl. 140. fig. 2.

Alata, obscure ænea; thorace subcordato, postice utrinque striato; elytris brevioribus, oblongo-ovatis, striatis, foveolisque quinque impressis.

Dej. *Spec.* iii. p. 316. n° 108.
Carabus Oblogopunctatus. Fabr. *Sys. El.* i. p. 183. n° 70.
Oliv. iii. 35. p. 82. n° 111. t. 12. fig. 140.
Sch. *Syn. Ins.* i. p. 186. n° 92.
Duftschmid. ii. p. 165. n° 218.
Harpalus Oblongopunctatus. Gyllenhal. ii. p. 85. n° 6. iii. p. 692. n° 6. et iv. p. 425. n° 6.
Sahlberg. *Dissert. entom. Ins. Fennica.* p. 220. n° 5.
Platysma Oblongopunctata. Sturm. v. p. 51. n° 8.
Pterostichus Oblongopunctatus. Dej. *Cat.* p. 12.
Pterostichus Cicatricosus. Besser.

Long. 4 $\frac{1}{2}$, 5 $\frac{1}{4}$ lignes. Larg. 1 $\frac{2}{3}$, 2 lignes.

De la taille de la *Nigrita*, mais plus large et d'un bronzé plus ou moins obscur, plus ou moins verdâtre, quelquefois un peu cuivreux et quelquefois presque tout-à-fait noir.

Tête assez grande, ovale, un peu rétrécie postérieurement.

Corselet plus large que la tête, moins long que large, presque plane, un peu rétréci postérieurement et légèrement cordiforme; avec quelques rides transversales ondulées, peu distinctes; la ligne médiane assez marquée; l'impression transversale antérieure en arc de cercle, assez apparente; la postérieure moins distincte; une impression longitudinale assez longue et très-marquée de chaque côté de la base; le bord antérieur assez échancré; les côtés légèrement rebordés; les angles postérieurs et la base coupés carrément.

Élytres plus larges que le corselet, en ovale peu allongé, très-légèrement convexes, sinuées près de l'extrémité, ayant chacune neuf stries et le commencement d'une dixième à la base; les stries assez marquées, lisses ou très-légèrement ponctuées; les intervalles très-peu relevés; cinq gros points enfoncés, assez fortement marqués, sur le troisième. Des ailes sous les élytres.

Dessous du corps et cuisses noirs, avec les jambes et les tarses d'un brun plus ou moins roussâtre. Dernier anneau de l'abdomen lisse dans les deux sexes.

Elle se trouve assez communément en Suède, en France, en Suisse, en Allemagne, en Autriche, en Pologne, en Russie et en Sibérie, principalement dans les bois.

75. F. Angustata. *Megerle.*

Pl. 140. fig. 3.

Alata, nigro-œnea; thorace subcordato, postice utrinque

striato; elytris brevioribus, oblongo-ovatis, striatis, striis obsolete punctatis, foveolisque tribus-impressis.

DEJ. *Spec.* III. p. 318. n° 109.
Carabus Angustatus. DUFTSCHMID. II. p. 162. n° 213.
Platysma Angustata. STURM. V. p. 62. n° 14. T. 114. fig. a. A.
Pterostichus Angustatus. DEJ. *Cat.* p. 12.

Long. 4 $\frac{1}{2}$, 5 $\frac{1}{4}$ Lignes. large. 1 $\frac{2}{3}$, 2 lignes.

Très-voisine de l'*Oblongopunctata,* mais d'une couleur moins bronzée et presque noire.

Tête un peu moins large.

Corselet un peu plus large, un peu plus arrondi sur les côtés antérieurement; l'impression transversale antérieure moins distincte; les côtés un peu plus largement rebordés et un peu relevés; la base légèrement échancrée dans son milieu, légèrement ponctuée dans toute sa largeur, coupée un peu obliquement sur ses côtés.

Élytres à peu près de la même forme; les stries très-légèrement ponctuées; trois gros point enfoncés sur le troisième intervalle. Des ailes sous les élytres.

Dessous du corps et cuisses noirs, avec les jambes et les tarces d'un brun noirâtre.

Elle se trouve en Allemagne, en Autriche et en Volhynie.

76. F. Vitrea.

Pl. 140. fig. 4.

Aptera, nigra; thorace subcordato, postice utrinque striato; elytris brevioribus, oblongo-ovatis, striatis, striis obsolete punctatis, foveolisque quinque impressis.

Dej. *Spec.* III. p. 320. n° III.
Omaseus Vitreus. Eschscholtz.

Long. 4 $\frac{3}{4}$, 5 $\frac{1}{4}$ lignes. Larg. 1 $\frac{3}{4}$, 2 lignes.

Très-voisine de l'*Oblongopunctata*, et entièrement noire.

Antennes ayant les trois premiers articles noirs, et les autres d'un brun obcur. Corselet un peu plus large; les côtes un peu plus largement rebordés et un peu relevés; les angles postérieurs un peu moins saillans.

Élytres à peu près de la même forme, avec les stries très-légèrement ponctuées. Point d'ailes sous les élytres.

Dessous du corps et cuisses noirs, avec les jambes et les tarses d'un brun noirâtre.

Elle se trouve au Kamtschatka et dans l'île de Sitka.

77. F. Frigida.

Pl. 140. fig. 5.

Aptera, obscure ænea; thorace cordato, postice utrinque striato; elytris oblongo-ovatis, subtiliter striato-punctatis punctisque duobus impressis; antennarum basi pedibusque rufis.

DEJ. *Spec.* III. p. 334. n° 124.
Molops Frigidus. ESCHSCHOLTZ.

Long. 3 $\frac{1}{2}$ lignes. Larg. 1 $\frac{1}{3}$ ligne.

Elle est un peu plus grande que la *Vernalis*, et sa couleur est d'un bronzé obscur en dessus.

Tête presque triangulaire, un peu rétrécie postérieurement. Corselet plus large que la tête, moins long que large, assez plane, cordiforme; les deux impressions transversales distinctes, l'antérieure presque en arc de cercle; une impression longitudinale assez longue de chaque côté, près de la base; le bord antérieur assez fortement échancré; les côtes légèrement rebordés; les angles postérieurs coupés carrément et presque saillans; la base coupée presque carrément.

Elytres plus larges que le corselet, eu ovale allongé, légèrement convexes, et peu sinuées près de l'extrémité; ayant chacune neuf stries peu marquées, légèrement ponctuées; les intervalles planes; deux points enfoncés sur le troisième, près de la seconde strie.

Dessous du corps d'un noir obcur, avec l'extrémité de l'abdomen un peu roussâtre, et les pattes d'un rouge ferrugineux.

Elle se trouve au Kamtschatka.

SIXIÈME DIVISION.

COPHOSUS. *Ziegler.*

78. F. MAGNA. *Megerle.*

Pl. 141. fig. 1.

Aptera, nigra; thorace breviore, quadrato, postice utrinque impresso; elytris subelongatis, parallelis, profunde striatis, punctisque duobus vel quatuor impressis.

DEJ. *Spec.* III. p. 334. n° 125.

Cophosus Magnus. DAHL. *Coleoptera und Lepidoptera.* p. 9.

Cophosus Striatopunctatus. DAHL. *idem.*

Long. 8 $\frac{1}{2}$, 10 lignes. Larg. 2 $\frac{1}{2}$, 3 $\frac{1}{4}$ lignes.

Très-voisine de la *Cylindrica*, dont elle n'est peut-être qu'une variété ordinairement un peu plus grande.

Corselet plus court. Élytres un peu plus courtes et un peu plus larges.

Le reste comme dans la *Cylindrica*.

Elle se trouve en Hongrie, dans le Bannat.

79. F. Cylindrica.

Pl. 141. fig. 2.

Aptera, nigra; thorace quadrato, postice utrinque impresso; elytris elongatis, paralellis, profunde striatis, punctisque duobus vel quatuor impressis.

Dej. *Spec.* iii. p. 335. n° 126.
Carabus Cylindricus. Herbst. *Arch.* p. 132. n° 17. t. 29. fig. 3.
Gmelin. iv. p. 1968. n° 85.
Sch. *Syn. Ins.* i. p. 192. n° 138.
Duftschmid. ii. p. 70. n° 73.
Pterostichus Cylindricus. Sturm. v. p. 33. n° 16. t. 108. fig. c.
Cophosus Cylindricus. Dej. *Cat.* p. 13.
Var. *Cophosus Grandis.* Gysselen.

Long. 8 $\frac{1}{2}$, 10 lignes. Larg. 2 $\frac{1}{2}$, 3 lignes.

Allongée, très-étroite, presque cylindrique et entièrement d'un noir brillant.

Tête assez grosse, légèrement convexe, presque lisse.

Corselet un peu plus large que la tête, un peu moins long que large, presque carré, un peu plus étroit postérieurement et légèrement convexe, couvert de rides transversales ondulées assez fortement marquées ; la ligne médiane peu marquée et presque crénelée ; l'impression transversale antérieure peu marquée ; une impression assez marquée de chaque côté de la base ; le bord antérieur peu échancré ; les côtés très-légèrement rebordés ; les angles postérieurs presque arrondis ; la base légèrement échancrée dans son milieu.

Élytres à peine plus larges que le corselet, très-allongées, parallèlles, légèrement convexes, à peine sinuées près de l'extrémite, ayant chacune neuf stries et le commencement d'une dixième à la base ; les stries assez fortement marquées, ordinairement lisses, quelquefois très-légèrement ponctuées ; les intervalles légèrement relevés : quatre points enfoncés sur le troisième, dont deux ou trois assez visibles ; point d'ailes sous les élytres.

Dessous du corps et pattes noirs. Un enfoncement assez grand à l'extrémité du dernier anneau de l'abdomen des mâles.

Elle se trouve assez communément en Hongrie.

80. F. Filiformis. *Megerle.*

Pl. 141. fig. 3.

Aptera, nigra ; thorace quadrato, postice utrinque impresso ; elytris elongatis, parallelis, profunde striatis, striis absolete punctatis, punctisque duobus vel quatuor impressis.

Dej. *Spec.* III. p. 337. n° 127.
Cophosus Filiformis. Dahl. *Coleoptera und Lepidoptera*, p. 9.

Long. 7, 8 ½ lignes. Larg. 2, 2 ½ lignes.

Très-voisine de la *Cylindrica*, dont elle n'est peut-être qu'une variété plus petite, un peu plus étroite et plus cylindrique.

Elytres ayant les stries presque toujours légèrement ponctuées. Le reste comme dans la *Cylindrica*.

Elle se trouve dans le Bannat, en Hongrie.

81. F. Duponchelii.

Pl. 141. fig. 4.

Aptera, nigra; thorace subcordato, postice utrinque striato; elytris elongatis, parallelis, profunde striatis, striis obsolete punctatis, punctisque duobus impressis; antennis pedibusque rufo-piceis.

Dej. *Spec. Suppl.* v. p. 777. n° 220.

Long. 8 lignes. Larg. 2 lignes.

A peu près de la grandeur de la *Filiformis*, mais un peu plus étroite.

Tête plus allongée, un peu rétrécie postérieurement, avec les palpes et les antennes d'un brun rougeâtre.

Corselet plus allongé que dans la *Filiformis*, un peu rétréci postérieurement et légèrement cordiforme, ayant de chaque côté de la base une impression longitudinale assez étroite et assez marquée; le bord antérieur plus fortement échancré; les angles antérieurs plus aigus; les côtés tombant carrément sur la base et formant avec elle un angle droit; la base un peu plus échancrée dans son milieu.

Élytres un peu plus étroites; striées à peu près de la même manière; deux points enfoncés assez distincts sur le troisième intervalle; point d'ailes sous les élytres.

Dessous du corps noir, avec les pattes et l'extrémité de l'abdomen d'un brun rougeâtre.

Elle a été trouvée en Morée, par M. Duponchel, médecin en chef de l'hôpital de Navarin.

SEPTIÈME DIVISION.

PTEROSTICHUS. *Bonelli.*

82. F. NIGRA.

Pl. 142. fig. 1.

Alata, nigra; thorace subquadrato, postice utrinque bistriato; elytris oblongis, suparallelis, profunde striatis, punctisque tribus impressis.

DEJ. *Spec.* III. p. 337. n° 128.
Carabus Niger. FABR. *Sys. El.* I. p. 178. n° 46.
SCH. *Syn. Ins.* I. p. 179. n° 62.
DUFTSCHMID. II. p. 69. n° 71.
Harpalus Niger. GYLLENHAL. II. p. 86. n° 7. et IV. p. 425. n° 7.
SAHLBERG. *Dissert. entom. Ins. Fennica.* p. 220. n° 6.
Pterostichus Niger. STURM. V. p. 5. n° 1.
Platysma Nigra. DEJ. *Cat.* p. 12.

Long. 7, 9 lignes. Larg. 2 $\frac{2}{3}$, 3 $\frac{2}{3}$ lignes.

Un peu plus grande que la *Melanaria*, dont elle a un peu le *facies*.

Tête un peu plus étroite et plus allongée, finement ponctuée.

Corselet un peu plus long, plus carré, moins large antérieurement, à peine rétréci postérieurement, moins arrondi sur les côtés et un peu plus plane; la ligne médiane un peu plus marquée; l'impression de chaque côté de la base un peu moins profonde; les deux expressions longitudinales plus fortement marquées; le bord antérieur moins échancré; les côtés un peu moins rebordés et un peu plus relevés, tombant plus carrément sur la base.

Élytres un peu plus allongées, un peu moins ovales, plus parallèles et un peu plus planes; les stries plus fortement marquées; lisses, ou très-légèrement ponctuées;

les intervalles plus relevés, presque arrondis; trois points enfoncés distincts sur le troisième; des ailes sous les élytres.

Dernier anneau de l'abdomen des mâles offrant une ligne longitudinale élevée, fortement marquée.

Elle se trouve plus communément sous les pierres et dans les troncs d'arbres, particulièrement dans les bois, dans le nord et les parties orientales de la France, en Suède, en Allemagne, en Autriche, en Russie et en Sibérie.

83. F. Fasciatopunctata.

Pl. 142. fig. 2.

Aptera, nigra; thorace cordato, postice transverse impresso, utrinque striato; elytris planiusculis, ovatis, profunde striatis, interstitiis alternatim foveolatis, margine laterali subcarinato.

Dej. *Spec.* III. p. 340. n° 130.

Carabus Fasciatopunctatus. Fabr. *Sys. El.* I. p. 178. n° 42.

Sch. *Syn. Ins.* I. p. 178. n° 53.

Duftschmid. II. p. 153. n° 201.

Pterostichus Fasciatopunctatus. Sturm. V. p. 7. n° 2.

Dej. *Cat.* p. 12,

Pterostichus Striatopunctatus. Ullrich.

Long. 6 $\frac{3}{4}$, 7 $\frac{1}{4}$ lignes. Larg. 2 $\frac{1}{2}$, 2 $\frac{3}{4}$ lignes.

Ordinairement un peu plus petite que la *Melanaria*, et entièrement en dessus d'un noir brillant.

Tête assez allongée, presque triangulaire, lisse, avec les palpes et les antennes d'un brun roussâtre.

Corselet plus large que la tête, presque anssi long que large, en cœur fortement rétréci postérieurement, lisse, presque plane; la ligne médiane fortement marquée; l'impression transversale antérieure assez marquée; la postérieure fortement marquée; une impression longitudinale assez longue, et très-fortement marquée, de chaque côté de la base; le bord antérieur assez fortement échancré; les côtés rebordés, un peu relevés et presque en carène; les angles postérieurs coupés carrément; la base légèrement échancrée dans son milieu.

Élytres ayant quelquefois un léger reflet bleuâtre et peu distinct, plus larges que le corselet, assez planes, en ovale peu allongé, plus larges un peu au-delà du milieu, légèrement sinuées près de l'extrémité; leurs bords latéraux un peu relevés et presque en carène, ayant chacune neuf stries fortement marquées, lisses, très-légèrement ponctuées; les intervalles un peu relevés; une rangée de points enfoncés assez marqués sur les troisième, cinquième et septième, et en occupant presque toute la largeur; ces points plus ou moins nombreux, mais toujours peu rapprochés les uns des autres.

Dessous du corps et pattes noirs.

Une légère dépression peu marquée sur le dernier anneau de l'abdomen des mâles.

Elle se trouve communément sous les pierres, dans différentes provinces de l'Autriche, dans les bois humides et les montagnes.

84. F. Parumpunctata.

Pl. 142. fig. 3.

Aptera, nigra, thorace cordato, postice utrinque striato, elytris planiusculis, oblongo-ovatis, profunde striatis, interstitio tertio punctis tribus impresso.

Dej. *Spec.* III. p. 342. n° 131.
Pterostichus Parumpunctatus. Dej. *Cat.* p. 12.
Germar, *Coleop. Sp. Nov.* p. 19. n° 31.
Pterostichus Cristatus. Dufour.
Pterostichus Hagenbachii? Sturm. v. p. 9. n° 3. t. 106. fig. 3.
Var. *Pterostichus Lasserrei.* Dalh.

Long. 6, 8 lignes. Larg. 2, 3 lignes.

Ordinairement de la taille de la *Fasciatopunctata*, et comme elle d'un noir assez brillant.

Tête un peu plus ovale et moins allongée.

Corselet un peu plus court, plus large, moins rétréci postérieurement et moins lisse; la ligne médiane et l'impression transversale postérieure moins marquées; l'impression longitudinale de chaque côté de la base moins fortement marquée ; les bords latéraux un peu moins relevés, et la base un peu moins échancrée dans son milieu.

Élytres un peu plus longues, moins ovales et plus parallèles ; leurs bords latéraux un peu moins relevés ; les stries assez fortement marquées, lisses, ou très-légèrement ponctuées; les intervalles un peu relevés; trois points enfoncés sur le troisième.

Dessous du corps et pattes noirs. Une ligne longitudinale élevée sur le dernier anneau de l'abdomen des mâles.

Elle se trouve en France, en Suisse, en Italie, surtout dans les parties montagneuses ; elle est très-commune dans les Alpes et les Pyrénées ; elle est très-rare aux environs de Paris et en Allemagne : M. Dejean en prit un individu en Espagne.

Le *Pterostichus Lasserrei* de Dahl, que l'on trouve en Italie et dans les parties du midi de la France voisines de la mer, est plus grand, proportionnellement plus large et plus robuste. Quand on le compare avec un individu pris dans les hautes montagnes, il semble réellement devoir constituer une espèce distincte ; mais en examinant un grand nombre d'individus de différentes localités, on trouve tous les passages, et il devient impossible d'en former une espèce particulière.

85. F. Honnoratii.

Pl. 142. fig. 4.

Aptera, nigra; thorace cordato, postice utrinque striato;

elytris planiusculis, elongato-oblongis, striatis, intersti-tio tertio punctis quatuor impresso; pedibus piceis.

Dej. *Spec.* III. p. 343. n° 132.

Pterostichus Hagenbachii? Sturm. v. p. 9. n° 3. t. 106. f. 3.

Pterostichus Perotii. Latreille ?

Pterostichus Monticola ? Bonelli.

Long. 6 $\frac{1}{4}$, 7 $\frac{1}{4}$ lignes. Larg. 2, 2 $\frac{1}{2}$ lignes.

Très-voisine de la *parumpunctata ;* ordinairement un peu plus petite, plus étroite, et d'un noir un peu moins brillant.

Tête un peu plus allongée, un peu plus étroite, un peu plus rétrécie postérieurement.

Corselet un peu plus étroit, plus lisse; la ligne médiane un peu moins marquée ; l'impression transversale postérieure à peine distincte ; l'impression longitudinale près de la base aussi un peu moins marquée et moins large; la base coupée un peu obliquement sur les côtés et un peu échancrée dans son milieu.

Les élytres un peu plus allongées, plus étroites, moins ovales et plus parallèles ; leurs bords latéraux moins relevés ; les stries lisses et moins fortement marquées ; les intervalles un peu plus planes ; quatre points enfoncés distincts sur le troisième, peu marqués, quelquefois au nombre de cinq ou de trois seulement.

Pattes d'un brun un peu roussâtre. Dernier anneau de

l'abdomen des mâles ayant la ligne longitudinale élevée moins saillante.

Elle se tronve dans les montagnes du sud-est de la France, de la Suisse, de l'Italie; elle est très-commune dans le département des Basses-Alpes.

86. F. Rufipes.

Pl. 142. fig. 5.

Aptera, nigra; thorace cordato, postice utrinque striato; elytris planiusculis, oblongo-ovatis, striatis, interstitio tertio punctis quatuor impresso; femoribus rufis; tibiis tarsisque piceis.

Dej. *Spec.* iii. p. 345. n° 133.
Pterostichus Rufipes. Dej. *Cat.* p. 12.

Long. 7, 7 ½ lignes. Larg. 2 ⅓, 2 ¾ lignes.

Très-voisine de la *Femorata*, mais plus grande.

Élytres proportionnellement un peu plus allongées, moins ovales, plus parallèles, leurs stries un peu moins fortement marquées, et les intervalles un peu plus planes.

Cuisses d'un rouge ferrugineux, avec les jambes et les tarses d'un brun un peu roussâtre.

Elle se trouve dans les départemens de l'Aude et de la Lozère, et aux euvirons de Genève.

87. F. Femorata. *Beaudet Lafarge.*

Pl. 143. fig. 1.

Aptera, nigra; thorace cordato, postice utrinque striato; elytris planiusculis, oblongo-ovatis, profunde striatis, interstitio tertio punctis quatuor impresso; femoribus rufis.

Dej. *Spec.* iii. p. 345. n° 134.
Pterostichus Femoratus. Dej. *Cat.* p. 12.
Pterostichus Rufofemoratus. Bonelli.

Long. 6, 7 lignes. Large. 2, 2 ½ lignes.

Voisine de la *Parumpunctata*, mais ordinairement un peu plus petite.

Corselet ayant l'impression tranversale postérieure moins marquée, et l'impression longitudinale près de la base plus étroite.

Élytres à peu près de la même forme, striées à peu près de la même manière, avec quatre points enfoncés sur le troisième intervalle.

Cuisses d'un rouge ferrugineux. Dernier anneau de l'abdomen des mâles comme dans la *Parumpunctata*.

Elle se trouve communément dans les montagnes de l'Auvergne et des environs de Lyon; elle habite aussi le Piémont.

88. F. Dufourii.

Pl. 143. fig. 2.

Aptera, nigra; thorace cordato, postice utrinque impresso; elytris planiusculis, oblongo-ovatis, subparallelis, striatis, interstitio tertio punctis quinque impresso.

Dej. *Spec.* III. p. 346. n° 135.
Pterostichus Dufourii. Dej. *Cat.* p. 12.

Long. 7, 8 lignes. Larg. 2 $\frac{1}{3}$, 2 $\frac{3}{4}$ lignes.

Très-voisine de la *Parumpunctata*, mais ordinairement un peu plus grande et un peu plus étroite.

Tête un peu plus rétrécie postérieurement.

Corselet un peu plus court, plus large antérieurement, plus rétréci postérieurement et un peu plus plane; l'impression longitudinale de chaque côté de la base plus large et un peu moins longue; le bord antérieur plus fortement échancré.

Élytres moins ovales, plus parallèles, un peu plus planes, plus arrondies et moins sinuées à l'extrémité; les stries moins fortement marquées; les intervalles plus planes; cinq points enfoncés distincts sur le troisième.

Dessous du corps et pattes noirs. Dernier anneau de l'abdomen des mâles offrant une élévation presque arrondie, un peu concave dans son milieu, et dont le bord antérieur est un peu relevé et forme presque la figure d'un fer à cheval.

Elle a été trouvée dans les hautes-Pyrénées, par MM. Dufour et de La Frenaye.

89. F. TRUNCATA. *Bonelli.*

Pl. 143. fig. 3.

Aptera, nigra; thorace cordato, postice utrinque obsolete bistriato; elytris planiusculis, subelongato-quadratis, potice rotundatis, subtruncatis, profunde striatis, striis obsolete punctatis, interstitio tertio linea punctorum impressso; tibiis tarsisque piceis.

DEJ. *Spec.* III. p. 347. n° 136.

Pterostichus Truncatus. DAHL. *Coleopt. und Lepidopt.* p. 8.

Long. 6 $\frac{1}{2}$, 6 $\frac{3}{4}$ lignes. Larg. 2 $\frac{1}{2}$, 2 $\frac{2}{3}$ lignes.

A peu près de la taille de la *Fasciatopunctata*, et de même d'un noir assez brillant.

Tête un peu plus ovale, moins allongée, moins rétrécie postérieurement, avec les antennes plus courtes.

Corselet un peu plus court, plus large, moins en cœur et moins rétréci postérieurement; la ligne médiane et l'impressions transversale postérieure moins marquées; deux impressions longitudinales, courtes, peu marquées; de chaque côté de la base; le bord antérieur plus fortement échancré ; les côtés légèrement déprimés, rebordés ; la base peu échancrée dans son milieu.

Élytres plus larges, plus parallèles, presque en carré allongé, plus planes, plus arrondies et presque tronquées à l'extrémité ; les stries assez fortement marquées et très-légèrement ponctuées ; les intervalles un peu moins relevés ; de trois à cinq points assez fortement marqués occupant toute la largeur du troisième.

Dessous du corps et cuisses noirs, avec les jambe et les tarses d'un brun roussâtre : dernier anneau de l'abdomen de la femelle presque tronqué.

Elle se trouve dans les montagnes du Piémont et dans le département des Basses-Alpes.

90. F. Obscura.

Pl. 143. fig. 4.

Aptera, nigra; thorace cordato, postice utrinque striato; elytris planiusculis, oblongo-ovatis, striatis, interstitiis alternatim latioribus lineaque punctorum impressis.

Dej. *Spec.* iii. p. 348. n° 137.

Pterostichus Obscurus. Stéven.

Pterostichus Regularis? Stéven. Fischer. *Entomographie de la Russie.* ii. p. 123. n° 3. t. 37. fig. 8.

Long. $7 \frac{1}{3}$ lignes. Larg. $2 \frac{2}{3}$ lignes.

A peu près de la taille de la *Parumpunctata*.

Tête un peu plus étroite et un peu plus rétrécie postérieurement.

Corselet plus petit, plus court, plus plane et plus rétréci postérieurement; l'impression longitudinale placée de chaque côté de la base, un peu moins large et un peu arquée; les angles antérieurs un peu arrondis; les côtés plus légèrement rebordés, non relevés.

Élytres d'un noir terne obscur, plus planes, plus ovales, plus rétrécies antérieurement, moins sinuées et plus arrondies à l'extrémité; les stries moins marquées; les intervalles planes; les troisième, cinquième et septième plus larges que les autres, marqués chacun d'une ligne de neuf à quatroze points enfoncés assez distincts.

Dessous du corps noir, avec les pattes un peu brunâtres.

Elle se trouve dans la Géorgie russe.

91. F. Panzeri. *Megerle*.

Pl. 143. fig. 5.

Aptera, nigra; thorace subcordato, postice utrinque bistriato; elytris planiusculis, oblongo-ovatis, subtiliter striatis, striis obsolete punctatis, interstitio tertio punctis quatuor impresso.

Dej. *Spec.* III. p. 349. n° 138.
Carabus Panzeri. Panzer. *Fauna German.* 89. n° 8.
Sch. *Syn. Ins.* I. p. 179. n° 58.
Duftschmid. II. p. 158. n° 207.
Platysma Panzeri. Sturm. V. p. 45. n° 4.
Pterostichus Panzeri. Dej. *Cat.* p. 12.

Long. 6, 6 $\frac{3}{4}$ lignes. Larg. 2, 2 $\frac{1}{2}$ lignes.

Plus petite que la *Parumpunctata*, et d'un noir un peu moins brillant.

Corselet moins cordiforme, moins rétréci postérieurement; la ligne médiane et l'impression transversale postérieure moins marquées; deux impressions longitudinales assez courtes, presque égales, plus ou moins marquées, de chaque côté de la base; les côtés plus largement rebordés et un peu déprimés, surtout vers les angles postérieurs, la base très-légèrement échancrée dans son milieu.

Élytres à peu près de la même forme; les bords latéraux moins relevés; les stries peu marquées et très-légèrement ponctuées; les intervalles moins relevés; quatre points enfoncés distincts sur le troisième : ces points variant quelquefois de trois à cinq.

Dessous du corps et pattes noirs. Dernier anneau de l'abdomen des mâles offrant une petite élévation presque arrondie et peu saillante.

Elle se trouve dans les montagnes de différentes provinces de l'Autriche, de la Suisse et du Piémont.

92. F. Ziegleri. *Dahl.*

Pl. 144. fig. 1.

Aptera, nigra; thorace subquadrato, postice utrinque striato, angulis posticis subrotundatis; elytris nigro-subæneis, planiusculis, subparallelis, striatis striis obsolete punctatis, interstitiis tertio septimoque linea punctorum impressis; femoribus interdum rufis.

Dej. *Spec.* III. p. 350. n° 139.
Carabus Ziegleri. Duftschmid. II. p. 156. n° 205.
Pterostichus Ziegleri. Sturm. V. p. 24. n° 11.
Dej. *Cat.* p. 12.

Long. 6, 7 lignes. Larg. 2, 2 ½ lignes.

Plus petite que la *Parumpunctata*, et d'un noir très-légèrement bronzé sur les élytres, plus terne dans les femelles.

Tête ovale, nullement rétrécie postérieurement, presque lisse.

Corselet plus large que la tête, moins long que large, presque carré, un peu arrondi sur les côtés et très-légèrement convexe; la ligne médiane et l'impression transversale postérieure peu marquée, une impression longitudinale assez longue et fortement marquée de chaque côté de la base, le bord antérieur assez fortement échancré; les côtés assez largement rebordés, un peu déprimés, peu relevés; les angles postérieurs presque arrondis, la base échancrée dans son milieu.

Élytres plus larges que le corselet, assez allongées, presque parallèles, presque planes, très-légèrement sinuées, presque arrondies à l'extrémité; les stries assez marquées, très-légèrement ponctuées, presque lisses; les intervalles un peu relevés dans les mâles, presque planes dans les femelles; quatre à cinq points enfoncés sur le troisième, et cinq ou six sur le septième; ces points arrondis, assez grands et assez marqués.

Dessous du corps et pattes noirs. Dernier anneau de l'abdomen des mâles offrant une ligne longitudinale élevée.

Elle se trouve dans les Alpes de Carinthie.

93. F. Flavofemorata. *Bonelli.*

Pl. 144. fig. 2.

Aptera, nigra; thorace subquadrato, postice subangustato, utrinque striato; elytris oblongo-ovatis, striatis, interstitio tertio postice punctis duobus impresso; femoribus testaceis.

Dej. *Spec.* III. p. 352. n° 140.

Pterostichus Flavofemoratus. Dej. *Cat.* p. 12.

Long. 6 $\frac{1}{3}$, 7 lignes. Larg. 2 $\frac{1}{4}$, 2 $\frac{1}{2}$ lignes.

Plus petite que la *Parumpunctata*, et d'un noir assez brillant.

Tête ovale, à peine rétrécie postérieurement, presque lisse, avec quelques rides peu distinctes.

Corselet plus large que la tête, moins long que large, presque carré, très-légèrement convexe; la ligne médiane et l'impression transversale postérieure assez marquées; l'impression transversale antérieure peu distincte; une impression longitudinale, assez longue, fortement marquée, de chaque côté de la base; le bord antérieur assez échancré, les côtés légèrement rebordés, ayant près de l'angle postérieur une petite crénelure paraissant leur faire former une petite dent à peine saillante; la base très-légèrement échancrée dans son milieu.

Élytres plus larges que le corselet, en ovale allongé, très-légèrement convexes, peu sinuées et presque tronquées à l'extrémité; les stries lisses et assez fortement marquées; les intervalles un peu relevés; deux points enfoncés arrondis, assez gros et assez marqués, sur le troisième.

Dessous du corps et pattes noirs, avec les cuisses d'un jaune testacé. Dernier anneau de l'abdomen des mâles offrant une ligne longitudinale élevée.

Elle se trouve dans les Alpes du Piémont.

94. F. Pinguis. *Bonelli.*

Pl. 144. fig. 3.

Aptera, nigra; thorace quadrato, postice utrinque striato; elytris brevioribus, ovatis, striatis, interstitio tertio postice punctis duobus impresso; femoribus testaceis.

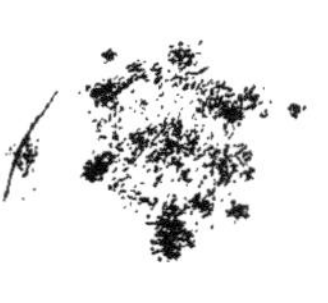

DEJ. *Spec.* III p. 353. n° 141.
Pterostichus Pinguis. DEJ. *Cat.* p. 12.

Long. 6 lignes. Larg. 2 $\frac{1}{2}$ lignes.

Tête voisine de la *Flavofemorata*, mais plus courte et proportionnellement beaucoup plus large.

Corselet plus large, plus carré, nullement rétréci postérieurement et un peu plus plane.

Élytres plus courtes, plus larges, un peu arrondies à l'extrémité, striées et ponctuées à peu près de la même manière.

Dessous du corps, pattes et dernier anneau de l'abdomen des mâles comme dans la *Flavofemorata*.

Elle se trouve dans les Alpes du Piémont.

95. F. CRIBRATA. *Bonelli*.

Pl. 144. fig. 4.

Aptera, nigra; thorace subquadrato, postice subangustato, utrinque striato; elytris planiusculis, oblongo-ovatis, subparallelis, punctis oblongis impressis striis dispositis.

DEJ. *Spec.* III. p. 354. n° 142.
Pterostichus Cribratus. DEJ. *Cat.* p. 12.

Long. 6, 6 ½ lignes. Larg. 2 ¼, 2 ½ lignes.

A peu près de la taille de la *Panzeri* et d'un noir assez brillant.

Tête ovale, à peine rétrécie postérieurement, presque lisse.

Corselet plus large que la tête, presque aussi long que large, presque carré, très-légèrement arrondi sur les côtés, à peine rétréci postérieurement et presque plane; la ligne médiane et l'impression transversale postérieure assez marquées; l'impression transversale antérieure à peine sensible ; une impression longitudinale assez longue, fortement marquée, et le commencement d'une seconde très-courte de chaque côté de la base; le bord antérieur assez échancré; les côtés légèrement rebordés, ayant près de l'angle postérieur une petite crénelure très-peu marquée; la base légèrement échancrée dans son milieu.

Élytres plus larges que le corselet, assez allongées, très-légèrement ovales, presque parallèles, assez planes, légèrement sinuées et presque arrondies à l'extrémité ; les stries remplacées par des lignes de points ordinairement oblongs, quelquefois arrondis ou irréguliers, de différentes grandeurs, fortement marqués, et séparés les uns des autres par des lignes légèrement élevées.

Dessous du corps et pattes noirs. Dernier anneau de l'abdomen des mâles offrant une ligne longitudinale élevée.

Elle se trouve dans les Alpes du Piémont.

96. F. Drescheri.

Pl. 144. fig. 5.

Aptera, nigra; thorace cordato, subrugoso, postice utrinquo bistriato; elytris planiusculis, ovatis, postice latioribus, punctis oblongis excavatis striis dispositis femoribus rufis.

Dej. *Spec.* III. p. 355. n° 143.
Harpalus Drescheri. Fischer. *Mémoires de la Société imp. des naturalistes de Moscou.* v. p. 463. t. 14. fig. 6. 7.
Carabus Drescheri. Fischer. *Entomogr. de la Russie.* I. p. 19. n° 4. t. 3. fig. 4. a. b.

Long. 7, 8 $\frac{1}{4}$ lignes. Larg. 3, 3 $\frac{1}{2}$ lignes.

Ordinairement un peu plus petite que la *Nigra*, proportionnellement un peu plus courte, un peu plus large et d'un noir peu brillant.

Tête ovale, assez allongée, un peu rétrécie postérieurement.

Corselet plus large que la tête, presque aussi long que large, rétréci postérieurement, cordiforme, assez plane, entièrement couvert de petits points enfoncés et de rides rapprochées; la ligne médiane peu marquée; les deux impressions transversales peu distinctes; deux impressions longitudinales peu marquées de chaque côté de la base, le bord antérieur assez fortement échancré; les côtés légèrement rebordés, très-légèrement sinués près de la base; les angles postérieurs coupés carrément; la base légèrement échancrée dans son milieu.

Élytres plus larges que le corselet, en ovale allongé, plus large au-delà du milieu, planes, très-légèrement sinuées et presque arrondies à l'extrémité; les stries remplacées par des lignes longitudinales de points plus ou moins grands, ordinairement oblongs, quelquefois arrondies ou irréguliers, très-fortement marqués et séparés les uns des autres par des lignes légèrement élevées.

Dessous du corps et pattes noirs, avec les cuisses d'un rouge ferrugineux. Dernier anneau de l'abdomen des mâles offrant un léger enfoncement assez large.

Elle se trouve en Sibérie.

97. F. Rutilans. *Bonelli.*

Pl. 145. fig. 1.

Aptera, supra viridi vel cupreo-ænea; thorace cordato, postice utrinque bistriato; elytris planiusculis, oblongo-ovatis, subparallelis, striatis, striis obsolete punctatis, interstitio tertio foveis quatuor impresso; antennis pedibusque nigris.

Dej. *Spec.* III. p. 356. n° 144.
Pterostichus Rutilans. Dej. *Cat.* p. 12.

Long. $5 \frac{1}{2}$, 6 lignes. Larg. 2, $2 \frac{1}{3}$ lignes.

Un peu plus grande que la *Jurinei*, se rapprochant, pour la forme, de la *Fasciatopunctata*, et d'un vert bronzé brillant, ordinairement un peu cuivreux sur la tête et le corselet.

Tête assez allongée, ovale, un peu rétrécie postérieurement, presque lisse.

Corselet plus large que la tête, presque aussi long que large, en cœur fortement rétréci postérieurement et presque plane; la ligne médiane fortement marquée; l'impression transversale antérieure aussi fortement marquée; la postérieure peu distincte; une impression longitudinale assez longue et fortement marquée de chaque côté de la base; le bord antérieur assez fortement échancré; les côtés rebordés et un peu relevés; les angles postérieurs coupés carrément; la base légèrement échancré dans son milieu.

Élytres plus larges que le corselet; légèrement ovales, presque parallèles, presque planes, très-légèrement sinuées près de l'extrémité; les bords latéraux un peu relevés et presque en carène; les stries assez marquées, lisses ou très-légèrement ponctuées; les intervalles très-légèrement relevés; quatre gros points enfoncés occupant toute la largeur du troisième.

Dessous du corselet et poitrine d'un vert bronzé, avec l'abdomen d'un noir obscur; pattes noires et assez longues. Dernier anneau de l'abdomen des mâles offrant une ligne longitudinale élevée.

Elle se trouve dans les Alpes du Piémont.

98. F. Welensii. *Dahl.*

Pl. 145. fig. 2.

Aptera, supra cupreo-ænea; thorace cordato, postice transverse impresso, utrinque striato; elytris planiusculis, ovatis, subtiliter striatis, striis obsolete punctatis, interstitiis alternatim foveolatis; antennis pedibusque nigris; tibiis rufo-piceis.

Dej. *Spec.* iii. p. 358. n° 145.
Pterostichus Welensii. Dej. *Cat.* p. 12.
Carabus Fossulatus? Ahrens. *Fauna Ins. Europ.* 3. T. 4.

Long. 7 ½, 8 lignes. Larg. 2 ¾, 3 lignes.

A peu près de la taille de la *Melanaria* et d'un bronzé un peu cuivreux, ordinairement un peu plus brillant sur la tête et le corselet.

Tête assez grande, ovale, un peu rétrécie postérieurement.

Corselet plus large que la tête, moins long que large, un peu rétréci postérieurement et légèrement cordiforme; la ligne médiane peu marquée; l'impression transversale antérieure presque en arc de cercle et un peu distincte; la postérieure très-fortement marquée; la base paraissant un peu rugueuse, ayant de chaque côté une impression longitudinale très-fortement marquée ; le bord antérieur assez fortement échancré ; les côtés rebordés, très-légèrement crénelés près des angles postérieurs ; ceux-ci coupés carrément et presque saillans; la base échancrée dans son milieu.

Élytres plus larges que le corselet, presque planes, en ovale peu allongé, presque arrondies à l'extrémité ; les bords latéraux un peu relevés et presque en carène; ayant chacune neuf stries très-légèrement ponctuées, peu marquées ; les intervalles un peu relevés ; une rangée de quatre à huit gros points enfoncés occupant toute la largeur des troisième, cinquième et septième ; le fond de ces points offrant un poil long, très-fin et jaunâtre; point d'ailes sous les élytres.

Dessous du corps d'un vert bronzé, assez clair sur le corselet, plus obscur sur la poitrine et l'abdomen, avec les cuisses noires et les jambes d'un brun roussâtre. Dernier anneau de l'abdomen des mâles offrant une impression assez grande.

Elle se trouve communément dans les montagnes de la Carniole et des environs de Trieste.

99. F. Variolata.

Pl. 145. fig. 3.

Aptera, supra cupreo-ænea; thorace cordato, postice transverse impresso; utrinque striato ; elytris planiusculis , oblongo-ovatis, subtiliter striatis, striis obsolete puncta-

tis; interstitiis alternatim foveolatis; antennis pedibusque nigris; tibiis rufis.

Dej. *Spec.* iii. p. 360. n° 146.
Pterostichus Variolatus. Dej. *Cat.* p. 12.

Long. 7 ¼, 7 ¾ lignes. Larg. 2 ½, 2 ¾ lignes.

Très-voisine de la *Welensii*, mais ordinairement un peu plus petite et proportionnellement plus étroite.

Tête et corselet plus verdâtres et plus brillans.

Élytres un peu plus cuivreuses, un peu moins larges, moins ovales; les points enfoncés ordinairement un peu moins marqués.

Dessous du corps à peu près semblable, avec les jambes d'un rouge ferrugineux.

Elle se trouve communément aux environs d'Oberbourg, en Styrie.

100. F. Fossulata.

Pl. 145. fig. 4.

Aptera, supra cupreo-ænea; thorace cordato, postice transverse impresso, utrinque striato; elytris planiusculis, subparallelis, subtiliter striatis, striis obsolete punctatis, interstitiis alternatim foveolatis; antennis nigris; femoribus (plerumque) tibiisque rufis.

DEJ. *Spec.* III. p. 361. n° 147.

Carabus Fossulatus. SCH. *Syn. Ins.* I. p. 177. n° 51.

Pterostichus Fossulatus. STURM. V. p. 10. n° 4. T. 106. f. a. A.

Carabus Interpunctatus. MEGERLE. DUFTSCHMID. II. p. 155. n° 203.

Pterostichus Interpunctatus. DEJ. *Cat.* p. 12.

VAR. *Pterostichus Minkwitzii.* DAHL.

Long. 6 $\frac{1}{2}$, 7 $\frac{3}{4}$ lignes. Larg. 2 $\frac{1}{4}$, 2 $\frac{1}{2}$ lignes.

Plus petite que la *Welensii*, proportionnellement beaucoup plus étroite et d'une couleur plus brillante.

Tête un peu plus allongée, presque lisse, avec quelques rides irrégulières à peine distinctes.

Corselet un peu plus petit, plus lisse; la ligne médiane et l'impression tranversale antérieure plus fortement marquées, les côtés un peu plus légèrement rebordés, pas sensiblement crénelés près des angles postérieurs.

Élytres beaucoup plus étroites, moins ovales, presque parallèles et plus lisses; les intervalles plus planes; les points enfoncés des troisième, cinquième et septième un peu moins marqués et plus arrondis : dans quelques individus, on voit un ou deux points enfoncés sur le premier intervalle.

Dessous du corps ordinairement d'un vert un peu plus clair et plus brillant, avec les jambes ordinairement d'un rouge ferrugineux.

Elle se trouve dans les monts Crapacks en Hongrie, et dans les montagnes de la Silésie.

101. F. Klugii.

Pl. 145. fig. 5.

Aptera, supra viridi-ænea; thorace cordato, postice transverse impresso, utrinque bistriato; elytris planiusculis, brevioribus, subparallelis, striatis, striis obsolete punctatis; interstitiis alternatim foveolatis; antennis, tibiis tarsisque nigris; femoribus rufis.

Dej. *Spec.* III. p. 362. n° 148.
Pterostichus Klugii. Dahl. *Coleopt. und Lepidopt.* p. 8.

Long. 7 $\frac{1}{2}$ lignes. Larg. 2 $\frac{3}{4}$ lignes.

Un peu plus petite que la *Welensii*, et d'une couleur plus verdâtre et moins cuivreuse.

Tête un peu plus grosse, plus convexe, nullement rétrécie postérieurement, lisse.

Corselet un peu plus petit, plus court, plus plane; la ligne médiane un peu plus enfoncée; l'impression transversale antérieure très-fortement marquée; l'impression de chaque côté de la base moins marquée; le bord antérieur plus fortement échancré; les côtés ne paraissant pas sensiblement crénelés près des angles postérieurs.

Élytres plus courtes, moins ovales, presque parallèles, un peu plus larges vers l'extrémité; les stries un peu plus marquées; les intervalles un peu plus relevés.

Dessous du corps d'un vert plus clair, avec les cuisses d'un rouge ferrugineux et les jambes d'un noir un peu brunâtre.

Elle se trouve dans les montagnes du Bannat, en Hongrie.

102. F. Selmanni.

Pl. 146. fig. 1.

Aptera, supra obcure cupreo-ænea; thorace subcordato, postice transverse impresso, utrinque striato; elytris planiusculis, oblongo-ovatis, subparallelis, striatis; interstitiis alternatim foveolatis (foveis sæpe obsoletis), antennis pedibusque nigris; tibiis rufo-piceis.

Dej. *Spec.* III. p. 363. n° 149.
Carabus Selmanni. Duftschmid. II. p. 154. n° 202.
Pterostichus Selmanni? Sturm. V. p. 13. n° 5. T. 106. f. b. B.
Dej. *Cat.* p. 12.

Long. 7 1/4, 7 1/2 lignes. Larg. 2 1/2, 2 2/3 lignes.

Un peu plus petite que la *Welensii*, proportionnellement plus étroite et d'un bronzé plus ou moins obscur, quelquefois presque tout-à-fait noire.

Tête un peu plus étroite et un peu plus lisse.

Corselet un peu plus étroit, surtout antérieurement, moins cordiforme, plus lisse et un peu moins convexe; la ligne médiane, l'impression tranversale postérieure et l'impression longitudinale de chaque côté de la base un peu moins marquées; les côtés plus légèrement rebordés moins sensiblement crénelés près des angles postérieurs.

Élytres plus étroites, moins ovales et plus parallèles; les stries lisses, un peu plus marquées; les intervales un peu plus relevés; les points enfoncés des trosièmes, cinquième et septième un peu moins marqués, quelquefois peu nombreux et quelquefois presque tous effacés sur le cinquième intervalle.

Dessous du corps d'un noir un peu verdâtre, avec les cuisses noires et les jambes d'un brun roussâtre.

Elle se trouve dans les montagnes de la Haute-Autriche, près de Lintz.

103. F. Prevostii.

Pl. 146. fig. 2.

Aptera, supra viridi vel obscure cupreo-ænea vel nigra; thorace subcordato, postice utrinque striato; elytris planiusculis, elongato-ovatis, subparallelis, subtiliter striatis, striis obsolete punctatis; interstitiis alternatim linea punctorum impressis, punctis interdum obsoletis; antennis pedibusque nigris.

Dej. *Spec.* iii. p. 364. n° 140.
Pterostichus Prevostii. Dej. *Cat.* p. 12.
Var. *Pterostichus. Duvalii.* Dej. *Cat.* p. 12.
Pterostichus Selmanni? Sturm. v. p. 13. n° 5. t. 106. f. b. B.

Long. 6 $\frac{1}{2}$, 8 lignes. larg. 2 $\frac{1}{4}$, 2 $\frac{3}{4}$ lignes.

A peu près de la taille de la *Selmanni*, quelquefois un peu plus petite, quelquefois un peu plus grande et proportionnellement plus allongée, tantôt d'un vert bronzé brillant, tantôt d'un bronzé cuivreux plus on moins obscur et quelquefois tout-à-fait noire.

Tête presque lisse, avec les antennes noires.

Corselet un peu plus court, plus lisse, un peu plus arrondi sur les côtés antérieurement, un peu plus rétréci postérieurement; l'impression transversale postérieure moins enfoncée; l'impression longitudinale de chaque côté de la base un peu rugueuse sur les bords; le bord antérieur un peu moins échancré; légèrement sinué, les côtés à peine crénelés près de la base, la base un peu moins échancrée dans son milieu.

Élytres un peu plus allongées; les stries moins marquées et très-légèrement ponctuées; les intervalles tout-à-fait planes; les points enfoncés des troisième, cinquième et septième moins marqués, plus petits et plus arrondis, les points du cinquième intervalle quelquefois tout-à-fait effacés.

Dessous du corps tantôt d'un noir un peu verdâtre ou

bronzé et tantôt tout-à-fait noir, avec les pattes entièrement noires.

Elle est commune dans les montagnes de la Suisse.

104. F. Xatartii.

Pl. 146. fig. 3.

Aptera, nigra; thorace subcordato, postice utrinque bistriato; elytris obscure æneis, planiusculis, oblongo-ovatis, subparallelis, subtiliter striatis, striis absolete punctatis, interstitio tertio linea punctorum impresso.

Dej. *Spec.* III. p. 366. n° 151.

Long. 5 $\frac{3}{4}$, 6 $\frac{1}{2}$ lignes. Larg. 2, 2 $\frac{1}{2}$ lignes.

Très-voisine de la *Jurinei*, mais plus grande.

Tête et corselet toujours tout-à-fait noirs.

Corselet un peu plus long, moins rétréci postérieurement; les côtés ayant quelques légères dentelures à peine distinctes près des angles postérieurs.

Élytres d'un bronzé obscur un peu verdâtre ou légèrement cuivreux; les points enfoncés du troisième intervalle plus petits et moins fortement marqués.

Elle se trouve dans la vallée d'Eyna et dans les montagnes au-dessus de Prats-de-Molo.

105. F. Jurinei.

Pl. 146. fig. 4.

Aptera; capite thoraceque subcordato, postice utrinque bistriato, obscure æneis vel nigris; elytris cupreo vel obscure æneis, planiusculis, oblongo-ovatis, subparallelis, subtiliter striatis, striis obsolete punctatis, interstitio tertio linea fovearum impresso; antennis pedibusque nigris.

Dej. *Spec.* iii. p. 366. n° 152.
Carabus Jurine. Panzer. *Fauna Germ.* 89. n° 7.
Carabus Jurini. Sch. *Syn. Ins.* i. p. 186. n° 94.
Carabus Jurinii. Duftschmid. ii. p. 156. n° 204.
Pterostichus Jurinii. Sturm. v. p. 20. n° 9.
Pterostichus Jurinei. Dej. *Cat.* p. 12.
Var. A. *Pterostichus Zahlbrucknerii.* Gysselen.
Var. B. *Pterostichus Heidenii.* Findel.
Var. C. *Pterostichus Clairvillii.* Sturm. *Catal.* p. 188.

Long. 5 $\frac{1}{3}$, 5 $\frac{3}{4}$ lignes. Larg. 1 $\frac{3}{4}$, 2 lignes.

A peu près de la taille de la *Nigrita* et d'un bronzé obscur en dessus, quelquefois presque tout-à-fait noire sur la tête et le corselet, et d'un bronzé plus ou moins cuivreux sur les élytres.

Tête ovale, presque lisse.

Corselet plus large que la tête, un peu moins long que large, assez plane, légèrement cordiforme et peu rétréci postérieurement; la ligne médiane assez marquée; l'impression transversale antérieure à peine sensible; la postérieure fortement marquée; deux impressions longitudinales assez fortement marquées de chaque côté de la base, dont l'extérieure beaucoup plus courte; le bord antérieur assez échancré; les côtés rebordés; les angles postérieurs coupés carrément; la base un peu échancrée dans son milieu.

Élytres un peu plus larges que le corselet, peu allongées, très-légèrement ovales, presque parallèles, assez planes, presque arrondies et à peine sinuées près de l'extrémité; les stries peu marquées et très-légèrement ponctuées; les intervalles presque planes; une ligne de quatre à cinq gros points enfoncés occupant toute la largeur du troisième.

Dessous du corps et pattes noirs. Dernier anneau de l'abdomen des mâles offrant une crête longitudinale élevée.

Elle se trouve assez communément dans les montagnes de l'Autriche, de la Styrie et de la Suisse.

106. F. Externepunctata.

Pl. 146. fig. 5.

Aptera, supra cupreo vel viridi-œnea; thorace subquadrato, lateribus rotundatis, postice utrinque bistriato;

elytris planiusculis, oblongo-ovatis, subtiliter striatis, interstitiis alternatim linea punctorum impressis, tertio quintoque sæpe impunctatis; antennis pedibusque nigris.

DEJ. *Spec.* III. p. 369. n° 153.
Pterostichus Externepunctatus. STURM. *Cat.* p. 188.
DEJ. *Cat.* p. 112.
VAR. *Pterostichus Sinuatopunctatus.* BONELLI. DEJ. *Cat.* p. 12.

Long. 5 $\frac{3}{4}$, 6 $\frac{1}{4}$ lignes. Larg. 2 $\frac{1}{4}$, 2 $\frac{2}{3}$ lignes.

Plus grande que la *Jurinei*, et ordinrairement en dessus d'un bronzé cuivreux très-brillant, et quelquefois un peu verdâtre et plus ou moins obscur.

Tête ovale presque lisse, avec quelques rides irrégulières peu distinctes.

Corselet presque le double plus large que la tête, moins long que large, presque carré, légèrement arrondi sur les côtés et assez plane; les rides transversales ondulées, assez serrées et assez distinctes; la ligne médiane peu marquée; l'impression transversale antérieure peu apparente; la postérieure assez marquée, mais moins que dans la *Jurinei;* de chaque côté de la base, une impression longitudinale fortement marquée, assez longue et assez large, et une autre beaucoup plus courte près de l'angle postérieur; le fond de ces impressions très-légèrement ponctué et un peu rugueux; le bord antérieur assez fortement échancré; les côtés rebordés, un peu relevés, ayant près de l'angle postérieur une petite crénelure; la base légèrment échancrée dans son milieu.

Élytres plus larges et plus ovales que celles de la *Jurinei*; les stries peu marquées et très-légèrement ponctuées; les intervalles presque planes; une rangée de points enfoncés assez petits et plus ou moins marqués sur les troisième, cinquième et septième; les points des troisième et cinquième intervalles peu nombreux, et souvent complètement effacés; les autres, au contraire, toujours marqués.

Dessous du corps d'un noir un peu verdâtre, avec les pattes noires. Dernier anneau de l'abdomen des mâles offrant une ligne élevée un peu plus saillante vers sa base.

Elle se trouve assez communément dans les Alpes de la Suisse, de la France et de l'Italie.

107. F. Multipunctata.

Pl. 147. fig. 1.

Aptera, supra cupreo vel obscuro-ænea; thorace breviore, cordato, postice utrinque bistriato; elytris planiusculis, oblongo-ovatis, subparallelis, subtiliter striatis, interstitiis alternatim linea punctorum impressis, quinto sæpe impunctato; antennis pedibusque nigris.

Dej. *Spec.* III. p. 370. n° 154.
Pterostichus Multipunctatus. Dej. *Cat.* p. 12.

Long. 5 $\frac{2}{3}$, 6 lignes. Larg. 2 $\frac{1}{4}$, 2 $\frac{1}{3}$ lignes.

Ordinairement un peu plus petite que l'*Externepunctata*, et d'un bronzé cuivreux moins brillant.

Corselet plus court, légèrement cordiforme et un peu rétréci postérieurement; les rides ondulées moins marquées; l'impression transversale postérieure moins distincte; l'impression longitudinale intérieure un peu moins longue; l'extérieure, au contraire, un peu plus longue et plus marquée; les angles postérieurs coupés carrément.

Élytres proportionnellement un peu plus courtes, moins larges, moins ovales, plus parallèles et moins sinuées à l'extrémité, striées et ponctuées à peu près de la même manière; les points du troisième intervalle toujours distincts et un peu plus gros; ceux du cinquième presque toujours effacés.

Dessous du corselet et poitrine d'un noir un peu verdâtre, avec l'abdomen et les cuisses noirs. Jambes et tarses d'un noir un peu brunâtre. Dernier anneau de l'abdomen des mâles offrant une ligne élevée.

Elle se trouve dans les montagnes de la Suisse.

108. F. Spinolæ *Dejean.*

Pl. 147. fig. 2.

Aptera, nigra; thorace breviore, cordato, postice utrinque bistriato; elytris planiusculis, oblongo-ovatis, subparallelis, profunde striatis, striis obsolete punctatis, interstitio tertio linea punctorum impresso.

Dej. *Spec.* III. p. 371. n° 155.

Long. 5 $\frac{3}{4}$, 6 lignes. Larg. 2 $\frac{1}{4}$, 2 $\frac{1}{3}$ lignes.

Très-voisine de la *Multipunctata* par la forme et la grandeur, mais entièrement noire en dessus.

Élytres avec les stries assez fortement marquées et très-légèrement ponctuées, les intervalles un peu relevés; de trois à cinq points enfoncés assez fortement marqués sur le troisième; les cinquième et septième entièrement dépourvus de points.

Le reste comme dans la *Multipunctata*.

Elle se trouve dans les montagnes de la Suisse et de la Ligurie.

109. F. Yvanii. *Dejean.*

Pl. 147. fig. 3.

Aptera, nigra; thorace subquadrato, lateribus subrotundatis, postice utrinque striato; elytris nigro-subæneis, oblongo-ovatis, subparallelis, striatis, striis obsolete punctatis, interstitiis tertio quintoque linea punctorum impressis.

DEJ. *Spec.* III. p. 372. n° 156.
Pterostichus Bilineipunctatus? BONELLI.

Long. 4 $\frac{3}{4}$, 5 $\frac{2}{3}$ lignes. Larg. 1 $\frac{3}{4}$, 2 $\frac{1}{4}$ lignes.

A peu près de la taille de la *Jurinei*, proportionnellement un peu plus large, d'un noir assez brillant sur la tête et le corselet, et d'un noir très-légèrement bronzé sur les élytres.

Tête ovale assez allongée, un peu rétrécie postérieurement.

Corselet presque le double plus large que la tête, moins long que large, presque carré, légèrement arrondi sur les côtés et assez plane; les rides transversales ondulées plus ou moins distinctes; la ligne médiane assez marquée; l'impression transversale antérieure peu apparente; la postérieure plus distincte; deux impressions longitudinales assez fortement marquées de chaque côté de la base; le bord antérieur assez fortement échancré; les côtés légèrement rebordés, assez largement déprimés, tombant presque carrément sur la base, et formant à l'angle postérieur une très-petite dent peu sensible; la base très-légèrement échancrée dans son milieu.

Élytres plus larges que le corselet, assez allongées, très-légèrement ovales, presque parallèles, assez planes, très-légèrement sinuées et presque arrondies à l'extrémité; les stries assez fortemeut marquées, lisses, ou très-légèrement ponctuées; les intervalles presque planes; ordinairement une rangée de quatre à sept points enfoncés assez fortement marqués sur le troisième, et une autre de trois à cinq sur le cinquième; très-rarement une troisième rangée sur le septième intervalle.

Dessous du corps et pattes noirs, très-rarement avec les cuisses ferrugineuses. Dernier anneau de l'abdomen des mâles offrant une petite ligne élevée assez courte.

Elle se trouve très-communément dans les montagnes du département des Basses-Alpes.

110. F. MUHLFELDII. *Dahl.*

Pl. 147. fig. 4.

Aptera, nigra; thorace subquadrato, marginato, postice utrinque bistriato; elytris obscure cupreo-æneis, breviooribus, oblongo-ovatis, subparallelis, subtiliter striatis, striis obsolete punctatis, interstitio tertio linea punctorum impresso; pedibus nigro-piceis.

DEJ. *Spec.* III. p. 374. n° 157.
Carabus Mühlfeldii. DUFTSCHMID. II. p. 157. n° 206.
Pterostichus Mühlfeldii. STURM. V. p. 17. n° 7. T. 107. fig. a. B.
DEJ. *Cat.* III. p. 12.

Long. 5, 5 ½ lignes. Larg. 2, 2 ¼ lignes.

Plus petite que la *Multipunctata*, proportionnellement plus courte et plus large, et entièrement d'un noir assez brillant sur la tête et le corselet, et d'un bronzé obscur ordinairement un peu cuivreux ou légèrement verdâtre sur les élytres.

Tête ovale, point rétrécie postérieurement, presque lisse.

Corselet plus large que la tête, moins long que large, presque carré, légèrement arrondi sur les côtés et un peu convexe dans son milieu; les rides ondulées assez distinctes; la ligne médiane assez marquée; l'impression transversale antérieure en arc de cercle et bien distincte; la postérieure assez fortement marquée; de chaque côté de la base, deux impressions longitudinales presque égales, assez marquées et assez distinctes; le bord antérieur fortement échancré; les angles antérieurs presque aigus; les côtés largement déprimés, assez fortement rebordés et un peu relevés, tombant presque carrément sur la base et se relevant pour former à l'angle postérieur une petite dent assez saillante; la base légèrement échancrée dans son milieu.

Élytres peu allongées, très-légèrement ovales, presque parallèles, très-légèrement convexes, à peine sinuées et presque arrondies à l'extrémité; les stries peu marquées et très-légèrement ponctuées; les intervalles presque planes; une rangée de trois à cinq points enfoncés assez fortement marqués sur le troisième.

Dessous du corps noir, avec les pattes d'un brun noirâtre. Dernier anneau de l'abdomen offrant une petite élévation presque arrondie et assez obtuse.

Elle se trouve dans les montagnes de la Carinthie.

III. F. Metallica.

Pl. 147. fig. 5.

Aptera, supra cupreo-ænea; thorace breviore, quadrato, postice utrinque bistriato; elytris brevioribus, subparallelis, obsolete striatis, interstitio tertio postice punctis duobus impresso.

Dej. *Spec.* III. p. 375. n° 158.
Carabus Metallicus. Fabr. *Sys. El.* I. p. 189. n° 102.
Sch. *Syn. Ins.* I. p. 193. n° 142.
Duftschmid. II. p. 68. n° 69.
Pterostichus Metallicus. Sturm. V. p. 15. n° 6
Abax Metallicus. Dej. *Cat.* p. 12.

Long. 5 $\frac{3}{4}$, 6 $\frac{1}{2}$ lignes. Larg. 2 $\frac{1}{2}$, 2 $\frac{3}{4}$ lignes.

Voisine, par la forme, des *Abax* de Bonelli, et surtout de l'*Ovalis*, mais moins large et d'un bronzé cuivreux assez brillant.

Têle ovale, à peine rétrécie postérieurement.

Corselet puls large que la tête, moins long que large, assez court, presque carré, très-légèrement arrondi sur les côtés et presque plane; les rides ondulées peu distinctes; la ligne médiane et l'impression transversale postérieure bien marquées; l'impression transversale antérieure presque en arc de cercle, moins fortement marquée;

de chaque côté de la base, deux impressions longitudinales bien distinctes; le bord antérieur assez fortement échancré; les côtés rebordés et assez fortement déprimés, surtout vers la base; la base assez fortement échancrée.

Élytres plus larges que le corselet, très-courtes, presque parallèles, assez planes, presque arrondies à l'extrémité; les stries à peine marquées et presque effacées, avec une forte loupe paraissant très-légèrement ponctuées; les intervalles planes; deux points enfoncés distincts sur le troisième.

Dessous du corselet et de la poitrine d'un noir bronzé un peu verdâtre; abdomen d'un noir obscur, avec les jambes et les tarses d'un brun roussâtre. Dernier anneau de l'abdomen offrant une ligne élevée, dont le milieu est plus saillant.

Elle se trouve dans les parties orientales de la France, en Suisse, en Allemagne et dans les différentes provinces de l'Autriche, particulièrement dans les bois et les mongnes.

112. F. Transversalis.

Pl. 147. fig. 6.

Aptera, nigra; thorace quadrato, postice transverse impresso, utrinque bistriato; elytris brevioribus, subparallelis, striatis, interstitio tertio punctis tribus impresso, margine laterali subcarinato.

DEJ. *Spec.* III. p. 377. n° 159.
Carabus Transversalis? DUFTSCHMID. II. p. 65. n° 65.
Pterostichus Transversalis. STURM. V. p. 26. n° 12. T. 107. fig. f. d.
Abax Transversalis. DEJ. *Cat.* p. 12.

Long. 6 $\frac{1}{3}$, 7 lignes. Larg. 2 $\frac{2}{3}$, 2 $\frac{3}{4}$ lignes.

Un peu voisine par sa forme de la *Metallica,* mais ordinairement un peu plus grande, proportionnellement un peu plus étroite et entièrement d'un noir assez brillant.

Corselet un peu plus long, un peu rétréci antérieurement et un peu plus arrondi sur les côtés; l'impression transversale postérieure plus fortement marquée; les angles antérieurs un peu plus aigus; les côtés plus relevés, surtout vers la base, et presque en carène; la base un peu moins échancrée dans son milieu.

Élytres un peu plus allongées, plus planes, leurs bords plus relevés et presque en carène; les stries lisses et assez fortement marquées; les intervalles un peu relevés; trois points enfoncés distincts sur le troisième.

Dessous du corps et pattes noirs. Dernier anneau de l'abdomen des mâles à peu près comme dans la *Metallica.*

Elle se trouve assez communément sous les pierres, en Autriche et en Styrie, dans les bois humides et les montagnes.

HUITIÈME DIVISION.

Abax. *Bonelli*.

113. F. Striola.

Pl. 148. fig. 1.

Aptera, nigra, lata; thorace quadrato, postice utrinque bistriato; elytris planiusculis, parallelis, striatis, striis obsolete punctatis, linea laterali subcarinata, margineque linea punctorum impresso.

Dej. *Spec.* iii. p. 378. n° 160.
Carabus Striola. Fabr. *Sys. El.* i. p. 188. n° 99.
Sch. *Syn. Ins.* i. p. 192. n° 139.
Duftschmid. ii. p. 63. n° 61.
Harpalus Striola. Gyllenhal. ii. p. 124. n° 36. et iv. p. 441. n° 36.
Abax Striola. Sturm. iv. p. 147. n° 1. t. 100.
Dej. *Cat.* p. 12.
Carabus Depressus. Oliv. iii. 35. p. 54 n° 63. t. 4. fig. 46.
Var. *Abax Subpunctatus.* Ziegler.

Long. 7 $\frac{1}{2}$, 9 $\frac{1}{2}$ lignes. Larg. 3, 4 lignes.

Plus grande et proportionnellement plus large que la *Melanaria*, d'un noir brillant dans les mâles et d'un noir mat dans les femelles.

Tête grande, ovale, à peine rétrécie postérieurement, presque lisse.

Corselet grand, presque le double plus large que la tête, moins long que large, presque carré, un peu rétréci antérieurement et assez plane; les lignes ondulées assez distinctes; la ligne médiane assez marquée; les deux impressions transversales peu sensibles, de chaque côté de la base, deux impressions longitudinales fortement marquées, assez longues, presque égales; le bord antérieur assez fortement échancré; les côtés rebordés et un peu relevés; les angles postérieurs coupés carrément et presque aigus; la base assez fortement échancrée dans son milieu.

Élytres peu allongées, presque parallèles, à peu près de la largeur du corselet, un peu plus larges au milieu, assez planes, très-légèrement sinuées et presque arrondies à l'extrémité; le rebord de la base lisse, assez grand, un peu plus large que le reste des élytres, dont il est séparé par une ligne fortement marquée; neuf stries sur chacune, et le commencement d'une dixième à la base; les troisième, quatrième, cinquième et sixème se réunissant deux à deux et n'atteignant pas l'extrémité; ces stries assez marquées, lisses, ou très-légèrement ponctuées dans les mâles, et assez distinctement ponctuées dans les femelles; les intervalles légèrement relevés dans les mâles et planes dans les femelles ; le septième assez relevé dans les deux sexes, et formant une ligne qui part de l'angle de la base, se prolonge le long du bord extérieur jusque près de la suture, et paraît plus saillante près de la base et de l'extrémité.

Dessous du corps et pattes noirs.

Elle se trouve communément sous les pierres, principalement dans les bois et les montagnes, en France, en Suisse, en Allemagne, dans les différentes provinces de l'Autriche et en Pologne ; elle est très-rare en Suède.

114. F. Pyrenæa.

Pl. 148. fig. 2.

Aptera, nigra; thorace quadrato, postice utrinque bistriato ; elytris planiusculis, parallelis, striatis, striis obsolete punctatis, linea laterali subcarinata.

Dej. *Spec.* III. p. 380. n° 161.

Long. 6, 7 ¾ lignes. Larg. 2 ⅓, 3 lignes.

Très-voisine de la *Striola*, mais plus petite et proportionnellement plus étroite.

Tête un peu plus lisse.

Corselet un peu plus étoit, surtout postérieurement, avec les deux impressions longidinales moins distinctes et presque réunies.

Élytres plus étroites et un peu plus planes, striées à peu près de la même manière ; la ligne élevée du septième intervalle, dans les mâles, tout-à-fait semblable à celle de la *Striola*, plus saillante dans les femelles et formant une côte élevée.

Dessous du corps et pattes comme dans la *Striola.*

Elle se trouve dans les Pyrénées-Orientales.

115. F. Exarata. *Bonelli.*

Pl. 148. fig. 3.

Aptera, nigra; thorace quadrato, postice utrinque bistriato; elytris planiusculis, parallelis, postice sublatioribus, striatis, linea laterali subcarinata.

Dej. *Spec.* III. p. 381. n° 162.
Abax Exaratus. Dej. *Cat.* p. 12.

Long. 6 $\frac{1}{2}$, 7 lignes. Larg. 2 $\frac{1}{2}$, 2 $\frac{3}{4}$ lignes.

Plus petite et proportionnellement plus étroite que la *Striola*.

Tête un peu plus étroite, plus allongée, moins lisse.

Corselet un peu plus long, plus étroit, et un peu rétréci postérieurement; les deux impressions longitudinales de chaque côté de la base un peu moins marquées, non réunies; les angles postérieurs un peu plus aigus; la base plus échancrée dans son milieu.

Élytres proportionnellement plus étroites, un peu rétrécies à leur base, un peu plus larges au delà du milieu et plus planes; les stries ne paraissant pas ponctuées; les intervalles un peu plus relevés, surtont dans les mâles; le septième, au contraire, un peu moins saillant vers la base et vers l'extrémité, et ne formant pas de côte élevée dans la femelle, comme dans la *Pyrenæa*.

Dessous du corps et pattes noirs, avec les tarses d'un brun roussâtre.

Elle se trouve dans les montagnes du Piémont.

116. F. Oblonga. *Dejean*.

Pl. 148. fig. 4.

Aptera, nigra; thorace quadrato, postice subangustato, utrinque bistriato; elytris planiusculis, parallelis, postice sublatioribus, striatis, margine linea punctorum impresso.

Dej. *Spec.* v. *Suppl.* p. 777. n° 221.

Long. 6 ½, 7 lignes. Larg. 2 ⅓ lignes.

Voisine de l'*Exarata*, mais plus petite et proportionnellement un peu plus étroite.

Tête un peu moins allongée.

Corselet un peu plus étroit, un peu rétréci postérieurement, avec les angles postérieurs un peu moins aigus.

Élytres un peu plus étroites, les stries moins fortement

marquées ; les intervalles moins relevés ; le septième ne formant pas de ligne saillante.

Dessous du corps et pattes comme dans l'*Exarata*.

Elle se trouve en Italie.

117. Parallelipipeda. *Megerle*.

Pl. 148. fig. 5.

Aptera, nigra, lata ; thorace quadrato, postice utrinque bistriato; elytris planiusculis, parallelis, striatis, striis obsolete punctatis, margineque linea punctorum impresso.

Dej. *Spec.* III. p. 382. n° 163.
Abax Parallelipipedus. Dej. *Cat.* p. 12.

Long. 6, 6 ½ lignes. Larg. 2 ½ 2 ¾ lignes.

Voisine de la *Striola*, mais beaucoup plus petite.

Corselet un peu plus long, un peu plus étroit, surtout postérieurement, et un peu plus lisse ; les rides ondulées à peine distinctes; les impressions longitudinales de chaque côté de la base un peu moins profondément marquées ; les angles postérieurs un peu plus relevés, un peu plus aigus; la base un peu plus échancrée dans son milieu.

Élytres un peu plus parallèles, moins larges postérieurement, un peu plus planes, et d'un noir un peu plus mat et plus terne dans les femelles ; les stries un peu plus marquées, surtout dans les mâles, lisses, ou très-légèrement ponctuées; les intervalles très-peu relevés dans les mâles, et planes dans les femelles; le septième moins fortement relevé près de la base et vers l'extrémité.

Dessous du corps et pattes noirs, avec les tarses d'un brun roussâtre.

Elle se trouve en Autriche et en Styrie.

118. F. LATA. *Megerle.*

Pl. 148. fig. 6.

Aptera, nigra, lata; thorace quadrato, postice utrinque impresso, punctato, obsolete bistriato; elytris planiusculis, parallelis, striato-punctatis, linea laterali subcarinata.

DEJ. *Spec.* III. p. 383. n° 164.
Abax Latus. DAHL. *Coleoptera und Lepidoptera.* p. 9.

Long. 7 $\frac{1}{3}$, 7 $\frac{3}{4}$ lignes. Larg. 3, 3 $\frac{1}{4}$ lignes.

Très-voisine de la *Carinata*, dont elle n'est peut-être qu'une variété; plus grande et proportionnellement un peu plus allongée.

Corselet un peu moins large postérieurement; les côtés un peu plus arrondis; les angle postérieurs moins aigus.

Élytres un moins courtes; les intervalles moins relevés, presque planes, le septième formant une côte moins saillante.

Elle se trouve dans le Bannat, en Hongrie.

119. F. Carinata.

Pl. 148. fig. 1.

Aptera, nigra, lata; thorace quadrato, postice utrinque impresso, punctato, obsolete bistriato; elytris brevioribus, planiusculis, parallelis, striato-punctatis; interstitiis subcarinatis.

Dej. *Spec.* III. p. 383. n° 165.

Carabus Carinatus. Duftschmid. II. 66. n° 66.

Abax Carinatus. Sturm. IV. p. 152. n° 3. T. 101. fig. a. A.

Dej. *Cat.* p. 12.

Var. A. *Carabus Porcatus.* Duftschmid. II. p. 66. n° 67.

Abax Porcatus. Sturm. IV. p. 154. n° 4. T. 101. fig. b. B.

Var. B. *Abax Crenatus.* Dahl. *Coleoptera und Lepidoptera.* p. 8.

Long. 6, 7 lignes. Larg. 2 $\frac{1}{3}$, 3 lignes.

Plus petite et proportionnellemet plus courte que la *Striola*.

Tête plus lisse et un peu moins allongée.

Corselet plus court ; les rides ondulées un peu plus distinctes ; de chaque côté de le base une impression assez grande, couverte dans le fond de points enfoncés très-serrés et de rides irrégulières qui le font paraître rugueux ; en outre, deux autres impressions longitudinales seulement, bien distinctes vers leur extrémité ; le bord antérieur un peu plus échancré ; la base un peu plus échancrée dans son milieu.

Élytres plus courtes; les stries ordinairement très-marquées, surtout dans les mâles, et toujours assez fortement ponctuées; les intervalles plus ou moins relevés, quelquefois formant des côtes très-saillantes et quelquefois presque planes, toujours moins relevées dans les femelles que dans les mâles ; le septième intervalle formant toujours une côte assez saillante dans toute sa longueur.

Dessous du corps et pattes noirs.

Elle se trouve sous les pierres, en Autriche, en Illyrie, en Hongrie ; elle est très-commune en Styrie.

Le *Carabus Porcatus* de Duftschmid n'est qu'une variété de cette espèce, qui est ordinairement un peu plus étroite, dont les stries des élytres sont plus fortement ponctuées, et dont les intervalles sont plus relevés et forment des côtes très-saillantes et presque aiguës.

Dans l'*Abax Crenatus* de Dahl, les stries des élytres

sont moins fortement ponctuées, et les intervalles sont peu relevés et presque planes. Elles se trouve en Hongrie, dans le Bannat.

Ces deux variétés ne sont pas constantes, et l'on trouve tous les passages intermédiaires.

120. F. Ovalis. *Megerle.*

Pl. 149. fig. 2.

Aptera, nigra, lata; thorace subquadrato, antice angustato, postice utrinque bistriato; elytris brevioribus, subparallelis, striatis, margineque linea punctorum impresso.

Dej. *Spec.* III. p. 385. n° 166.
Carabus Ovalis. Duftschmid. II. p. 64. n° 63.
Abax Ovalis. Sturm. IV. p. 150. n° 2. t. 102. fig. a.
Dej. *Cat.* p. 12.
Carabus Platysma. Hoffmansegg.
Carabus Platys? Herbst. *Arch.* p. 140. n° 52.
Sch. *Syn. Ins.* I. p. 225. n° 330.
Carabus Frigidus? Fabr. *Sys. El.* I. p. 189. n° 103.
Sch. *Syn. Ins.* I. p. 193. n° 143.

Long. 6, 7 lignes. Larg. 2 $\frac{1}{2}$, 3 lignes.

Beaucoup plus petite que la *Striola*, proportionnellement plus courte et beaucoup plus large, et entièrement d'un noir assez brillant dans les deux sexes.

Tête proportionnellement plus petite, plus lisse.

Corselet plus court, plus rétréci antérieurement, plus large postérieurement et presque en trapèze; les deux impressions transversales un peu plus distinctes; les deux impressions longitudinales de chaque côté de la base un peu plus larges et un peu moins marquées; le bord antérieur plus fortement échancré; les angles antérieurs plus aigus; les côtés un peu plus fortement rebordés, la base un peu plus échancrée dans son milieu.

Élytres beaucoup plus courtes, un peu moins planes; les stries lisses et assez marquées; les intervalles très-légèrement relevés dans les deux sexes; le septième guère plus relevé que les autres, excepté vers la base où il forme presque une ligne saillante qui va se joindre à l'angle huméral.

Dessous du corps et pattes noirs, avec les tarses d'un brun roussâtre.

Elle se trouve dans le nord et les parties orintales de la France, en Allemagne et dans différentes provinces de l'Autriche.

121. F. Parallela.

Pl. 149. fig. 3.

Aptera, nigra; tharace quadrato, postice utrinquè bistriato; elytris parallelis, striatis, striis obsolete punctatis, margineque linea punctorum impresso.

DEJ. *Spec.* III. p. 386. n° 167.

Carabus Parallelus. DUFTSCHMID. II. p. 64. n° 64.

Abax Parallelus. STURM. IV. p. 156. n° 5. T. 102. fig. b.

DEJ. *Cat.* p. 12.

Carabus Saxatilis. PANZER. GERMAR. *Reise nach Dalmatien.* p. 194. n° 76.

Carabus Fossula. KNOCH.

Long. 6 $\frac{1}{2}$, 8 $\frac{1}{4}$ lignes. Larg. 2 $\frac{1}{4}$, 3 lignes.

Plus petite que la *Striola*, proportionnellement un peu plus étroite et d'un noir assez brillant dans les deux sexes.

Tête un peu plus lisse.

Corselet plus étroit, non rétréci antérieurement; les deux impressions longitudinales de chaque côté de la base un peu moins marquées, avec l'intervalle qui les sépare un peu moins relevé.

Élytres un peu plus étroites et moins planes; les stries un peu plus marquées et très-légèrement ponctuées; les intervalles très-légèrement relevés dans les deux sexes; le septième guère plus élevé que les autres, excepté vers la base, où il forme presque une ligne saillante qui va se joindre à l'angle huméral.

Dessous du corps et pattes noirs, avec les tarses d'un brun un peu roussâtre.

Elle se trouve en France, en Allemagne et en Pologne.

122. F. BECKENHAUPTII. *Dahl.*

Pl. 149. fig. 4.

Aptera, nigra; thorace quadrato, postice utrinque bistriato; elytris planiusculis, parallelis, striatis, striis obsolete punctatis margineque linea punctorum impresso; antennis pedibusque rufo-piceis.

DEJ. *Spec.* III. p. 387. n° 168.
Carabus Beckenhauptii. DUFTSCHMID. II. p. 67. n° 68.
AHRENS. *Fauna Ins. Europ.* I. T. 8.
Pterostichus Beckenhauptii. STURM. V. p. 27. n° 13. T. 106. fig. d.
Abax Beckenhauptii. DEJ. *Cat.* p. 12.

Long. 6 $\frac{1}{2}$, 7 lignes. Larg. 2 $\frac{1}{2}$, 2 $\frac{2}{3}$ lignes.

Plus petite que la *Striola*, proportionnellement plus étroite et d'un noir assez brillant, avec les bords latéraux du corselet et des élytres quelquefois un peu roussâtres dans les deux sexes, et les élytres d'un noir mat un peu terne dans la femelle.

Tête un peu moins allongée.

Corselet un peu plus long, plus étroit, surtout vers la base; l'impression transversale antérieure assez distincte, formant un angle sur la ligne du milieu; la postérieure assez fortement marquée; les deux impressions longitudinales de chaque côté de la base un plus rapprochées et moins fortement marquées; le bord antérieur plus fortement échancré; les côtés plus relevés, surtout vers les angle postérieurs; la base un peu plus échancrée dans son milieu.

Élytres plus étroites, plus planes; bords latéraux un peu relevés et presque en carène; l'angle de la base presque arrondi; les stries assez marquées, lisses, ou très-légèrement ponctuées; les intervalles un peu relevés dans les mâles, et tout-à-fait planes dans les femelles; le septième pas plus saillant que les autres.

Dessous du corps d'un brun plus ou moins roussâtre avec les pattes d'un rouge-ferrugineux un peu obscur.

Elle se trouve dans les Alpes de la Carinthie.

123. F. Interrupta.

Pl. 149. fig. 5.

Aptera, nigra; thorace quadrato, postice utrinque bistriato; elytris nigro-piceis, planiusculis, oblongo-ovatis, subparallelis, strigis undatis interruptis confluentibus.

Dej. *Spec.* III. p. 389. n° 169.
Pœcilus Interruptus. Gebler.

Long. 7, 8 ½ lignes. Larg. 2 ¾, 3 ½ lignes.

Un peu plus petite que la *Striola*, d'un noir assez brillant sur la tête et le corselet, et d'un brun obscur plus ou moins roussâtre sur les élytres.

Tête un peu plus étroite et plus allongée.

Corselet presque le double plus large que la tête, moins long que large, presque carré, très-légèrement arrondi sur les côtés et presque plane ; les rides transversales ondulées plus ou moins distinctes ; la ligne médiane assez marquée ; l'impression transversale antérieure également assez marquée, et formant un angle sur la ligne du milieu ; la postérieure peu distincte ; toute la base couverte de petit points enfoncés très-serrés et de rides irrégulières ; de chaque côté, deux impressions longitudinales peu marquées, surtout l'extérieure; le bord antérieur assez échancré ; les côtés assez largement rebordés ; un peu relevés et presque en carène; les angles postérieurs coupés carrément ; la base un peu échancrée dans son milieu.

Élytres assez allongées, presque parallèles dans les mâles, légèrement ovales dans les femelles, assez planes et légèrement sinuées à l'extrémité; les bords latéraux assez relevés et presque eu carène, surtout dans les femelles ; les stries remplacées par des rides irrégulières ordinairement longitudinales, mais souvent de formes très-variées, plus ou moins longues, se joignant ensemble sans aucun ordre, plus fortement marquées dans les mâles, avec les intervalles plus relevés.

Dessous du corps et pattes noirs.

Elle se trouve en Daourie, dans la Sibérie orientale.

124. F. Schuppelii.

Pl. 149. fig. 6.

Aptera, nigra; thorace subcordato, postice bistriato, lateribus subrotundatis; elytris elongatis, subparallelis, striato-punctatis, interstitiis alternatim costatis.

Dej. *Spec.* iii. p. 395. n° 174.
Abax Schüppelii. Dahl. *Coleopt. und. Lepidopt.* p. 9.
Palliardi. *Beschreibung zweyer decaden neuer und wenig bekannter Carabicinen.* p. 43. t. 4. fig. 20. 21.

Long. 9 $\frac{3}{4}$, 11 lignes. Larg. 3 $\frac{1}{2}$, 4 $\frac{1}{4}$ lignes.

Plus grande que la *Striola*, proportionnellement beaucoup plus allongée, d'un noir assez brillant dans les mâles, et d'un noir mat et un peu plus terne sur les élytres des femelles.

Tête assez grande, avale, un peu rétrécie postérieurement, presque lisse.

Corselet plus large que la tête, moins long que large, presque carré, un peu arrondi sur les côtés et assez plane; les rides ondulées assez rapprochées et assez marquées; la ligne médiane assez marquée; l'impression transversale antérieure en arc de cercle et peu distincte; la postérieure à peine sensible; de chaque côté de la base, deux impressions longitudinales assez longues, fortement marquées réunies à leur base, et dont le fond est assez fortement rugueux; le bord antérieur assez échancré; les angles antérieurs presque arrondis; les côtés rebordés; les angles postérieurs coupés presque carrément et un peu obtus; la base assez fortement échancrée dans son milieu.

Élytres allongées, presque parallèles, un peu plus larges au delà du milieu, assez planes, légèrement sinuées, presque arrondies à l'extrémité; le rebord de la base moins marqué que dans la *Striola*, mais bien distinctes et formant une petite dent preque saillante; les stries très-fortement marquées et très-fortement ponctuées; les points très-serrés et presque transversaux, un peu irréguliers, faisant paraître le fond des stries rugueux; les intervalles très-relevés et presque arrondis; les premier, troisième, cinquième et septième plus relevés, plus larges, plus lisses que les autres, formant presque des côtes saillantes; dans les femelles, les stries moins marquées et finement ponctuées; les second, quatrième et sixième intervalles presque planes; les autres presque aussi élevés que daus les mâles, mais moins arrondis et presque en carène.

Dessous du corps et pattes noirs.

Elle se trouve dans le Bannat, en Hongrie.

NEUVIÈME DIVISION.

PERCUS. *Bonelli.*

125. F. CORSICA. *Latreille.*

Pl. 150. fig. 1.

Aptera, nigra; thorace cordato, postice utrinque striato; elytris planiusculis, elongatis, subparallelis, obsolete striato-punctatis, interstitio septimo subcostato.

DEJ. *Spec.* III. p. 397. n° 175.
Abax Corsicus. DEJ. *Cat.* p. 13.
Abax Lævigatus. STURM. *Catal.* p. 87.

Long. 10, 11 lignes. Larg. 3, 4 lignes.

Plus grande que la *Striola*, proportionnellement plus étroite et d'un noir assez brillant sur la tête et le corselet, plus mat et plus terne sur les élytres dans les deux sexes.

Tête grande, ovale, un peu rétrécie postérieurement, presque lisse, avec quelques rides irrégulières.

Corselet plus large que la tête, moins long que large, en cœur rétréci postérieurement et très-plane; les rides ondulées peu distinctes; la ligne médiane assez marquée;

l'impression transversale antérieure en arc de cercle et peu sensible ; la postérieure assez fortement marquée ; de chaque côté de la base, une impression longitudinale assez longue et fortement marquée, lisse dans le fond ; le bord antérieur peu échancré et légèrement sinué ; les angles autérieurs presque arrondis ; les côtés légèrement rebordés ; les angles postérieurs coupés carrément ; la base assez fortement échancrée dans son milieu.

Élytres plus larges que le corselet, allongées, presque parallèles, un peu plus larges au delà du milieu, très-planes, légèrement sinuées et presque arrondies à l'extrémité ; les bords latéraux un peu relevés et presque en carène ; les stries très-peu marquées et très-légèrement ponctuées ; les intervalles très-légèrement relevés dans les mâles, presque planes dans les femelles ; le septième formant toujours une ligne assez saillante, qui se prolonge depuis l'angle de la base jusqu'à l'extrémité des élytres.

Dessous du corps et pattes noirs.

Elle se trouve assez communément en Corse.

126. F. Genei.

Pl. 150. fig. 2.

Aptera, nigra; thorace elongato, cordato, postice utrinque stirato; elytris planiusculis, elongatis, parallelis, striato-punctatis.

Dej. *Spec.* v. *Suppl.* p. 778. n° 222.

Long. 13 lignes. Larg. 4 lignes.

Très-voisine de la *Passerinii*, dont elle n'est peut-être qu'une variété.

Corselet un peu plus saillant.

Élytres à peu près de la même forme, striées à peu près de la même manière; mais les troisième, cinquième et septième intervalles pas plus relevés que les autres.

Elle se trouve dans le midi de l'Italie.

127. F. Passerinii.

Pl. 150. fig. 3.

Aptera, nigra; thorace elongato, cordato, postice utrinque striato; elytris planiusculis, elongatis, parallelis striato-punctatis, intestitiis alternatim subcostatis.

Dej. *Spec.* III p. 399. n° 176.
Carabus Paykullii. Passerini.

Long. 12, 14 ½ lignes. Larg. 3 ½, 4 ½ lignes.

Plus grande que la *Corsica*, un peu moins déprimée et proportionnellement plus étroite.

Tête un peu plus grande et un peu plus convexe.

Corselet plus allongé, un peu moins large antérieurement, moins arrondi sur les côtés et moins plane; les deux impressions transversales peu distinctes; l'impression longitudinale de chaque côté de la base un peu moins longue, aussi fortement marquée; le bord autérieur un peu plus sinué : les côtés offrant quelques petites dentelures très-peu marquées et assez éloignées les unes des autres; la base moins échancrée dans son milieu.

Élytres plus longues, plus étroites, plus parallèles et moins planes; les bords latéraux un peu moins relevés et moins en carène; la dépression de la base un peu plus forte, moins transversale; les stries assez marquées, finement ponctuées; les intervalles très-légèrement relevés; les troisième, cinquième et septième plus fortement que les autres, et formant trois lignes assez saillantes; le cinquième se réunissant à l'angle huméral avec le septième.

Pattes un peu plus courtes et un peu plus fortes que dans la *Corsica*.

Elle se trouve en Toscane.

128. F. Bilineata.

Pl. 150. fig. 4.

Aptera, nigra; thorace cordato, postice utrinque stiato; elytris planiusculis, ovatis, striatis; striis obsolete punctatis, interstitiis alternatim subcostatis.

Dej. *Spec.* iii. p. 400. n° 177.

Long. 8 lignes. Larg. 2 $\frac{3}{4}$ lignes.

Plus petite que la *Corsica*, et proportionnellement moins allongée.

Tête un peu plus arrondie.

Corselet un peu plus rétréci postérieurement, les rides transversales ondulées moins distinctes ; les impressions transversales à peine sensibles ; l'impression longitudinale de chaque côté de la base plus fortement marquée, un peu arquée ; plus longue, et remontant jusqu'au milieu du corselet ; le bord antérieur un peu plus sinué ; la base un peu moins échancrée dans son milieu.

Élytres plus courtes, plus larges et en ovale plus allongé ; la dépression de la base à peu près comme dans la *Passerinii* ; les stries assez marquées, très-légèrement ponctuées ; les intervalles légèrement relevés ; les troisième, cinquième et septième un peu plus que les autres, et formant trois lignes assez saillantes ; les huitième et neuvième formant aussi deux lignes très-minces assez distinctes.

Les pattes un peu plus fortes et un peu plus courtes que celles de la *Corsica*.

Elle se trouve aux environs de Naples.

129. F. Plicata. *Dupont.*

Pl. 100. fig. 5.

Aptera, nigra; thorace subquadrato, postice subangustato, utrinque striato; elytris planiusculis, subparallelis, obsoletissime striatis, transversim rugosis, lineola humerali subcostata.

Dej. *Spec.* iii. p. 401. n° 178.

Long. 8 ½, 9 ½ lignes. Larg. 3, 3 ½ lignes.

Plus petite et proportionnellement moins allongée que la *Corsica*, et d'un noir assez brillant.

Tête grande, ovale, nullement rétrécie postérieurement.

Corselet plus large que la tête, un peu moin long que large, presque carré, un peu rétréci postérieurement et assez plane, couvert de rides transversales ondulées, la ligne médiane fine peu marquée; les impressions transversales peu apparentes; de chaque côté de la base, une impression longitudinale assez longue et peu marquée; le bord autérieur assez échancré, ayant de chaque côté, près des angles antérieurs, une dentelure assez marquée; les côtés rebordés, très-légèrement crénelés; les angles postérieurs coupés carrément; la base assez fortement échancrée dans son milieu.

Élytres un peu plus larges que le corselet, assez allongées, presque parallèles, presque planes, très-légèrement sinuées et presque arrondies à l'extrémité; la dépression de la base à peu près comme dans la *Corsica*, couverte de rides transversales ondulées plus un moins marquées, qui les font paraître comme plissées et presque rugueuses; les stries très-peu marquées, à peine distinctes et presque entièrement effacées; le septième intervalle un peu relevé, formant à la base une ligne saillante très-courte.

Dessous du corps et pattes comme dans la *Corsica*.

Elle se trouve dans les îles Baléares.

130. F. Stricta.

Pl. 151. fig. 1.

Aptera, nigra; thorace elongato-quadrato, postice-utrinque striato; elytris elongatis, parallelis, sublævigatis, lineola humerali subcostata.

Dej. *Spec.* III. p. 402. n° 179.

Long. 8 lignes. Larg. 2 $\frac{1}{2}$ lignes.

Voisine, par la forme, de la *Passerinii*, mais beaucoup plus petite et proportionnellement un peu plus étroite.

Tête un peu plus petite.

Corselet un peu plus large que la tête, un peu plus long que large, presque carré, un peu rétréci postérieurement;

la ligne médiane peu marquée ; les impressions transversales peu apparentes; l'impression longitudinale de chaque côté de la base assez courte et assez fortement marquée ; le bord antérieur un peu échancré et légèrement sinué ; les côtés très-légèrement rebordés; les angles postérieurs coupés carrément ; la base un peu échancrée dans son milieu.

Élytres à peine plus larges que le corselet, allongées ; presque parallèles, un peu plus larges au delà du milieu, très-légèrement convexes et presque arrondies à l'extrémité, paraissant lisses à la vue, et, avec une forte loupe, couvertes de très-petits points enfoncés assez éloignés et de rides oudulées qui s'entrecroisent.

Pattes courtes et assez fortes.

Elle se trouve en Morée et dans les îles de la Grèce.

131. F. Loricata.

Pl. 151. fig. 2.

Apetera, nigra; thorace elongato, subquadrato, postice subangustato, utrinque striato, margine denticulato; elytris oblongo-ovatis, postice latioribus, sublævigatis, obsolete reticulatis, lineola humerali subcostata.

Dej. *Spec.* III. p. 403. n° 180.

Long. 13, 14 lignes. Larg. 4 $\frac{1}{3}$, 4 $\frac{2}{3}$ lignes.

Beaucoup plus grande que la *Corsica*, et entièrement d'un noir assez brillant.

Tête grande, ovale, assez plane, un peu rétrécie postérieurement, presque lisse.

Corselet un peu plus large que la tête, à peu près aussi long que large, presque carré, un peu rétréci postérieurement et assez plane, couvert de rides ondulées assez rapprochées et assez distinctes; la ligne médiane peu marquée; l'impression transversale autérieure en arc de cercle et peu apparente; la postérieure à peine sensible; de chaque côté de la base, une impression longitudinale assez courte et et assez marquée, à fond lisse; le bord antérieur légèrement échancré et assez fortement sinué; les angles antérieurs presque arrondis, les côtés légèrement rebordés et crénelés dans toute leur longueur; les angles postérieurs coupés carrément; la base assez fortement échancrée dans son milieu.

Élytres plus larges que le corselet, un peu plus courtes que la tête et le corselet, très-légèrement ovale, plus larges au delà du milieu, très-légèrement convexes et à peine sinuées près de l'extrémité, couvertes de rides longitudinales ondulées, et de rides transversales irrégulières très-peu marquées qui les font paraître legèrement réticulées; leur extrémité presque rugueuse; une rangée de petits points enfoncés trés-rapprochés les uns des autres le long du bord extérieur.

Pattes grandes et assez fortes.

Elle se trouve assez communément dans les montagnes de l'île de Corse.

132. F. Paykullii.

Pl. 151. fig. 3.

Aptera, nigra ; thorace cordato, postice utrinque striato; elytris oblongo-ovatis, sublævigatis, obsoletissime striato-punctatis, lineola humerali subcostata.

Dej. *Spec.* III. p. 404. n° 132.

Carabus Paykullii. Rossi. *Fauna Etrusca. Mant.* I. p. 72. n° 172. T. 5. fig. c.

Sch. *Syn. Ins.* I. p. 172. n° 21.

Long. 12 lignes. Larg. 4 ½ lignes.

Un peu plus petite que la *Loricata*, et de même d'un noir assez brillant.

Tête grande, ovale, peu allongée, assez plane, peu rétrécie postérieurement, presque lisse, avec quelques rides irrégulières.

Corselet plus large que la tête, moins long que large, en cœur assez rétréci postérieurement et légèrement convexe ; les rides ondulées peu distinctes; la ligne médiane peu marquée ; les deux impressions transversales peu apparentes ; de chaque côté de la base, une impression longitudinale assez longue et assez fortement marquée, à fond lisse; le bord antérieur assez échancré, ne paraissant pas sinué; les angles antérieurs presque arrondis, les côtés assez fortement rebordés, ne paraissant pas crénelés; les angles postérieurs coupés carrément; la base légèrement échancrée dans son milieu.

Élytres plus larges que le corselet, peu allongées; légèrement ovales, presque parallèles, très-légèrement convexes, à peine sinuées et presque arrondies à l'extrémité, paraissant lisses à la vue simple, et, avec une forte loupe, offrant des stries très-fines, très-peu marquées et très-légèrement ponctuées; les points de la huitième plus gros et plus marqués, formant une ligne assez distincte; les intervalles couverts de petites rides irrégulières à peine distinctes, le septième très-légèrement relevé dans toute sa longueur, assez fortement vers sa base; les huitième et neuvième aussi un peu relevés vers l'extrémité.

Pattes fortes, peu allongées.

Elle se trouve en Italie.

133. F. Dejeanii. *Ziegler.*

Pl. 151. fig. 4.

Aptera, nigra; thorace cordato, postice utrinque striato; elytris brevioribus, ovatis, lævigatis obsoletissime striato-punctatis, lineola humerali subcostata.

Dej. *Spec. Suppl.* v. p. 778. n° 223.

Long. 8 $\frac{3}{4}$, 10 $\frac{1}{2}$ lignes. Larg. 3 $\frac{1}{3}$, 4 lignes.

Très- voisine de la *Paykullii*, mais plus petite et proportionnellement moins allongée.

Corselet un peu plus court.

Élytres plus courtes, plus lisses; les stries encore moins marquées, composées de très-petits points enfoncés à peine sensibles; la huitième pas plus distincte que les autres; le septième intervalle ne paraissant relevé qu'à l'angle de la base; les huitième et neuvième nullement relevés vers l'extrémité.

Le reste comme dans la *Paykullii*.

Elle se trouve en Italie.

134. F. Lacertosa.

Pl. 151. fig. 5.

Aptera, nigra; thorace cordato, postice utrinque striato, margine denticulato; elytris oblongo-ovatis, sublævigatis, obsoletissime reticulatis, lineola humerali subcostata.

Dej. *Spec.* III. p. 406. n° 182.

Long. 12 $\frac{1}{2}$ lignes. Larg. 4 $\frac{1}{2}$ lignes.

Très-voisine de la *Paykullii*, un peu plus allongée et proportionnellement plus étroite.

Tête un peu plus allongée.

Corselet un peu plus court, moins convexe; les rides ondulées plus distinctes; la ligne médiane un peu plus marquée; la ligne longitudinale de chaque côté de la base plus courte et moins fortement marquée; le bord antérieur un peu sinué; les côtés crénelés.

Élytres un peu plus allongées, moins larges antérieurement, plus ovales et moins parallèles, couvertes à peu près comme celles de la *Loricata* de rides ondulées qui les font paraître réticulées; leur extrêmité moins rugueuse que dans la *Loricata*.

Pattes moins fortes que celles de la *Paykullii*.

Elle se trouve en Sicile.

135. F. Sicula.

Pl. 152. fig. 1.

Aptera, nigra; thorace elongato, cordato, postice utrinque striato, margine denticulato; elytris elongato-ovatis, subparallelis, sublævigatis, lineola humerali subcostata.

Dej. *Spec.* III. p. 407. n°183.

Long. 12 lignes. Larg. 4 lignes.

Très-voisine de la *Lacertosa*, mais beaucoup plus étroite.

Corselet plus étroit et un peu plus long.

Élytres beaucoup plus étroites, moins ovales, presque parallèles et un peu plus planes.

Pattes un peu plus longues.
Le reste comme dans la *Lacertosa.*
Elle se trouve en Sicile.

136. F. Oberleitneri.

Pl. 152. fig. 2.

Aptera, nigra; thorace elongato, cordato postice utrinque striato, margine obsolete denticulato; elytris elongato-ovatis, subparallelis, sublævigatis, obsoletissime striato-punctatis, lineola humerali subcostata.

Dej. *Spec.* v. *Suppl.* p. 779. n° 224.

Long. 10 lignes. Larg. 3 $\frac{1}{4}$ lignes.

Très-voisine de la *Sicula*, dont elle n'est peut-être qu'une variété plus petite.

Corselet à peu près comme dans cette espèce, avec les côtés moins distinctement crénelés.

Élytres à peu près de même forme, un peu plus lisses; les rides transversales à peine distinctes, et les stries très-peu marquées, un peu ondulées et légèrement ponctuées.

Elle se trouve en Calabre et en Sardaigne.

137. F. Stulta.

Pl. 152. fig. 3.

Aptera, nigra; thorace subcordato, convexo postice utrinque obsolete impresso; elytris oblongo-ovatis, subconvexis, lævissimis, margine linea punctorum impresso.

Dej. *Spec.* iii. p. 407. n° 184.
Broscus Stultus. Dufour. *Annales générales des Sciences physiques.* vi. 18e cahier. p. 312. n° 6.
Percus Ebenus. Dej. *Cat.* p. 13.
Harpalus Piger. Latreille.

Long. 10, 11 lignes. Larg. 3 ½, 4 lignes.

Très-voisine de la *Navarica*, mais beaucoup plus grande et proportionnellement plus allongée.

Tête plus grande, plus large.

Corselet un peu plus large antérieurement, et moins arrondi sur les côtés ; les angles postérieurs un peu plus obtus et presque arrondis.

Élytres proportionnellement plus longues, moins ovales, un peu moins convexes et un peu plus sinuées près de l'extrémité.

Pattes proportionnellement un peu plus longues.

Elle se trouve en Navarre, en Aragon, en Catalogne, dans le royaume de Valence, et quelquefois dans le département des Pyrénées-Orientales.

138. F. Polita.

Pl. 152. fig. 4.

Aptera, nigra; thorace breviore, subcordato, convexo, antice rotundato, postice utrinque obsolete impresso; elytris ovatis, convexis, lævissimis, margine linea punctorum impresso.

Dej. *Spec.* v. *Suppl.* p. 780. n° 225.

Long. 9 lignes. Larg. 3 $\frac{1}{3}$ lignes.

Très-voisine de la *Navarica*, mais un peu plus grande et plus allongée.

Tête proportionnellement un peu plus grosse.

Corselet un peu plus court et un peu plus arrondi antérieurement sur les côtés; ces derniers tombant plus obliquement sur la base; les angles postérieurs plus obtus.

Élytres un peu plus allongées.

Elle se trouve en Andalousie et en Portugal.

139. F. Navarica. *Latreille.*

Pl. 152. fig. 5.

Aptera, nigra; thorace subcordato, convexo, postice utrinque obsolete impresso; elytris ovatis, convexis, lævissimis, margine linea punctorum impresso.

DEJ. *Spec.* III. p. 408. n° 185.
Percus Navaricus. DEJ. *Cat.* p. 13.
Broscus Patruelis? DUFOUR. *Annales générales des Sciences physiques.* VI. 18e p. 213. n° 7.

Long. 7, 8 lignes. Larg. 2 ½, 3 lignes.

Un peu voisine de la *Concinna* par la forme et la grandeur, et d'un noir assez brillant sur la tête et le corselet, et un peu plus mat sur les élytres.

Tête assez grande, ovale, nullement rétrécie postérieurement, lisse.

Corselet plus large que la tête, moins long que large, arrondi sur les côtés, un peu rétréci postérieurement, presque cordiforme, assez convexe; les rides ondulées peu distinctes; la ligne médiane fine, très-peu marquée; les deux impressions transversales à peine distinctes; une légère impression un peu ovale de chaque côté de la base; le bord antérieur peu échancré et légèrement sinué; les côtés légèrement rebordés, tombant un peu obliquement sur la base; la base coupée presque carrément.

Élytres plus larges que le corselet, en ovale peu allongé, assez convexes, à peine sinuées, et presque arrondies à l'extrémité, très-lisses; une rangée de points enfoncés, assez fortement marqués, et très-rapprochés le long du bord extérieur.

Pattes assez fortes.

Elle se trouve assez communément en Navarre, en Aragon, en Catalogne, et dans le département des Pyrénées-Orientales.

DIXIÈME DIVISION.

Molops. *Bonelli.*

140. F. Striolata.

Pl. 153. fig. 1.

Aptera, nigra, lata; thorace quadrato, postice utrinque bistriato; elytris subparallelis, obsolete striato-punctatis, margine linea punctorum impresso.

Dej. *Spec.* III. p. 410. n° 186.
Carabus Striolatus. Fabr. *Sys. El.* I. p. 188. n° 101.
Sch. *Syn. Ins.* I. p. 193. n° 141.
Duftschmid. II. p. 63. n° 62.
Abax Striolatus. Sturm. IV. p. 158. n° 6.
Molops Striolatus. Dej. *Cat.* p. 13.

Long. 7 $\frac{3}{4}$, 8 $\frac{3}{4}$ lignes. Larg. 3, 3 $\frac{1}{2}$ lignes.

A peu près de la taille de la *Striola*, et entièrement d'un noir brillant dans les deux sexes.

Tête grosse, presque ovale, peu allongée, nullement rétrécie postérieurement.

Corselet plus large que la tête, assez court, moins long que large, presque carré, très-légèrement arrondi sur les côtés, et très-légèrement convexe ; la ligne médiane fine peu marquée ; l'impression transversale antérieure à peine sensible, la postérieure un peu plus distincte ; de chaque côté de la base deux impressions longitudinales assez marquées, à fond presque lisse, dont l'extérieure un peu moins longue ; le bord antérieur assez fortement échancré : les côtés rebordés, tombant presque carrément sur la base, et ayant près de celle-ci une petite crénelure peu saillante.

Élytres courtes, presque parallèles, légèrement convexes, à peine sinuées et presque arrondies à l'extrémité ; le rebord de la base bien marqué, ne formant pas de dent à l'angle huméral ; les stries fines, très-légèrement ponctuées, très-peu marquées et presque effacées ; les septième, huitième et neuvième un peu plus distinctes que les autres, et ne paraissant pas ponctuées ; les intervalles planes ; le septième un peu relevé près de l'angle huméral, et formant presque une petite ligne saillante.

Pattes courtes et assez fortes, noires, avec les tarses d'un brun roussâtre ; dernier anneau de l'abdomen lisse dans les deux sexes.

Elle se trouve communément dans les montagnes de la Corniole, de l'Illyrie et de la Styrie.

141. F. Robusta. *Ziegler.*

Pl. 153. fig. 2.

Aptera, nigra, lata ; thorace subcordato, postice utrinque impresso ; elytris oblongo-ovatis, profunde striatis.

DEJ. *Spec.* III. p. 411. n° 187.
Molops Robustus. DAHL. *Coleopt. und Lepidopt.* p. 9.

Long. 9 lignes. Larg. 3 ½ lignes.

Plus grande que l'*Elata*, et proportionnellement plus large.

Tête plus large.

Corselet plus large, plus court, moins arrondi sur les côtés, un peu moins rétréci postérieuremet, et un peu plus plane; les deux impressions de chaque côté de la base presque réunies en une seule, rugueuse dans le fond.

Élytres un peu plus longues, moins larges, moins ovales, moins convexes, et un peu plus sinuées près de l'extrémité ; les stries plus fortement marquées, et les intervalles un peu plus relevés.

Elle se trouve dans le Bannat, en Hongrie.

142 F. DALMATINA.

Pl. 153. fig. 3.

Aptera, nigra; thorace subcordato, postice utrinque bistriato; elytris parallelis, striatis.

DEJ. *Spec.* III. p. 412. n° 188.
Molops Dalmatinus. DEJ. *Cat.* p. 13.

Long. $7\frac{1}{2}$ 8, $\frac{1}{4}$ lignes. Larg. $2\frac{2}{3}$, 3 ignes.

Plus grande et proportionnellement beaucoup plus allongée que l'*Elata*.

Tête un peu plus grande.

Corselet un peu plus grand et un peu moins convexe; les rides transversale ondulées moins marquées; les deux impressions de chaque côté de la base plus longues, plus distinctes; la partie postérieure des côtés qui tombent carrément sur la base un peu plus longue, mais moins que dans la *Terricola*.

Élytres plus longues, moins larges, presque parallèles et un peu sinuées près de l'extrémité, striées à peu près de la même manière.

Pattes un peu plus fortes.

Elle a été découverte dans l'île de Cherzo, en Dalmatie, par M. le comte Dejean.

143. F. Alpestris. *Megerle.*

Pl. 153. fig. 4.

Aptera, nigra; thorace subcordato, postice utrinque impresso; elytris oblongo-ovatis, striatis.

Dej. *Spec.* III. p. 413. n° 189.
Molops Alpestris. Dahl. *Coleopt. und Lepidopt.* p. 9.
Molops Melas? Sturm. IV. p. 171. n° 5. T. 103. fig. C.

Long. 6 $\frac{1}{2}$, 7 $\frac{1}{2}$ lignes. Larg. 2 $\frac{1}{2}$, 3 lignes.

Très-voisine de l'*Elata*, dont elle n'est peut-être qu'une variété un peu plus étroite et plus allongée.

Corselet un peu plus étroit ; les deux impressions de chaque côté de la base un peu moins distinctes et paraissant réunies en une seule ; les côtés un peu moins arrondis, formant à l'angle postérieur une dent un peu plus saillante.

Élytres un peu plus longues, plus étroites, moins ovales, striées à peu près de la même manière.

Elle se trouve en Autriche et dans le Bannat, en Hongrie.

144. F. Elata.

Pl. 154. fig. 1.

Aptera, nigra; thorace subcordato, postice utrinque bistriato; elytris brevioribus, ovatis, striatis.

Dej. *Spec.* iii. p. 414. n° 190.
Carabus Elatus. Fabr. *Sys. El.* i. p. 189. n° 104.
Sch. *Syn. Ins.* i. p. 193. n° 144.
Duftschmid. ii. p. 58. n° 54.
Molops Elatus. Sturm. iv. p. 164. n° 1.
Dej. *Cat.* p. 13.
Scarites Gagates. Panzer. *Fauna Germ.* 11. n° 1.

Long. 6 $\frac{1}{4}$, 7 $\frac{3}{4}$ lignes. Larg. 2 $\frac{1}{4}$, 3 $\frac{1}{4}$ lignes.

Plus grande, plus large et plus convexe que la *Terricola*, et toujours d'un noir assez brillant.

Tête proportionnellement un peu moins grande.

Corselet moins rétréci postérieurement ; la partie du bord latéral qui tombe sur la base beaucoup plus courte, ne formant qu'une petite dent très-peu saillante, un peu convexe ; l'impression transversale postérieure un peu plus marquée ; les rides ondulées plus sensibles.

Élytres un peu plus larges et un peu plus convexes ; les bords latéraux un peu relevés presque en carène ; les stries lisses, ordinairement un peu plus marquées, et les intervalles un peu plus relevés.

Dessous du corps noir, quelquefois d'un brun noirâtre; cuisses et jambes d'un brun noirâtre, avec les tarses d'un brun roussâtre.

Elle se trouve dans les parties montagneuses de l'Allemagne, de l'Autriche et de la Styrie.

145. F. Bucephala. *Parreyss.*

Pl. 154. fig. 2.

Aptera, nigra; capite majore; thorace cordato, postice subcoarctato, utrinque bistriato; elytris elongato-ovatis, striatis.

DEJ. *Spec.* III. p. 415. n° 191.
Molops Bucephalus. STURM. *Catal.* p. 170.

Très-voisine de la *Longipennis*, mais plus grande, et proportionnellement un peu plus large.

Tête plus grosse, non rétrécie postérieurement.

Corselet un peu plus large; son bord antérieur un peu sinué et plus fortement échancré.

Élytres un peu plus larges, moins parallèles, un peu plus planes; les stries un peu plus fortement marquées.

Cuisses et jambes noires, avec les tarses d'un brun roussâtre.

Elle se trouve dans la Dalmatie et la Croatie.

146. F. LONGIPENNIS.

Pl. 154. fig. 3.

Aptera, nigra; thorace cordato, postice subcoarctato, utrinque bistriato; elytris elongato-oblongis, subparallelis, striatis; pedibus piceis.

DEJ. *Spec.* III. p. 415. n° 192.
Molops Longipennis. DEJ. *Cat.* p. 13.

Long. 6 $\frac{3}{4}$ lignes. Larg. 2 $\frac{1}{2}$ lignes.

Voisine de la *Terricola*; mais plus grande, moins convexe, et proportionnellement plus allongée, et d'un noir assez brillant.

Tête un peu moins convexe, avec les antennes d'un brun noirâtre.

Corselet un peu plus long, moins convexe, et presque plane, avec la ligne médiane un peu plus marquée.

Élytres plus longues, moins ovales, presque parallèles, moins convexes, presque planes; les stries lisses; les intervalles presque planes.

Dessous du corps d'un brun noirâtre, avec les pattes d'un brun un peu roussâtre.

Elle a été découverte en Croatie par M. le comte Dejean.

147. F. Terricola.

Pl. 154. fig. 4.

Aptera, nigra vel nigro-picea; thorace cordato, postice subcoarctato, utrinque bistriato; elytris brevioribus ovatis, striatis; antennis pedibusque rufo-piceis.

Dej. *Spec.* iii. p. 416. n° 193.

Carabus Terricola. Fabr. *Sys. El.* i. p. 178. n° 43.

Sch. *Syn. Ins.* i. p. 178. n° 54.

Duftschmid. ii. p. 60. n° 57.

Harpalus Terricola. Gyllenhal. ii. p. 93. n° 13. et iv. p. 427. n° 13.

Molops Terricola. Sturm. iv. p. 168. n° 3. t. 103. fig. a. A.

Dej. *Cat.* p. 13.

Carabus Madidus. PAYK. *Fauna Suecica*. I. p. 107. n° 14.

Scarites Piceus. PANZER. *Fauna Germ*. II. n° 2.

VAR. A. *Molops Punctatus*. DAHL.

VAR. B. *Molops Melas*. ZIEGLER.

VAR. C. *Molops Brunnipes*. MEGERLE. DAHL. *Coleopt. und Lepidopt*. p. 9.

Long. 5, 6 $\frac{1}{2}$ lignes. Larg. 2, 2 $\frac{3}{4}$ lignes.

Varie beaucoup pour la taille, et même un peu pour la forme; ordinairement d'un noir assez brillant, quelquefois d'un brun noirâtre et quelquefois d'un brun un peu roussâtre.

Tête assez grande, ovale, nullement rétrécie postérieurement, presque lisse.

Corselet plus large que la tête, moins long que large, en cœur assez fortement rétréci postérieurement et légèrement convexe; les rides transversales peu distinctes; la ligne médiane fine et peu marquée; l'impression transversale antérieure peu sensible; la postérieure un peu plus distincte; de chaque côté de la base, deux impressions longitudinales, dont l'intérieure plus longue et plus fortement marquée; le bord antérieur très-fortement échancré; les côtés rebordés et très-arrondis antérieurement, tombant presque carrément sur la base, et formant avec elle un angle ordinairement droit et quelquefois un peu aigu; la base très-légèrement échancrée dans son milieu.

Élytres plus larges que le corselet, assez courtes, ovales, légèrement convexes, à peine sinuées et presque arrondies à l'extrémité; ayant chacune neuf stries; les troisième et quatrième, cinquième et sixième, se réunissant deux à deux; ces stries plus ou moins marquées, lisses, quelquefois très-légèrement ponctuées; les septième, huitième et neuvième très-rapprochées et plus fortement marquées; les intervalles presque planes ou très-légèrement relevés.

Dessous du corps d'un brun noirâtre. Pattes courtes, assez fortes, d'un brun roussâtre, quelquefois d'un rouge ferrugineux. Dernier anneau de l'abdomen lisse.

Elle se trouve communément en France, en Allemagne, dans les différentes provinces de l'Autriche et en Dalmatie, particulièrement dans les bois et les montagnes; elle est rare en Suède.

148. F. Spinicollis.

Pl. 154. fig. 5.

Aptera, nigro-picea; thorace cordato, postice coarctato, utrinque striato, angulis anticis acutissimis; elytris oblongo-ovatis, striatis; pedibus rufo-piceis.

Dej. *Spec.* III. p. 418. n° 194.

Long. 5 lignes. Larg. 1 $\frac{3}{4}$ ligne.

Plus allongée, plus étroite que la *Terricola*, et d'un brun noirâtre en dessus.

Tête un peu plus petite, un peu rétrécie postérieurement.

Corselet plus étroit, un peu plus long; les rides transversales peu distinctes; la ligne médiane assez marquée; les impressions transversales à peine sensibles; de chaque côté de la base, une impression longitudinale assez marquée; le bord antérieur assez échancré; les angles antérieurs assez avancés et très-aigus; les côtés légèrement rebordés; les angles postérieurs coupés carrément; la base un peu échancrée dans son milieu.

Élytres beaucoup plus étroites, un peu plus allongées, moins convexes et arrondies à l'extrémité; les stries peu marquées; les intervalles presque planes.

Dessous du corps d'un brun roussâtre. Pattes de la même couleur, plus longues et moins fortes que dans la *Terricola*.

Elle a été trouvée, par M. le comte Dejean, dans les Pyrénées orientales, au-dessus de Prats-de-Mollo.

XXVII. CAMPTOSCELIS.

MOLOPS. *Germar*. SCARITES. *Olivier*. CARABUS. *Fabricius*.

Les trois premiers articles des tarses antérieurs dilatés dans les mâles, moins longs que larges et fortement cordiformes. Dernier article des palpes presque cylindrique et tronqué à l'extrémité. Antennes filiformes et peu allongées. Lèvre supérieure en carré moins long que large. Mandibu-

les très-peu avancées, fortement arquées et presque obtuses. Une dent bifide au milieu de l'échancrure du menton. Corselet tronqué antérieurement, arrondi postérieurement Élytres assez allongées, très-légèrement ovales et presque parallèles. Jambes intermédiaires fortement arquées.

M. Dejean a donné à ce nouveau genre, établi sur le *Scarites Hottentotta* d'Olivier le nom de *Camptoscelis*, tiré des deux mots grecs καμπτὸς, courbé, et σκέλος, jambe.

La lèvre supérieure est presque plane, en carré moins long que large et très-légèrement échancrée antérieurement. Les mandibules sont très-peu avancées, fortement arquées et presque obtuses. Le menton est assez grand, assez concave, fortement échancré, et il a une forte dent distinctement bifide au milieu de son échancrure. Les palpes sont peu avancés, et leur dernier article est presque cylindrique et tronqué à l'extrémité. Les antennes sont minces, filiformes et un peu plus longues que le corselet; leurs articles sont presque cylindriques et assez allongés : le premier est un peu plus gros que les autres; le second est le plus court de tous; le troisième est un peu plus long que les suivans, qui sont égaux entre eux et très-légèrement comprimés. La tête est grosse, presque carrée et un peu renflée postérieurement. Les yeux sont petits et nullement saillans. Le corselet est ovalaire, tronqué antérieurement, arrondi postérieurement. Les élytres sont assez allongées, un peu convexes, légèrement ovales, presque parallèles et arrondies à l'extrémité. Les pattes sont assez fortes et assez courtes. Les cuisses sont un peu renflées, surtout les intermédiaires. Les jambes antérieures sont légèrement échancrées ; les intermédiaires sont très-fortement arquées, surtout dans les mâles. Les articles des tarses sont assez allongés, presque cylindriques, ou légèrement triangulaires et bifides à l'extrémité; les trois premiers des tarses antérieurs sont assez fortement dilatés dans les mâles : le premier est triangulaire et plus grand que les deux autres, qui sont moins longs que larges et fortement cordiformes. Les crochets des tarses ne sont pas dentelés en dessous.

C. Hottentotta.

Pl. 155. fig. 1.

Apterus, niger; thorace ovato, antice truncato, postice utrinque obsolete impresso; elytris oblongis, subparallelis, striatis; antennis tarsisque rufo-piceis.

Dej. *Spec.* III. p. 421. n° 1.

Scarites Hottentotta. Oliv. III. 36. p. 9. n° 9. T. 2. fig. 19.

Sch. *Syn. Ins.* I. p. 127. n° 8.

Steropus Hottentotta. Dej. *Cat.* p. 13.

Carabus Megacephalus. Fabr. *Sys. El.* I. p. 187. n° 95.

Sch. *Syn. Ins.* I. p. 191. n°127.

Molops Plantaris. Germar. *Coleopt. Sp. Nov.* p. 22. n° 36.

Long. $7\frac{1}{3}$, 8 lignes. Larg. $2\frac{1}{3}$, $2\frac{2}{3}$ lignes.

Il se trouve au cap de Bonne-Espérance.

XXVIII. MYAS. *Ziegler.*

Les trois premiers articles des tarses antérieurs dilatés dans les mâles, moins longs que larges et fortement cordiformes. Dernier article des palpes labiaux peu allongé et fortement sécuriforme. Antennes peu allongées et presque moniliformes. Lèvre supérieure transversale et coupée presque carrément. Mandibules peu avancées, légèrement arquées et assez aiguës. Une dent bifide au milieu de l'échancrure du menton. Corselet presque carré. Élytres ovales ou parallèles.

M. Ziegler a formé ce nouveau genre sur un très-bel insecte de Hongrie, et M. Dejean lui a adjoint une nouvelle espèce de l'Amérique septentrionale.

Ils présentent tous les deux les caractères suivans :

La lèvre supérieure est plane, courte, presque transversale et coupée presque carrément. Les mandibules sont peu avancées, légèrement arquées et assez aiguës, Le menton est assez grand, légèrement concave, fortement échancré, et il a une forte dent large et assez distinctement bifide au milieu de son échancrure. Les palpes sont peu saillans; leur dernier article est peu allongé; celui des maxillaires est très-légèrement sécuriforme; celui des labiaux est fortement sécuriforme et presque triangulaire. Les antennes sont à peu près de la longueur de la tête et du corselet réunis et presque moniliformes: leurs articles sont peu allongés : le premier est court et un peu plus gros que les autres; le second est le plus court de tous; le troisième est un peu plus long que les suivans, qui sont égaux entre eux et presque en carré dont les angles sont arrondis. La tête est assez avancée, presque triangulaire et point rétrécie postérieurement. Les yeux sont arrondis et assez saillans. Le corselet est presque carré. Les élytres sont ovales ou parallèles. Les pattes sont fortes et peu allongées. Les jambes antérieures sont fortement échancrées. Les articles des tarses sont peu allongés, presque cylindriques, ou légèrement triangulaires et bifides à l'extrémité, les trois premiers dès tarses antérieurs sont fortement dilatés dans les mâles : le premier est triangulaire et un peu plus grand que les deux suivans, qui sont moins longs que larges et fortement cordiformes. Les crochets des tarses ne sont pas dentelés en dessous.

M. Chalybeus. *Ziegler.*

Pl. 155. fig. 2.

Apterus, ovatus, niger; thorace breviore, subquadrato, postice utrinque bistriato, lateribus rotundatis; elytris chalybeis, ovatis, latioribus, obsolete striato-punctatis.

Dej. *Spec.* III. p. 424. n° 1.

Dahl. *Coleoptera und Lepidoptera*. p. 8.

Abax Chalybeus. Palliardi. *Beschreibung zweyer decaden neuer und wenig bekannter Carabicinen*. p. 41. t. 4. fig. 19.

Long. $7\frac{1}{4}$, $7\frac{1}{2}$ lignes. Larg. $3\frac{1}{2}$, $3\frac{2}{3}$ lignes.

Tête noire, assez petite, presque lisse.

Corselet noir, avec une légère teinte d'un bleu violet à sa partie postérieure et sur ses côtés, le double plus large que la tête, moins long que large, assez court, presque carré, assez arrondi sur les côtés et presque plane; les rides transversales assez rapprochées et assez distinctes; la ligne médiane fine et peu marquée; l'impression transversale antérieure peu apparente; la postérieure fortement marquée; de chaque côté de la base, deux impressions longitudinales fortement marquées; le bord antérieur assez échancré; les côtés fortement rebordés, ayant près de la base une forte crénelure; la base un peu sinuée et assez échancrée dans son milieu.

Élytres d'un beau bleu d'acier, quelquefois un peu violet, plus large que le corselet, assez courtes, ovales, légèrement convexes et sinuées près de l'extrémité; ayant chacune neuf stries très-peu marquées et très-légèrement ponctuées; les intervalles planes; point d'ailes sous les élytres.

Dessous du corps et cuisses noirs, avec les jambes un peu brunâtres et les tarses d'un brun un peu roussâtre.

Il se trouve en Hongrie, dans le Bannat.

XXIX. CEPHALOTES. *Bonelli.*

BROSCUS. *Panz.* HARPALUS. *Gyllenh.* CARABUS. *Fabric.*

Les trois premiers articles des tarses antérieurs dilatés dans les mâles, moins longs que larges et fortement cordiformes. Dernier article des palpes labiaux allongé et légèrement sécuriforme. Antennes filiformes et peu allongées. Lèvre supérieure en carré moins long que large et presque transversale. Mandibules légèrement arquées et assez aiguës. Une dent simple au milieu de l'échancrure du menton. Corselet cordiforme, convexe et fortement rétréci postérieurement. Élytres assez allongées, légèrement ovales ou parallèles.

Bonelli a établi ce genre sur le *Carabus Cephalotes* de Fabricius. A peu près dans le même temps, Panzer lui avait donné le nom de *Broscus;* mais le nom de *Cephalotes* est généralement adopté.

Les *Cephalotes* sont d'assez grands insectes, qui ressemblent un peu à plusieurs espèces de *Feronia,* et surtout aux *Steropus* de Megerle; mais dont la dent qui se trouve au milieu de l'échancrure du menton est toujours simple, et qui présentent en outre plusieurs autres caractères distinctifs.

La lèvre supérieure est plane, en carré moins long que large, presque transversale, coupée presque carrément ou très-légèrement échancrée antérieurement. Les mandibules sont peu avancées, légèrement arquées et assez aigues. Le menton est assez grand, assez concave, fortement échancré, et il a une forte dent toujours simple au milieu de son échancrure. Les palpes sont peu saillans; le dernier article des maxillaires est assez allongé, presque cylindrique et tronqué à l'extrémité; celui des labiaux est allongé et légèrement sécuriforme. Les antennes sont filiformes, assez minces et plus courtes que la tête et le corselet réunis; leurs articles sont presque cylindriques ou obconiques : le premier est un peu plus gros que les autres; le second est le plus court de tous; le troisième est un peu plus long que les suivans, qui sont égaux entre eux. La tête est assez grande, presque ovale et point rétrécie postérieurement. Les yeux sont un peu saillans. Le corselet est convexe, cordiforme et fortement rétréci postérieurement. Les élytres sont assez allongées, légèrement ovales ou presque parallèles. Les pattes sont assez grandes et assez fortes. Les jambes antérieures sont fortement échancrées. Les articles des tarses sont assez allongés, presque cylindriques, ou légèrement triangulaires, et bifides à l'extrémité; les trois premiers des tarses antérieurs sont assez fortement dilatés dans les mâles : le premier est triangulaire et plus grand que les deux suivans, qui sont moins longs que larges et fortement cordiformes. Les crochets des tarses ne sont pas dentelés en dessous.

Des cinq espèces décrites dans le *Species*, deux apppartiennent à l'Europe, une au nord de l'Afrique, la quatrième vient du Mont-Sinaï, et la dernière de l'Asie-Mineure.

1. C. Vulgaris. *Bonelli.*

Pl. 155. fig. 3.

Alatus, niger; thorace subcordato; elytris elongato-oblongis, subparallelis, subtilissime striato-punctatis.

Dej. *Spec.* iii. p. 428. n° 1.
Dej. *Cat.* p. 5.
Carabus Cephalotes. Fabr. *Sys. El.* i. p. 187. n° 94.
Sch. *Syn. Ins.* i. p. 190. n° 125.
Duftschmid. ii. p. 57. n° 53.
Scarites Cephalotes. Oliv. iii. 36. p. 8. n° 6. t. i. fig. 9.
Harpalus Cephalotes. Gyllenhal. ii. p. 147. n° 55. et iv. p. 447. n° 55.
Sahlberg. *Dissert. entom. Ins. Fennica.* p. 251. n° 60.
Broscus Cephalotes. Sturm. iv. p. 141. n° 1. t. 99.
Var. *Cephalotes Semistriatus.* Besser.

Long. 8 $\frac{1}{2}$, 10 lignes. Larg. 2 $\frac{3}{4}$, 3 $\frac{1}{3}$ lignes.

Tête ovale, nullement rétrécie postérieurement, assez fortement ponctuée, surtout derrière les yeux et sur les côtés.

Corselet un peu plus large que la tête, presque aussi long que large, en cœur allongé, assez fortement rétréci postérieurement et légèrement convexe; couvert de rides transversales ondulées assez rapprochées, assez distinctes et quelquefois même assez fortement marquées; la ligne médiane assez marquée; l'impression transversale antérieure souvent peu distincte, et quelquefois assez marquée; le bord antérieur très-peu échancré; les côtés légèrement rebordés; les angles postérieurs et la base coupés presque carrément.

Élytres plus larges que le corselet, assez allongées, très-légèrement ovales, presque parallèles, un peu plus larges au-delà du milieu, assez convexes et à peine sinuées près de l'extrémité; l'angle huméral assez arrondi; neuf stries sur chacune, formées par des points enfoncés très-petits; ces stries très-peu marquées et souvent presque effacées à l'extrémité; les intervalles planes; des ailes sous les élytres.

Dessous du corps et pattes noirs.

Il se trouve communément dans les champs et sous les pierres, en Suède, en France, en Allemagne, en Autriche et en Russie.

2. C. Politus.

Pl. 155. fig. 4.

Alatus, niger; thorace subrotundato; elytris oblongis, subparallelis, obsolete striato-punctatis; antennarum articulo primo testaceo.

Dej. *Spec.* III. p. 430. n° 2.

Long. 9 ½, 10 ½ lignes. Larg. 3 ¼, 3 ¾ lignes.

Ordinairement un peu plus grand que le *Vulgaris*, proportionnellement un peu plus large, un peu plus épais, un peu plus convexe et d'un noir un peu plus brillant.

Tête lisse.

Corselet plus court, plus large, plus arrondi sur les côtés, plus lisse et plus convexe; les rides ondulées à peine distinctes; l'impression transversale postérieure plus fortement marquée; le bord antérieur coupé presque carrément.

Élytres un peu plus larges, plus lisses et plus convexes; les stries moins marquées, moins distinctes et formées par des points plus petits; les intervalles plus lisses; des ailes sous les élytres.

Dessous du corps et pattes noirs.

Il se trouve en Sicile.

XXX. STOMIS. *Clairville*.

CARABUS. *Duftschmid*.

Les trois premiers articles des tarses antérieurs dilatés dans les mâles, au moins aussi longs que larges et légèrement triangulaires, ou cordiformes. Palpes allongées; le dernier article des labiaux légèrement sécuriforme. Antennes filiformes et assez allongées. Lèvre supérieure courte, transversale et échancrée en arc de cercle. Mandibules avancées, légèrement arquées et assez aiguës. Une dent simple au milieu de l'échancrure du menton. Corselet convexe, assez allongé et légèrement cordiforme. Élytres en ovale très-allongé et assez convexes.

Ce genre, établi par Clairville sur le *Carabus Pumicatus* de Panzer, est depuis long-temps adopté par tous les entomologistes ; on le reconnaîtra facilement aux caratères suivans :

La lèvre supérieure est courte, presque transversale et échancrée en arc de cercle. Les mandibules sont très-saillantes, assez étroites, légèrement arquées et assez aiguës. Le menton est assez grand, légèrement concave, assez fortement échancré, et il a au milieu de son échancrure une forte dent, dont la pointe est peu aiguë et forme un angle assez ouvert. Les palpes sont très-saillans; leur dernier article est assez allongé; celui des maxillaires est presque cylindrique et tronqué à l'extrémité; celui des labiaux est légèrement sécuriforme. Les antennes sont filiformes et un peu plus longues que la moitié du corps; leurs articles sont allongés et presque cylindriques : le premier est plus gros que les autres et aussi long que les deux suivans réunis; le second est le plus court de tous; le troisième est un peu plus long, mais un peu plus court que les suivans, qui sont égaux entre eux. La tête est allongée, presque triangulaire et un peu rétrécie postérieurement. Les yeux sont assez saillans. Le corselet est assez allongé, convexe et légèrement cordiforme. Les élytres sont en ovale très-allongé et légèrement convexes.

Les pattes sont assez fortes et assez allongées. Les jambes antérieures sont assez fortement échancrées. Les articles des tarses sont assez allongés, presque cylindriques ou très-légèrement triangulaires; les trois premiers des tarses antérieurs sont assez fortement dilatés dans les mâles : le premier, un peu plus grand que les autres, est triangulaire, et les deux suivans sont assez fortement cordiformes. Les crochets des tarses ne sont pas dentelés en dessous.

On ne connaît, jusqu'à présent, que deux espèces qui appartiennent à ce genre, et qui toutes deux sont européennes.

1. S. Pumicatus.

Pl. 156. fig. 1.

Apterus, nigro-piceus; thorace cordato, postice utrinque striato; elytris oblongo-ovatis, striato-punctatis, striis subcrenatis; antennis pedibusque rufis.

Dej. *Spec.* III. p. 435. n° 1.
Clairville. *Entom. Helvétique.* II. p. 48. T. 6.
Sturm. VI. p. 4. n° 1.
Dej. *Cat.* p. 5.
Carabus Pumicatus. Panzer. *Fauna. Germ.* 30. n° 16.
Sch. *Syn. Ins.* I. p. 190. n° 120.
Duftschmid. II. p. 177. n° 238.

Long. 3, 3 $\frac{1}{2}$ lignes. Larg. 1, 1 $\frac{1}{3}$ ligne.

Un peu plus petit que l'*Anchomenus Pallipes*, proportionnellement un peu plus étroit et d'un brun noirâtre, souvent presque tout-à-fait noir.

Tête presque lisse, avec une petite impression arrondie, à peine distincte, entre les yeux.

Corselet plus large que la tête, un peu plus long que large, arrondi sur les côtés, rétréci postérieurement, cordiforme et un peu convexe; les rides ondulées peu distinctes; la ligne médiane assez fortement marquée; les deux impressions transversales peu apparentes; de chaque côté de la base, quelques points enfoncés peu rapprochés et une impression longitudinale; le bord antérieur à peine échancré; les côtés légèrement rebordés; les angles postérieurs coupés presque carrément; la base un peu échancrée dans son milieu.

Élytres un peu plus larges que le corselet, en ovale allongé, légèrement convexes et peu sinuées près de l'extrémité; ayant chacune neuf stries assez fortement marquées, assez fortement ponctuées et presque crénelées; les intervalles un peu relevés; point d'ailes sous les élytres.

Dessous du corps d'un brun un peu roussâtre, avec le corselet et la poitrine fortement ponctués sur les côtés. Pattes d'un rouge ferrugineux.

Il se trouve sous les pierres, en France, en Suisse, en Allemagne et en Autriche.

2. S. Rostratus.

Pl. 156. fig. 2.

Apterus, piceus; thorace cordato, postice utrinque striatio; elytris ovatis, subconvexis, striato-punctatis; antennis pedibusque rufis.

Dej. *Spec.* iii. p. 436. n° 2.
Sturm. vi. p. 6. n° 2. t. 138. fig. a. A.
Dej. *Cat.* p. 5.
Carabus Rostratus. Duftschmid. ii. p. 178. n° 259.

Long. 3, 3 ½ lignes. Larg. 1, 1 ⅓ ligne.

Très-voisin du *Pumicatus*, avec la couleur du dessus d'un brun roussâtre un peu moins obscur.

Tête ayant derrière les yeux une légère impression transversale et quelques petits points sur ses côtés.

Corselet un peu moins arrondi sur les côtés.

Élytres un peu plus larges, plus rétrécies antérieurement, plus ovales et un peu plus couvexes; leurs stries moins fortement ponctuées.

Il se trouve dans les Alpes de la Styrie et de la Carinthie.

XXXI. ABARIS.

Les trois premiers articles des tarses antérieurs dilatés dans les mâles, aussi longs que larges et triangulaires. Dernier article des palpes presque cylindrique et tronqué à l'extrémité. Antennes assez courtes, légèrement comprimées et presque filiformes. Lèvre supérieure en carré moins long que large, et coupée presque carrément antérieurement. Mandibules peu avancées, légèrement arquées et assez aiguës. Une dent simple et presque obtuse au milieu de l'échancrure du menton. Tête triangulaire. Yeux assez gros et très-saillans. Corselet carré. Élytres en ovale peu allongé.

M. Dejean a formé ce nouveau genre sur un insecte de la Colombie, et il lui a donné le nom d'*Abaris*, tiré des deux mots grecs α privatif, et βαρυς, pesant.

Il se rapproche un peu, par le *facies*, des *Pogonus*, mais il en diffère beaucoup par les caractères génériques.

La lèvre supérieure est plane, en carré moins long que large et coupée presque carrément à sa partie antérieure. Les mandibules sont peu avancées, légèrement arquées et assez aiguës. Le menton est assez court, assez concave, fortement échancré, et il a au milieu de son échancrure une forte dent simple et presque optuse. Les palpes extérieurs sont peu saillans; leur dernier article est presque cylindrique et tronqué à l'extrémité. Les antennes sont presque filiformes et un peu plus courtes que la moitié du corps; le premier article est presque cylindrique; les deux suivans sont plus minces que tous les autres et légèrement obconiques; le second est le plus court de tous; le troisième est à peu près de la longueur du premier; le quatrième est également obconique et de la longueur du troisième, mais il est un peu plus gros; les suivans sont presque égaux, aussi longs que le premier, un peu plus larges, légèrement comprimés et presque en carré, dont les angles sont arrondis; le dernier est un peu plus long et terminé en pointe optuse. Les pattes sont assez courtes. Les jambes antérieures sont assez fortement échancrées intérieurement. Les trois premiers articles des tarses antérieurs sont distinctement dilatés dans les mâles; le premier est aussi long que large et légèrement triangulaire; les deux autres sont un peu plus courts et fortement triangulaires. Les articles des tarses intermédiaires et postérieurs sont assez allongés et presque cylindriques. Les crochets des tarses ne sont pas dentelés en dessous.

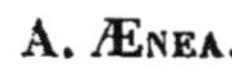

A. Ænea.

Pl. 156. fig. 3.

Supra ænea; thorace quadrato, postice utrinque bistriato; elytris oblongo-ovatis, profunde striatis, punctoque impresso; antennis, tibiis tarsisque rufo-testaceis.

Long. 2 $\frac{1}{4}$, 2 $\frac{3}{4}$ lignes. Larg. 1, 1 $\frac{1}{4}$ ligne.

Il se trouve communément en Colombie, aux environs de Carthagène.

XXXII. RATHYMUS.

Les trois premiers articles des tarses antérieurs dilatés dans les mâles, presque aussi longs que larges, triangulaires ou cordiformes. Le dernier article des palpes maxillaires assez court et très-légèrement sécuriforme; celui des labiaux allongé et fortement sécuriforme. Antennes courtes et presque moniliformes. Lèvre supérieure courte, transversale et fortement échancrée antérieurement. Mandibules assez saillantes, larges, planes, arquées et assez aiguës. Une forte dent simple au milieu de l'échancrure du menton. Corps assez large et assez épais. Corselet transversal presque carré. Élytres en ovale peu allongé et assez convexes.

M. Dejean a donné à ce nouveau genre le nom de *Rathymus*, tiré du mot grec ῥάθυμος, paresseux.

Il est formé sur un insecte du Sénégal, qui, par le *facies*, se rapproche un peu des *Zabrus*, mais il en diffère beaucoup par les caractères génériques.

La lèvre supérieure est courte, transversale et fortement échancrée antérieurement. Les mandibules sont assez avancées, larges, planes, arquées et assez aiguës. Le menton est assez court, assez concave, fortement échancré, et il a au milieu de son échancrure une forte dent simple. Les palpes extérieurs sont assez saillans ; le dernier article des maxillaires est assez court, très-légèrement sécuriforme, presque cylindrique et tronqué à l'extrémité ; celui des labiaux est assez allongé, assez fortement sécuriforme, assez mince à la base, assez large à l'extrémité, et presque en triangle très-allongé. Les antennes sont plus courtes que la tête et le corselet réunis, et presque moniliformes ; le premier article est peu allongé et presque cylindrique ; les trois suivans sont plus minces que les autres et légèrement obconiques ; le second est le plus court de tous; le troisième est à peu près de la longueur du premier; le quatrième est un peu plus court; les suivans sont presque égaux, de la longeur du quatrième, plus larges que le premier, légèrement comprimés et presque en carré dont les angles sont arrondis; le dernier est un peu plus long et terminé en pointe obtuse. Les pattes sont assez courtes et assez fortes pour la grosseur de l'insecte. Les jambes antérieures sont assez fortement échancrées antérieurement. Les trois premiers articles des tarses antérieurs sont assez fortement dilatés dans les mâles ; le premier est aussi long que large, et légèrement triangulaire ; les deux suivans sont un peu plus courts et presque cordiformes. Les articles des tarses intermédiaires et postérieurs sont légèrement triangulaires et presque cylindriques. Les crochets des tarses ne sont pas dentelés en dessous.

R. Carbonarius.

Pl. 156. fig. 4.

Niger; thorace transverso; elytris ovatis, profunde striatis, striis obsolete punctatis; antennis pedibusque piceis.

Long. 6 lignes. Larg. 2 $\frac{3}{4}$ lignes.

Il se trouve au Sénégal.

XXXIII. PELOR. *Bonelli.*

Zabrus. *Sturm.* Carabus. *Duftschmid.* Blaps. *Fabricius.*

Les trois premiers articles des tarses antérieurs dilatés dans les mâles, moins longs que larges, et fortement cordiformes. Dernier article des palpes peu allongé, presque cylindrique et tronqué à l'extrémité. Antennes filiformes et peu allongées. Lèvre supérieure en carré moins long que large, très-légèrement échancrée antérieurement. Mandibules peu avancées, assez fortement arquées et presque obtuses. Une dent bifide au milieu de l'échancrure du menton. Corps épais et convexe. Corselet transversal, arrondi sur les côtés. Élytres convexes, peu allongées, presque parallèles et arrondies à l'extrémité.

Ce genre, établi par Bonelli sur le *Carabus Blaptoides* de Creutzer, *Blaps Spinipes* de Fabricius, a les plus grands rapports avec les *Zabrus*, et il est possible qu'il ne puisse pas en être raisonnablement séparé. Il en diffère seulement par la dent qui se trouve au millieu de l'echancrure du menton, qui est très-légèrement bifide. Les antennes sont aussi, ordinairement, un peu plus fortes et un peu plus courtes. Le corselet est un peu plus transversal et plus échancré antérieurement, et les pattes sont un peu plus fortes et plus courtes. Il est vrai que ces derniers caractères se rencontrent également dans le *Zabrus Femoratus*, espèce qui présente le même *facies* que le *Pelor Blaptoides*, mais dans laquelle la dent qui se trouve au millieu de l'échancrure du menton est tout-à-fait simple.

P. Blaptoides.

Pl. 156. fig. 5.

Apterus, niger; thorace transverso, punctato, lateribus rotundatis; elytris subparallelis, convexis, subtilissime striato-punctatis, transversim obsolete strigosis.

Dej. *Spec.* III. p. 438. n° 1.

Carabus Blaptoides. Creutzer. *Entom. Versuch.* I. p. 112. n° 5. t. 2. fig. 17.

Duftschmid. II. p. 125. n° 158.

Zabrus Balptoides. Sturm. IV. p. 135. n° 2. t. 97. fig. a. A.

DEJ. *Cat.* p. 13.

Blaps Spinipes. FABR. *Sys. El.* I. p. 142. n° 5.
SCH. *Syn. Ins.* I. p. 145. n° 7.

Pelobatus Stevenii. FISCHER. *Mémoires de la Société imp. des Naturalistes de Moscou.* V. p. 467. T. 15. fig. B.

Long. 8, 8 $\frac{3}{4}$ lignes. Larg. 3 $\frac{1}{2}$, 4 lignes.

Plus grand, plus large, plus épais que le *Zabrus Gibbus*, et entièrement d'un noir assez brillant dans les mâles, un peu plus mat dans les femelles.

Tête grosse, presque ovale, nullement rétrécie en arrière.

Corselet à peu près le double plus large que la tête, presque moitié moins long que large, très-arrondi sur les côtés et assez convexe, couvert de points enfoncés assez serrés, un peu plus gros et plus marqués vers le bord antérieur, et surtout vers la base, et de rides transversales ondulées; la ligne médiane très-fine et à peine distincte; le bord antérieur fortement échancré en arc de cercle.

Élytres à peine plus larges que le corselet, peu allongées, presque parallèles, très-convexes et presque arrondies à l'extrémité; le rebord de la base assez marqué, ne formant pas de dent sensible à l'angle huméral; les stries très-peu marquées et formées par une suite de très-petits points enfoncés; les intervalles planes et couverts de rides transversales irrégulières et peu distinctes, surtout sur les côtés; point d'ailes sous les élytres.

Dessous du corps noir, avec les pattes assez fortes et de la même couleur.

Il se trouve dans les parties orientales de l'Autriche, en Hongrie et dans les provinces méridionales de la Russie.

XXXIV. ZABRUS. *Clairville.*

HARPALUS. *Gyllenhal.* CARABUS. *Fabricius.*

Les trois premiers articles des tarses antérieurs dilatés dans les mâles, moins longs que larges et fortement cordiformes. Dernier article des palpes presque cylindrique et tronqué à l'extrémité. Antennes filiformes et peu allongées. Lèvre supérieure en carré moins long que large, légèrement échancrée antérieurement. Mandibules peu avancées, assez fortement arquées et presque obtuses. Une dent simple au milieu de l'échancrure du menton. Corps épais et convexe. Corselet transversal, carré, trapézoïde ou arrondi sur les côtés. Élytres convexes, rarement allongées, souvent très-courtes, presque parallèles et arrondies à l'extrémité.

Ce genre, établi par Clairville, est depuis long-temps adopté par tous les entomologistes.

Les *Zabrus* sons des insectes au-dessus de la taille moyenne, assez gros, épais, assez convexes et peu agiles, ordinairement de couleur noire, rarement métallique, et qui présentent tous les caractères suivans :

La lèvre supérieure est plane, ou légèrement convexe,

en carré moins long que large et légèrement échancrée antérieurement. Les mandibules sont peu avancées, assez fortement arquées et presque obtuses. Le menton est assez grand, assez concave, fortement échancré, et il a une assez forte dent toujours simple au milieu de son échancrure. Les palpes sont peu allongés; leur dernier article, un peu plus court que le précédent, est presque cylindrique et tronqué à l'extrémité. Les antennes sont minces, filiformes et à peu près de la longueur de la tête et du corselet réunis, quelquefois un peu plus courtes, quelquefois un peu plus longues; leurs articles sont presque cylindriques : le premier est un peu plus gros que les autres; le second est le plus court de tous; le troisième est un peu plus long que les suivans, qui sont égaux entre eux. La tête est assez grosse, presque triangulaire et un peu renflée postérieurement. Les yeux sont peu saillans. Le corselet est convexe, transversal, carré, trapézoïde ou arrondi sur les côtés. Les élytres sont convexes, rarement allongées, souvent très-courtes, presque parallèles et arrondies à l'extrémité. Les pattes sont courtes et assez fortes. Les jambes antérieures sont assez fortement échancrées et terminées par deux épines. Les articles des tarses sont assez allongés, presque cylindriques ou légèrement triangulaires, et bifides à l'extrémité; les trois premiers des tarses antérieurs sont fortement dilatés dans les mâles: le premier est triangulaire et plus grand que les suivans, qui sont moins longs que larges et fortement cordiformes. Les crochets des tarses ne sont pas dentelés en dessous.

Les *Zabrus* se trouvent ordinairement sous les pierres, ou marchant dans les champs, et quelquefois sur les tiges des graminées. Toutes les espèces connues sont d'Europe, principalement des parties méridionales, à l'exception d'une seule, qui est de l'île de Ténériffe.

1. Z. Femoratus.

Pl. 157. fig. 1.

Apterus; niger; thorace transverso, anticeposticeque punctato; lateribus rotundatis, elytris oblongo-ovatis, convexis, subtilissime striato-punctatis; femoribus posticis subclavatis.

Dej. *Spec.* III. p. 441. n° 1.
Dej. *Cat.* p. 13.

Long. 10 $\frac{1}{4}$ lignes. Larg. 4 $\frac{1}{3}$ lignes.

Ressemble beaucoup au *Pelor Blaptoides*, mais plus grand et proportionnellement un peu plus allongé.

Corselet un peu moins large antérieurement, plus lisse au milieu, avec la base un peu moins échancrée.

Élytres un peu plus allongées, un peu plus rétrécies antérieurement, plus ovales, moins parallèles et moins arrondies à l'extrémité; le rebord da la base un peu plus fortement marqué, formant une petite dent peu distincte à l'angle huméral; les stries un peu plus distinctes et les intervalles presque lisses.

Cuisses postérieures des mâles plus grosses et un peu plus renflées, avec les jambes un peu dilatées à l'extrémité.

Il se trouve en Grèce et dans les îles de l'Archipel.

2. Z. Gravis.

Pl. 157. fig. 1.

Apterus, niger; thorace transverso, anticeposticeque punctato, lateribus rotundatis; elytris oblongo-ovatis, convexis, striatis, striis obsolete punctatis; antennis tarsisque rufo-piceis.

Dej. *Spec.* III. p. 442. n° 2.
Dej. *Cat.* p. 13.

Long. 7, 8 lignes. Larg. 3, 3 $\frac{1}{2}$ lignes.

Plus grand que le *Gibbus*, proportionnellement plus large et d'un noir plus brillant.

Tête plus large, presque lisse, avec les antennes d'un brun un peu roussâtre.

Corselet le double plus large que la tête, moins long que large, transversal, assez convexe et très-arrondi sur les côtés, la ligne médiane fine et peu marquée; les impressions transversales assez fortement marquées l'antérieure presque en arc de cercle : le bord antérieur et la base couverts de points enfoncés assez serrés et assez marqués ; le milieu tout-à-fait lisse ; le bord antérieur assez échancré ; les côtés légèrement rebordés et largement déprimés ; surtout vers les angles postérieurs ; la base assez fortement échancrée.

Élytres plus larges que le corselet, en ovale allongé, assez convexs et sinuées près de l'extrémité ; ayant chacune neuf stries assez fortement marquées et très-légèrement ponctuées ; les intervalles lisses et peu relevés ; point d'ailes sous les élytres.

Dessous du corps et cuisses noirs, avec les trocanters et les jambes d'un brun noirâtre, et les tarses d'un brun roussâtre.

Il se trouve assez communément en Espagne.

3. Z. Silphoides. *Hoffmansegg*.

Pl. 157. fig. 3.

Apterus, niger; thorace transverso, antice posticeque punctato, lateribus rotundatis; elytris ovatis, convexis, striato-punctatis; antennis tarsisque rufo-piceis.

Dej. *Spec.* iii. p. 443. n° 3.
Dej. *Cat.* p. 13.

Long. 5 $\frac{1}{4}$, 6 lignes. Larg. 2 $\frac{1}{2}$, 2 $\frac{3}{4}$ lignes.

Ressemble beaucoup au *Gravis*, mais plus petit portionnellement, un peu moins allongé, avec les élytres de la femelle plus ternes.

Corselet ayant la ligne médiane plus marquée, les points enfoncés un peu plus petits et moins marqués, et le milieu un peu moins lisse.

Élytres un peu plus courtes et un peu plus ovales, avec les stries un peu moins marquées et plus distinctement ponctuées.

Il se trouve en Espagne.

4. Z. Marginicollis.

Pl. 157. fig. 4.

Apterus, niger; thorace transverso, antice posticeque obsolete punctato, lateribus rotundatis, marginatis; elytris ovatis, subconvexis, subtiliter striatis, striis obsolete punctatis.

Dej. *Spec.* III. p. 444. n° 4.
Dej. *Cat.* p. 13.

Long. 5 $\frac{3}{4}$ lignes. Larg. 2 $\frac{3}{4}$ lignes.

A peu près de la taille du *Silphoides*, et d'un noir assez obscur.

Tête à peu près comme pans le *Silphoides*.

Corselet ayant les côtés moins arrondis et les points enfoncés presque effacés, et le milieu moins lisse, couvert de rides ondulées peu distinctes; les côtés un peu plus fortement rebordés, plus fortement déprimés et un peu plus rugueux; les angles postérieurs fortement prolongés en arrière et presque arrondis ; la base fortement échancrée dans son milieu.

Élytres un peu plus larges à leur base et un peu moins convexes; leurs bords latéraux un peu plus relevés et presque en carène; l'angle huméral moins arrondi; les stries plus fines et moins marquées.

Dessous du corps et pattes entièrement noirs.

Il a été trouvé une seule fois en Espagne par M. le comte Dejean.

5. Z. Curtus. *Latreille.*

Pl. 157. fig. 5.

Apterus, niger; thorace subquadrato, postice punctulato, utrinque obsolete impresso; elytris brevioribus, subparallelis; convexis, striatis, striis obsolete punctatis; antennis tarsisque rufo-piceis.

Dej. *Spec.* III. p. 445. n° 5.
Dej. *Cat.* p. 13.

Long. 5, 6 lignes. Larg. 2 $\frac{1}{3}$, 3 lignes.

Ordinairement un peu plus petit que le *Gibbus*, proportionnellement beaucoup plus large, entièrement d'un noir assez brillant dans les mâles, et d'un noir mat et plus terne sur les élytres des femelles.

Tête plus courte, plus large, plus lisse, avec les antennes d'un brun roussâtre.

Corselet le bouble plus large que la tête, moins long que large, assez court, presque carré, un peu rétréci antérieurement et assez convexe ; les rides ondulées à peine distinctes; la ligne médiane assez marquée, l'impression transversale antérieure peu apparente, et formant un angle sur la ligne du milieu; la postérieure un peu plus distincte ; la base couverte de points enfoncés assez serrés dans le milieu; le bord antérieur assez échancré, les côtés légèrement rebordés et un peu déprimés vers les angles postérieurs ; ceux-ci presque aigus et prolongés en arrière; la base fortement échancrée dans son milieu.

Élytres un peu plus larges que le corselet, assez courtes, presque parallèles, très-convexes et légèrement sinuées près de l'extrémité, ayant chacune neuf stries assez marquées et très-légèrement ponctuées; les intervalles très-legèrement relevés dans les mâles, planes dans les femelles; point d'ailes sous les élytres.

Dessous du corps, cuisses et jambes noirs, avec les tarses d'un brun roussâtre.

Il se trouve dans le centre et dans le midi de la France. Il est assez commun aux environs de Paris.

6. Z. Inflatus.

Pl. 158. fig. 1.

Apterus, niger; thorace subquadrato, postice utrinque obsolete impresso; elytris ovatis subconvexis, striatis; tarsis rufo-piceis.

Dej. *Spec.* III. p. 446. n° 6.
Dej. *Cat.* p. 13.

Long. 6, 6 ½ lignes. Larg. 3, 3 ¼ lignes.

A peu près de la longueur du *Gibbus*, proportionnellement beaucoup plus large et d'un noir brillant dans les mâles, et plus terne dans les femelles.

Tête un peu plus large, un peu plus courte, presque lisse.

Corselet le double plus large que la tête, moins long que large, assez court, presque carré, un peu rétréci antérieurement et peu convexe ; les rides ondulées à peine distinctes; la ligne médiane assez marquée; l'impression transversale antérieure peu distincte, la postérieure un peu plus marquée; de chaque côté de la base, une petite impression très-peu marquée; le bord antérieur assez échancré ; les côtés légèrement rebordés et assez largement déprimés, surtout vers les angles postérieurs ; ceux-ci prolongés, coupés carrément et presque aigus, la base fortement échancrée dans son milieu.

Élytres plus larges que le corselet, peu allongées, ovales, peu convexes et légèrement sinuées près de l'extrémité; les bords latéraux un peu relevés et presque en carène ; les stries fines, assez marquées et paraissant lisses ; les intervalles presque planes; point d'ailes sous les élytres.

Dessous du corps, cuisses et jambes noirs, avec les tarses d'un brun roussâtre.

Il se trouve dans les départements de la Gironde et des Landes.

7. Z. Obesus. *Latreille.*

Pl. 158. fig. 2.

Apterus; capite nigro; thorace nigro-æneo, transverso, postice punctulato, lateribus subrotundatis; elytris viridi-æneis, subovatis, convexis, striatis, striis oboslete punctatis; tarsis rufo-piceis.

Dej. *Spec.* III. p. 448. n° 7.
Dej. *Cat.* p. 13.

Long. 6 $\frac{1}{2}$, 7 lignes. Larg. 3, 3 $\frac{1}{3}$ lignes.

Plus grand que le *Gibbus* et porportionnellement plus large.

Tête noire, plus large et presque lisse.

Corselet d'un noir très-légèrement bronzé antérieurement, d'un bronzé verdâtre postérieurement et sur les côtés, assez brillant dans les mâles, obscur et terne dans les femelles, à peu près le double plus large que la tête, moins long que large, transversal, un peu rétréci antérieurement, assez arrondi sur les côtés et assez convexe, les rides ondulées peu marquées, la ligne médiane fine et peu marquée; toute la base couverte de petits points enfoncés très-serrés, mais peu marqués; le bord antérieur assez échancré; les côtés très-légèrement rebordés et largement déprimés, surtout vers les angles postérieurs; ceux-ci un peu prolongés et presque arrondis ; la base fortement échancrée.

Élytres d'un vert bronzé, quelqnefois un peu cuivreux, assez brillant dans les mâles, plus obscur et quelquefois presque noirâtre dans les femelles, peu allongées, plus larges que le corselet, légèrement ovales, assez convexes et sinuées près de l'extrémité ; les stries assez marquées, lisses ou très-légèrement ponctuées ; les intervalles très-légèrement relevés ; point d'ailes sous les élytres.

Dessous du corps, trocanters, cuisses et jambes noirs, avec les tarses d'un brun roussâtre.

Il se trouve dans les Hautes-Pyrénées, mais à une certaine élévation.

8. Z. Fontenayi. *Solier.*

Pl. 158. fig. 3.

Apterus, niger ; thorace breviore, subquadrato, antice subangustato, antice posticeque punctato ; elytris brevioribus, subparellelis, convexis, subtiliter striato-punctatis ; antennis tarisque rufo-piceis.

Dej. *Spec.* v. *Suppl.* p. 786. n° 14.

Long. 7 ½, 8 ½ lignes. Larg. 3 ½, 4 lignes.

Plus grand que l'*Incrassatus*.

Tête et antennes à peu près de même.

Corselet un peu plus court, presque transversal et ponctué à peu près de la même manière; le sommet des angles postérieurs un peu arrondi; la base un peu moins en arc de cercle.

Élytres un peu plus allongées, un peu moins larges antérieurement et plus lisses; les stries moins marquées, très-distinctement ponctuées, paraissant composées, surtout dans le mâle, d'une suite de points enfoncés, placés à côté les uns des autres.

Dessous du corps et pattes à peu près comme dans l'*Incrassatus*.

Il se trouve en Morée.

9. Z. Græcus.

Pl. 158. fig. 4.

Apterus, niger; thorace subquadrato, antice angustato, obsolete punctato, postice latiore, punctato; elytris brevioribus, subparallelis, convexis, striatopunctatis; antennis tarsisque rufo-piceis.

Dej. *Spec.* III. p. 449. n° 8.

Long. 6, 7 $\frac{1}{4}$ lignes. Larg. 3, 3 $\frac{1}{2}$ lignes.

Ressemble beaucoup à l'*Incrassatus;* un peu plus court et proportionnellement plus large.

Tête un peu plus petite et un peu plus lisse.

Corselet plus lisse, un peu rétréci antérieurement et

un peu plus large postérieurement ; les rides ondulées moins marquées ; l'impression transversale près de la base moins distinc e ; les points enfoncés près du bord antérieur moins serrés, moins marqués, quelquefois presque effacés ; les côtés un peu moins fortement rebordés et assez fortement déprimés vers les angles postérieurs ; la base un peu plus échancrée en arc de cercle.

Élytres un peu plus courtes et un peu plus larges, striées et ponctuées à peu près de la même manière.

Il se trouve en Grèce.

10. Z. INCRASSATUS.

Pl. 158. fig. 5.

Apterus, niger ; thorace subquadrato, antice subangustato antice posticeque punctato ; elytris brevioribus, subparallelis, convexis, striato-punctatis ; antennis tarsisque rufo-piceis.

DEJ. *Spec.* III. p. 450. n° 9.
DEJ. *Cat.* p. 13.
Carabus Incrassatus. GERMAR. *Reise nach Dalmatien.* p. 195. n° 79.
AHRENS. *Fauna Ins. Europ.* II. T. 4.

Long. 6 ½, 7 lignes. Larg. 3, 3 ⅓ lignes.

Un peu plus grand que le *Gibbus*, proportionnellement

beaucoup plus large, plus épais, et entièrement en dessus d'un noir assez brillant.

Tête un peu plus large et un peu plus renflée postérieurement, avec les antennes d'un brun un peu roussâtre.

Corselet le double plus large que la tête, moins long que large, assez court, presque carré, un peu rétréci antérieurement, très-légèrement arrondi sur les côtés et assez convexe ; les rides ondulées assez distinctes ; la ligne médiane fine, peu marquée ; l'impression transversale antérieure peu sensible ; la postérieure un peu plus marquée ; le bord antérieur, surtout vers le milieu, et toute la base couverts de points enfoncés assez fortement marqués et assez serrés ; le bord antérieur assez échancré ; les côtés fortement rebordés, ne paraissant pas déprimés ; les angles postérieurs coupés presque carrément ; la base échancrée en arc de cercle.

Élytres un peu plus larges que le corselet, assez courtes, presque parallèles, très-convexes et assez fortement sinuées près de l'extrémité ; ayant chacune neuf stries assez fortement marquées et fortement ponctuées ; les intervalles très-lisses et presque planes ; point d'ailes sous les élytres.

Dessous du corps, cuisses et jambes noirs, avec les tarses d'un brun un peu roussâtre.

Il se trouve en Dalmatie et dans les îles Ioniennes.

11. Z. PINGUIS. *Hoffmansegg.*

Pl. 159. fig. 1.

Apterus, niger; thorace transverso, antice angustato, posticepunctulato, utrinque obsolete impresso; elytris brevissimis, convexis, striatis; antennis tarsisque rufo-piceis.

DEJ. *Spec.* v. *Suppl.* p. 786. n° 15.

Long. 6 $\frac{1}{4}$ lignes. Larg. 3 $\frac{1}{4}$ lignes.

Un peu plus petit que l'*Incrassatus*, et proportionnellement plus large.

Tête plus large, surtout postérieurement.

Corselet plus court, presque transversal, plus large postérieurement, couvert de rides transversales ondulées peu distinctes; la ligne médiane fine, peu marquée; toute la base couverte de points enfoncés très-peu marqués et peu rapprochés les uns des autres; de chaque côté de la base, une petite impression oblongue très-peu marquée; le bord antérieur légèrement échancré; les angles antérieurs assez avancés, arrondis à leur sommet; les côtés très-légèrement rebordés et un peu déprimés vers les angles postérieurs; ceux-ci coupés carrément, un peu arrondis à leur sommet; la base un peu échancrée.

Élytres plus courtes que celles de l'*Incrassatus*, plus

larges antérieurement et presque en demi-ovale; les stries fines, assez marquées, paraissant lisses à la vue simple; les intervalles planes.

Dessous du corps, pattes et antennes de la même couleur que dans l'*Incrassatus*.

Il se trouve en Portugal.

12. Z. Orsinii. *Géné*.

Pl. 159. fig. 2.

Apterus, niger; thorace subquadrato, postice punctato, utrinque impresso; elytris longioribus, subparallelis, convexis, striatis, striis obsolete punctatis; tarsis rufopiceis.

Dej. *Spec.* v. *Suppl.* p. 788. n° 17.

Long. 6 ¼ lignes. Larg. 2 ½ lignes.

A peu près de la taille du *Gibbus*, plus étroit, et entièrement en dessus d'un noir assez brillant.

Tête à peu près comme dans cette espèce.

Corselet un peu plus court, un peu moins rétréci antérieurement, plus lisse et moins convexe; la base moins fortement ponctuée, surtout dans son milieu; l'impression de chaque côté un peu plus marquée; les côtés un peu déprimés vers les angles postérieurs; ceux-ci coupés un peu moins carrément, un peu arrondis à leur sommet; la base très-légèrement échancrée en arc de cercle.

Élytres un peu plus étroites antérieurement et un peu moins parallèles; les stries paraissant lisses à la vue simple ; les intervalles un peu moins planes.

Dessous du corps, cuisses et jambes noirs, avec les tarses d'un brun un peu roussâtre.

Il se trouve dans le midi de l'Italie.

13. Z. Piger.

Pl. 159. fig. 3.

Alatus, nigro-piceus; thorace subquadrato, antice posticeque punctato, utrinque impresso; elytris interdum nigro-subæneis, brevioribus, parallelis, subconvexis, striatis, striis obsolete punctatis; antennis, tibiis tarsisque rufo-piceis.

Dej. *Spec.* iii. p. 453. n° 11.

Long. 4 ½, 6 lignes. Larg. 2 ¼, 2 ¾ lignes.

Très-voisin du *Gibbus*, mais plus petit, et proportionnellement un peu plus large.

Tête avec les rides un peu moins marquées, et les antennes d'un brun ronssâtre.

Corselet un peu plus court et moins convexe ; les points enfoncés près du bord antérieur plus nombreux et un peu plus marqués; l'impression de chaque côté de la base plus distincte ; le bord antérieur un peu sinué et un peu échancré dans son milieu ; les côtés un peu déprimés vers les angles postérieurs.

Élytres plus courtes et moins convexes, avec les stries moins distinctement ponctuées.

Il se trouve dans les parties méridionales de la France, en Espagne, en Dalmatie, en Italie et en Sardaigne.

14. Z. Gibbus.

Pl. 159. fig. 4.

Alatus, niger; thorace subquadrato, postice punctato, utrinque obsolete impresso ; elytris interdum nigro-subænis, longioribus, parallelis, convexis, striato-punctatis ; antennis, tibiis tarsisque rufo-piceis.

Dej. *Spec.* III. p. 453. n° 12.

Clairville. *Entom. Helvét.* II. p. 82. T. II.

Sturm. IV. p. 128. n° 1. T. 98.

Dej. *Cat.* p. 13.

Carabus Gibbus. Fabr. *Sys. El.* I. p. 189, n° 105.

Sch. *Syn. Ins.* I. p. 193. n° 146.

Duftschmid. II. p. 68. n° 70.

Harpalus Gibbus. Gyllenhal. II. p. 132. n° 42. et IV. p. 443. n° 42.

Carabus Madidus. Oliv. III. 35. p. 60. n° 73. T. 5. fig. 61.

Le Bupreste paresseux. Geoff. I. p. 159. n° 34.

Long. 6, 6 ½ lignes. Larg. 2 ½, 3 lignes.

D'un noir assez brillant, avec les élytres quelquefois un peu bronzées.

Tête presque ovale, non rétrécie postérieurement, avec les antennes d'un brun un peu roussâtre.

Corselet le double plus large que la tête, moins long que large, presque carré, un peu rétréci antérieurement et assez convexe; les rides ondulées assez distinctes; la ligne médiane fine, très-peu marquée; toute la base couverte de points enfoncés assez marqués et très-serrés; de chaque côté, une légère impression oblongue, très-peu apparente; le bord antérieur coupé presque carrément; les côtés assez fortement rebordés; les angles postérieurs et la base coupés presque carrément.

Élytres à peine plus larges que le corselet, assez allongées, parallèles, assez convexes et sinuées près de l'extrémité; les stries assez marquées et assez fortement ponctuées; les intervalles presque planes et un peu relevés près de l'extrémité; des ailes sous les élytres.

Dessous du corps et cuisses d'un noir quelquefois un peu brunâtre, avec les trocanters, les jambes et les tarses d'un brun un peu roussâtre.

Il se trouve communément sous les pierres et dans les champs, en Suède, en France, en Suisse, en Allemagne, en Autriche et en Dalmatie.

15. Z. Aurichalceus.

Pl. 159. fig. 5.

Apterus, supra cupreo-æneus; thorace subquadrato, punctato; lateribus subrotundatis; elytris subparallelis, punctatis, punctis in trias fere dispositis.

Dej. *Spec.* III. p. 455. n° 13.
Dej. *Cat.* p. 13.
Blaps Aurichalcea. Adams. *Mémoires de la Société imp.^e des Naturalistes de Moscou.* v. p. 307. n° 24.
Pelobatus Adamsii. Fischer. *Idem.* p. 468.

Long. 8 lignes. Larg. 3 $\frac{2}{3}$ lignes.

Plus grand que le *Gibbus*, et entièrement en dessus d'un bronzé un peu cuivreux.

Tête un peu plus obscure que le corselet.

Corselet à peu près le double plus large que la tête, moins long que large, assez court, presque carré, un peu rétréci antérieurement, légèrement arrondi sur ses côtés et un peu convexe, couvert de rides ondulées peu distinctes et de points assez serrés; la ligne médiane assez marquée dans son milieu; le bord antérieur assez échancré; les côtés légèrement rebordés, un peu relevés et assez déprimés, surtout vers les angles postérieurs.

Élytres plus larges que le corselet, assez allongées,

presque parallèles, peu convexes et assez fortement sinuées près de l'extrémité ; entièrement couvertes de points enfoncés assez marqués ; assez serrés et presque disposés en lignes longitudinales ; point d'ailes sous les élytres. Dessous du corps et pattes noirs.

Il se trouve dans les vallées septentrionales du Cauca e.

XXXV. AMARA. *Bonelli. Megerle.*

HARPALUS. *Gyllenh.* CARABUS. *Fabrici.* LEIRUS. *Megerle.*

Les trois premiers articles des tarses antérieurs dilatés dans les mâles, moins longs que larges et fortement cordiformes. Dernier article des palpes allongé, légèrement ovalaire et tronqué à l'extrémité. Antennes filiformes et peu allongées. Lèvre supérieure en carré moins long que large, coupée carrément ou légèrement échancrée antérieurement. Mandibules peu avancées, plus ou moins arquées et peu aiguës. Une dent bifide au milieu de l'échancrure du menton. Corselet transversal, le plus souvent trapézoïde, quelquefois carré ou rétréci postérieurement et presque cordiforme. Élytres légèrment convexes, ordinairement peu allongées, presque parallèles ou très-légèrement ovalaires, et arrondies à l'extrémité.

C'est encore à Bonelli que nous devons la création de ce genre, adopté depuis long-temps par tous les entomologistes. Depuis, M. Megerle en a séparé, sous le nom de

Leirus, les espèces dont le corselet, moins rétréci antérieurement, est souvent au contraire plus étroit postérieurement, ou dont la base est au moins fortement ponctuée et marquée d'impressions assez profondes ; mais ces différences peuvent tout au plus constituer de simples divisions, et il est même telle espèce intermédiaire qu'on pourrait aussi bien placer dans l'une que dans l'autre.

Les *Amara* sont des Carabiques ordinairement de taille moyenne, presque toujours ailés, de couleur métallique ou brune, rarement noire, souvent très-agiles, quelquefois assez lourds, et qui présentent tous les caractères suivans :

La lèvre supérieure est presque plane ou légèrement convexe, en carré moins long que large, coupée presque carrément, ou très-légèrement échancrée antérieurement Les mandibules sont très-peu avancées, plus ou moins arquées et plus aiguës. Le menton est assez grand, plus ou moins concave, fortement échancré, et il a une forte dent assez distinctement bifide au milieu de son échancrure. Les palpes sont peu saillans ; leur dernier article est assez allongé, légèrement ovalaire et tronqué à l'extrémité. Les antennes sont filiformes, assez minces et à peu près de la longueur de la tête et du corselet réunis, quelquefois un peu plus longues, quelquefois un peu plus courtes ; le premier article est cylindrique et un peu plus gros que les autres ; le second est aboconique et le plus court de tous ; le troisième est obconique et un peu plus long que les suivans, qui sont égaux entre eux ; le quatrième est presque cylindrique, et les autres légèrement comprimés et presque en carré allongé dont les angles sont arrondis. La tête est presque triangulaire et peu ou point rétrécie postérieurement. Les yeux sont arrondis et plus ou moins saillans. Le corselet est court, transversal, souvent trapézoïde, quelquefois carré ou rétréci postérieurement et presque cordiforme. Les élytres sont légèrement convexes, ordinairement peu allongées, presque parallèles ou légèrement ovalaires et arrondies à l'extrémité. Les pattes sont assez fortes et peu allongées. Les jambes antérieures sont fortement échancrées et terminées par une seule épine. Les articles des tarses sont assez allongés, presque cylindriques ou très-légèrement triangulaires; les trois premiers des tarses antérieurs sont très-fortement dilatés dans les mâles : le premier est triangulaire et plus grand que les deux suivans, qui sont moins longs que larges et fortement cordiformes. Les crochets des tarses ne sont pas dentelés en dessous.

Les *Amara* se trouvent ordinairement sous les pierres, dans les champs et de préférence dans les endroits secs et arides. Toutes les espèces connues dans ce genre appartiennen à l'Europe, au nord de l'Afrique, à la Sibérie, au nord-est de l'Asie, à l'Amérique septentrionale et au Mexique.

1. A. Eurynota. *Kugelann.*

Pl. 160. fig. 1.

Ovata, latior, supra-ænea; thorace antice angustato, postice utrinque bifoveolato; elytris postice subangustatis, striatis, interstitiis subelevatis; antennis basi rufis, pedibus nigris.

Dej. *Spec.* III. p. 458. n° 1.
Dej. *Cat.* p. 9.
Carabus Eurynotus. Illig. *Kæffer Preus.* I. p. 167. n° 32.
Duftschmid. II. p. 114. n° 140.
Carabus Acuminatus. Payk. *Fauna Suecica.* I. p. 166. n° 86.
Sch. *Syn. Ins.* I. p. 203. n° 197.
Harpalus Acuminatus. Gyllenhal. II. p. 136. n° 46. et IV. p. 444. n° 46.
Sahlberg. *Dissert. Entom. Ins. Fennica.* p. 243. n° 46.
A. Acuminata. Sturm. VI. p. 42. n° 22. T. 143. fig. b. B.
A. Dilatata. Ziegler.
Var. *A. Vulgaris.* Ziegler.

Long. 4, 5 $\frac{1}{2}$ lignes. Larg. 2, 2 $\frac{3}{4}$ lignes.

Plus grande que la *Trivialis*, proportionnellement plus large et d'un bronzé obscur en dessus, quelquefois un peu verdâtre, quelquefois un peu cuivreux et quelquefois tout-à-fait noir.

Tête presque triangulaire, à peine rétrécie postérieurement, presque lisse, avec la base des antennes d'un rouge ferrugineux.

Corselet presque en trapèze, un peu plus large que la tête antérieurement, et un peu plus du double plus large qu'elle à sa base, moins long que large, très-faiblement arrondi sur les côtés et très-peu convexe ; les rides ondulées peu distinctes ; la ligne médiane assez marquée dans son milieu ; l'impression transversale antérieure en arc de cercle, à peine sensible, ainsi que la postérieure ; de chaque côté de la base deux impressions oblongues assez courtes, dont l'intérieure plus distincte ; le bord antérieur assez échancré ; les angles antérieurs assez aigus ; les côtés très-légèrement rebordés ; les angles postérieurs presque aigus et la base légèrement sinuée.

Élytres un peu plus larges que le corselet, peu allongées, très-légèrement ovales, presque parallèles, un peu rétrécies potérieurement, peu convexes et fortement sinuées près de l'extrémité ; les stries assez fortement marquées et paraissant lisses ; les intervalles un peu relevés, surtout vers l'extrémité.

Dessous du corps et pattes noirs.

Elle se trouve assez communément dans les champs et sous les pierres, dans une grande partie de l'Europe.

2. A. Obsoleta.

Pl. 160. fig. 2.

Ovata, supra plerumque æenea; thorace antice angustato, postice utrinque obsoletissime bifoveolato ; elytris striatis striis postice profundioribus ; antennis basi rufis ; pedibus nigris.

Dej. *Spec.* III. p. 460. n° 2.
Dej. *Cat.* p. 9.

Carabus Obsoletus. DUFTSCHMID. II. p. 116. n° 144.
A. Montivaga. STURM. VI. p. 45. n° 24. T. 144. fig. c. d. D.
A. Chlorophana. MEGERLE. STURM. *Catal.* p. 90.
A. Agrestis. MEGERLE.
A. Anachoreta. ZIEGLER.
A. Lævigata. DEJ. *Cat.* p. 9.

Long. 3 $\frac{1}{3}$, 4 $\frac{1}{4}$ lignes. Larg. 1 $\frac{2}{3}$, 2 $\frac{1}{4}$ lignes.

Plus petite que l'*Eurynota*, un peu moins large, plus lisse, plus convexe, et d'un bronzé quelquefois verdâtre et brillant, quelquefois obscur et presque noirâtre.

Corselet plus lisse, plus convexe; la ligne médiane moins marquée ; les deux impressions de chaque côté de la base un peu moins marquées.

Élytres un peu moins larges, plus convexes, plus lisses, et un peu moins rétrécies postérieurement ; les stries assez marquées, plus profondes vers l'extrémité que vers la base ; les intervalles tout-à-fait planes.

Dessous du corps d'un noir un peu verdâtre ou bronzé, avec les pattes noires. Le reste comme dans l'*Eurynota*.

Elle se trouve, mais assez rarement, en France, en Allemagne et en Autriche.

La *Lævigata* du Catalogue ne paraît pas différer de cette espèce.

La *Montivaga* de Sturm est ordinairement plus étroite, plus verte et plus brillante ; mais ces différences ne sont pas constantes, et il est impossible de séparer ces deux espèces.

3. A. SIMILATA.

Pl. 160. fig. 3.

Subovata, supraplerumque ænea; thorace antice angustato, postice utrinque obsolete bifoveolato, foveis punctulatis; elytris striatis, striis postice profundioribus; antennis basi rufis; tibiis tarsisque rufo-piceis.

DEJ. *Spec.* III. p. 461. n° 3.
STURM. VI. p. 40. n° 21. T. 144. fig. a. A.
Harpalus Similatus. GYLLENHAL. II. p. 138. n° 47. et IV. p. 444. n° 7.
SAHLBERG. *Dissert. Entom. Ins. Fennica.* p. 243. n° 47.
Harpalus Prætermissus. SAHLBERG. *Dissert. Entom. Ins. Fennica.* p. 246. n° 51.
A. Constans. GERMAR.
A. Fulvicornis. GYSSELEN.
A. Misera. HERRICH SCHOEFFER.
VAR. *A. Chalcites.* SCHUPPEL.

Long. 3 $\frac{1}{4}$, 4 lignes. Larg. 1 $\frac{1}{2}$, 2 lignes.

Un peu plus grande que la *Trivialis*, proportionnellement un peu plus large, offrant presque les mêmes variétés de couleur.

Corselet offrant de chaque côté de la base deux impressions, dont l'extérieure peu marquée, mais toujours distincte, ayant l'une et l'autre le fond et les bords couverts de petits points enfoncés toujours assez distincts.

Élytres un peu plus larges ; les stries plus marquées, plus profondes vers l'extrémité que vers la base ; les intervalles tout-à-fait planes.

Dessous du corps d'un noir un peu bronzé ou verdâtre ; cuisses noires, avec les jambes et les tarses d'un brun un peu noirâtre. Le reste comme dans la *Trivialis*.

Elle se trouve assez communément dans une grande partie de l'Europe ; elle habite aussi la côte de Barbarie, la Sibérie, le Japon et l'Amérique septentrionale.

4. A. Saphirea. *Ziegler*.

Pl. 160. fig. 4.

Subovata, supra viridi-cyanea ; thorace antice angustato, postice utrinque obsolete bifoveolato, foveis punctulatis ; elytris striatis, striis postice profundioribus ; antennarum basi pedibusque rufis.

Dej. *Spec.* III. p. 463. n° 4.

Long. 4 lignes. Larg. 2 lignes.

A peu près de la taille de la *Similata* ; un peu plus courte, proportionnellement un peu plus large et d'un vert bronzé un peu bleuâtre sur la tête et le corselet, et d'un bleu un peu verdâtre sur les élytres.

Tête et corselet à peu près comme dans la *Similata*.

Élytres un peu plus courtes, les stries plus marquées et plus profondes vers l'extrémité que vers la base.

Pattes entièrement d'un rouge ferrugineux.

Elle se trouve dans les montagnes de la Hongrie.

5. A. VULGARIS.

Pl. 160. fig. 5.

Oblongo-ovata, supra plerumque ænea; thorace antice angustato, postice utrinque obsolete bifoveolato; elytris subtiliter striatis; antennis pedibusque nigris.

DEJ. *Spec.* III. p. 463. n° 5.
STURM. VI. p. 48. n° 26.
Carabus Vulgaris. FABR. *Sys. El.* I. p. 195. n 137.
SCH. *Syn. Ins.* I. p. 201. n° 188.
DUFTSCHMID. II. p. 117. n° 146.
Harpalus Vulgaris. GYLLENHAL. II. p. 138. n° 48. et IV. p. 444. n° 48.
SAHLBERG. *Dissert. entom. Ins. Fennica.* p. 244. n° 48.

Long. 3 $\frac{1}{3}$, 3 $\frac{3}{4}$ lignes. Larg. 1 $\frac{1}{2}$, 1 $\frac{3}{4}$ lignes.

Très-voisine de la *Trivialis*, dont elle n'est peut-être qu'une variété.

Antennes entièrement d'un brun noirâtre, à l'exception du premier article, qui est d'un rouge ferrugineux et quelquefois d'un brun roussâtre.

Corselet ayant de chaque côté de la base deux petites impressions peu marquées, toujours assez distinctes, lisses dans le fond et sur leurs bords.

Élytres striées à peu près de la même manière ; les intervalles tout-à-fait planes.

Pattes entièrement noires ou au moins d'un brun noirâtre.

Elle se trouve en Suède, en Allemagne et en Autriche.

6. A. Trivialis.

Pl. 160. fig. 6.

Oblongo-ovata, supra plerumque œnea ; thorace antice angustato, postice utrinque obsolete foveolato, foveis obsolete punctulatis ; elytri ssubtiliter striatis, interstitiis alternatim obsoletissime subelevatis; antennis basi testaceis; tibiis rufo-piceis.

Dej. *Spec.* III. p. 464. n° 6.

Sturm. IV. p. 46. n° 25. T. 145. fig. b. B.

Carabus Trivialis. Duftschmid. II. p. 116. n° 143.

Harpalus Trivialis. Gyllenhal. II. p. 140. n° 49. et IV. p. 445. n° 49.

Sahlberg. *Dissert. Entom. Ins. Fennica.* p. 245. n° 50.

Carabus Vulgaris. Oliv. III. 35. p. 75. n° 98. T. 4. fig. 36.

A. Vulgaris. DEJ. *Cat.* p. 9.

Feronia Impuncticollis. SAY. *Transactions of the American phil. Society. new series.* II. p. 36. n° 3.

Le Bupreste Rosette. GEOFF. I. p. 160. n° 36.

Long. 3, 3 ¾ lignes. Larg. 1 ½, 1 ¾ ligne.

D'un bronzé plus ou moins brillant, plus ou moins obscur, quelquefois un peu verdâtre ou un peu cuivreux, quelquefois d'un bleu noirâtre, et même quelquefois tout-à-fait noire, plus brillant dans les mâles et plus terne dans les femelles.

Tête presque triangulaire, à peine rétrécie postérieurement, avec les trois premiers articles des antennes d'un jaune ferrugineux, et les autres d'un brun obscur.

Corselet presque en trapèze, un peu plus large que la tête antérieurement, à peu près le double plus large qu'elle à sa base, moins long que large, très-légèrement arrondi sur les côtés et assez convexe; les rides ondulées peu distinctes; la ligne médiane peu marquée; les impressions transversales à peine sensibles; de chaque côté de la base une petite impression oblongue assez distincte, ponctuée sur les bords; le bord antérieur assez échancré; les angles antérieurs assez aigus; les côtés très-légèrement rebordés; les angles postérieurs presque aigus; la base légèrement sinuée.

Élytres un peu plus larges que le corselet, peu allongées, très-légèrement ovales, presque parallèles, peu convexes, fortement sinuées près de l'extrémité; les stries assez fines, pas plus marquées vers l'extrémité que vers la base, paraissant lisses ; les troisième, cinquième et septième intervalles ordinairement très-légèrement relevés ; les autres tout-à-fait planes.

Dessous du corps d'un noir plus ou moins verdâtre ou bronzé ; cuisses noires, avec les jambes d'un brun plus ou moins roussâtre et les tarses d'un brun noirâtre.

Elle se trouve très-communément dans presque toute l'Europe et en Sibérie ; M. Goudot l'a rapportée des environs de Tanger. La *Feronia Impuncticollis*, qui se trouve dans l'Amérique septentrionale, ne paraît pas différer de cette espèce.

Les *A. Obsoleta, Similata, Vulgaris, Trivialis, Plebeja* et *Communis* présentent toutes de nombreuses variétés ; on rencontre difficilement deux individus absolument semblables, et souvent même plusieurs paraissent appartenir autant à l'une qu'à l'autre de ces espèces ; elles pourraient presque être réunies en une seule.

7. A. Spreta. *Zimmermann.*

Pl. 161. fig. 1.

Oblongo-ovata, supra plerumque æenea ; thorace antice angustato, postice utrinque obsolete bifoveolato, foveis punctulatis ; elytris subtiliter striatis, striis obsolete punctatis, interstitiis alternatim obsoletissime subelevatis ; antennarum articulis duobus primis rufis ; tibiis rufo-piceis.

Dej. *Spec.* v. *Suppl.* p. 791. n° 64.

Long. 3 $\frac{1}{4}$, 4 lignes. Larg. 1 $\frac{1}{2}$, 1 $\frac{3}{4}$ ligne.

Très-voisine, de la *Trivialis*, mais ordinairement un peu plus grande, un peu plus large et un peu moins convexe.

Antennes ayant les deux premiers articles d'une couleur testacée un peu roussâtre.

Corselet un peu plus court et un peu plus large, ayant de chaque côté de la base deux impressions oblongues, assez distinctes, dont le fond et les bords sont un peu plus distinctement ponctués.

Élytres un peu plus larges, striées à peu près de la même manière; les stries paraissant légèrement ponctuées.

Dessous du corps et pattes à peu près comme dans la *Trivialis*.

Elle se trouve en Allemagne, en Volhynie et en Sibérie.

8. A. Plebeja.

Pl. 161. fig. 2.

Oblongo-ovata, supra plerumque ænea; thorace antice angustato; postice utrinque obsolete bifoveolato, foveis punctulatis; elytris subtiliter striatis; antennarum basi tibiisque testaceis.

Dej. *Spec.* III. p. 467. n° 7.

Harpalus Plebejus. Gyllenhal. II. p. 141. n° 50. et IV. p. 445. n° 50.

SAHLBERG. *Dissert. Entom. Ins. Fennica.* p. 246. n° 52.
A. Littoralis. ESCHSCHOLTZ.

Long. 2 $\frac{3}{4}$, 3 $\frac{2}{3}$ lignes. Larg. 1 $\frac{1}{3}$, 1 $\frac{2}{3}$ ligne.

Très-voisine de la *Trivialis*, par la forme, la grandeur et les couleurs.

Corselet ayant de chaque côté de la base deux impressions peu marquées, mais toujours distinctes, couvertes de petits points enfoncés, assez marqués dans le fond et sur les bords.

Élytres ayant les stries un peu plus marquées, pas plus profondes vers l'extrémité que vers la base, ordinairement lisses, quelquefois très-légèrement pouctuées, les intervalles tout-à-fait planes.

Jambes ordinairement d'un jaune testacé un peu roussâtre.

Elle se trouve communément par toute l'Europe.

9. A. COMMUNIS.

Pl. 161. fig. 3.

Oblongo-ovata, brevior, supra plerumque ænea, nitida; thorace antice angustato, postice utrinque obsoletissime bifoveolato, foveis punctulatis; elytris striatis, striis postice profundioribus; antennarum basi tibiisque rufis.

DEJ. *Spec.* III. p. 467 . n° 8.
STURM. VI. p. 49. n° 27.
Carabus Communis. FABR. *Sys. El.* I. p. 195. n° 138.
SCH. *Syn. Ins.* I. p. 201. n° 189.
DUFTSCHMID. II. p. 118. n° 147.
Harpalus Communis. GYLLENHAL. II. p. 141. n° 51. et IV. p. 445. n° 51.
SAHLBERG. *Dissert. Entom. Ins. Fennica.* p. 247. n° 54.
A. Nitida. DEJ. *Cat.* p. 9.
A. Rufiventris. GERMAR.
A. Ferrea. STURM. VI. p. 36. n° 18. T. 142. fig. c. C.

Long. 2 $\frac{1}{2}$, 3 $\frac{1}{2}$ lignes. Larg. 1 $\frac{1}{3}$, 1 $\frac{3}{4}$ ligne.

Très-voisine de la *Trivialis*, par la forme, la taille et les couleurs, et ordinairement un peu plus courte, plus large, plus lisse et plus convexe.

Les trois premiers articles des antennes un peu plus rouges et moins jaunes.

Corselet ayant les deux impressions de chaque côté de la base très-peu marquées et quelquefois presque entièrement effacées.

Élytres un peu plus courtes ; les stries plus marquées et plus profondes vers l'extrémité que vers la base ; les intervalles plus lisses et tout-à-fait planes.

Les jambes d'un brun plus ou moins roussâtre.

Elle se trouve dans presque toute l'Europe, mais moins communément que la *Trivialis* ; elle habite aussi l'Amérique septentrionale.

10. A. Tricuspidata.

Pl. 161. fig. 4.

Oblongo-ovata, supra viridi-ænea; thorace antice angustato, postice utrinque obsolete bifoveolato, foveis obsolete punctulatis; elytris striatis, striis postice profundioribus; antennis basi testaceis, tibiis rufo-piceis; spina terminali tibiarum trifida.

Dej. *Spec.* v. *Suppl.* p. 792. n° 65.
Sturm. *Catal.* p. 91.

Long. 3 $\frac{1}{2}$, 3 $\frac{3}{4}$ lignes. Larg. 1 $\frac{1}{2}$, 1 $\frac{3}{4}$ ligne.

Voisine de la *Trivialis* par la forme et par la taille, et d'un bronzé un peu verdâtre en dessus.

Antennes ayant les trois premiers articles d'un jaune testacé un peu roussâtre.

Corselet ayant de chaque côté de sa base deux petites impressions oblongues, peu marquées, mais assez distinctes, ponctuées légèrement dans le fond et sur les bords.

Élytres à peu près de la même forme; les stries plus marquées, plus profondes vers l'extrémité que vers la base, paraissant lisses ; les intervalles tout-à-fait planes.

Dessous du corps et pattes comme dans la *Trivialis*.

Les jambes antérieures terminées par une épine trifide bien distincte, assez forte.

Elle se trouve en Allemagne, et particulièrement aux environs de Berlin.

11. A. Curta.

Pl. 161. fig. 5.

Ovata, brevior, supra nigra vel obscure ænea; thorace antice angustato, postice utrinque obsoletissime bifoveolato, foveis punctulatis; elytris striatis, striis postice profundioribus; antennarum basi tibiisque rufis.

Dej. *Spec.* iii. p. 468. nº 9.
Dej. *Cat.* p. 9.

Long. 2 $\frac{1}{4}$, 3 lignes. Larg. 1 $\frac{1}{3}$, 1 $\frac{1}{2}$ ligne.

Plus petite que la *Communis*, proportionnellement plus courte, plus large, moins convexe, et d'un bronzé obscur, souvent même tout-à-fait noire.

Élytres plus courtes, plus larges et moins convexes, striées à peu près de la même manière.

Antennes et pattes comme dans la *Communis*.

Elle se trouve dans différentes parties de la France, en Styrie et en Volhynie.

12. A. Familiaris. *Creutzer.*

Pl. 161. fig. 6.

Oblongo-ovata, brevior, supra plerumque ænea; thorace antice angustato, postice utrinque obsolete bifoveolato; elytris striatis, striis postice profundioribus; antennarum basi pedibusque rufo-testaceis.

Dej. *Spec.* III. p. 469. nº 10.
Sturm. VI. p. 59. nº 34. t. 147. fig. a. A.
Carabus Familiaris. Duftschmid. II. p. 119. nº 148.
Harpalus Familiaris. Gyllenhal. IV. p. 145. nº 51-52.
Sahlberg. *Dissert. Entom. Ins. Fennic.* p. 247. nº 53.
Harpalus Communis. var. c. d. e. Gyllenhal. II. p. 141. nº 51.
A. Communis. Dej. *Cat.* p. 9.
A. Cursor. Sturm. VI. p. 57. nº 33. t. 146. fig. d. D.
A. Gilvipes. Mégerle.
Feronia Impunctata. Say. *Transactions of the American Society. new series.* II. p. 45. nº 18.
Var. *Carabus Lucidus?* Andersch. Duftschmid. II. p. 121. nº 151.

Long. 2 $\frac{1}{4}$, 3 $\frac{1}{3}$ lignes. Larg. 1 $\frac{1}{4}$, 1 $\frac{1}{2}$ ligne.

Très-voisine de la *Communis* par la forme, la taille et la couleur.

Corselet ayant de chaque côté de la base deux impressions un peu plus distinctes et ne paraissant pas sensiblement ponctuées.

Élytres striées à peu près de la même manière.

Pattes entièrement d'un rouge ferrugineux un peu jaunâtre.

Elle se trouve communément dans presque toute l'Europe.

13. A. Perplexa.

Pl. 162. fig. 1.

Oblongo-ovata, brevior, supra obscure ænea; thorace antice angustato, postice in medio punctato, utrinque obsolete bifoveolato; elytris striatis, striis subtiliter punctatis, postice profundioribus; antennarum basi pedibusque rufo-testaceis.

Dej. *Spec.* III. p. 470. n° 11.

Long. 3 lignes. Larg. 1 ½ lignes.

Très-voisine de la *Familiaris*.

Corselet ayant les impressions postérieures plus marquées, et le milieu de la base couvert de points enfoncés peu marqués et peu rapprochés les uns des autres.

Élytres striées à peu près de la même manière; les stries légèrement ponctuées.

Antennes et pattes comme dans la *Familiaris*.

Elle se trouve en Volhynie.

14. A. Tibialis.

Pl. 162. fig. 2.

Oblongo-ovata, supra plerumque aenea; thorace antice angustato, postice utrinque bifoveolato; elytris subtiliter striatis striis obsolete punctulatis; antennis basi testaceis; tibiis rufo-piceis.

Dej. *Spec.* III. p. 471. n° 12.

Dej. *Cat.* p. 9.

Carabus Tibialis. Payk. *Fauna Suecica.* I. p. 168. n° 89.

Sch. Syn. Ins. I. p. 203. n° 198.

Harpalus Tibialis. Gyllenhal. II. p. 145. n° 54. et IV. p. 446. n° 54.

Sahlberg. *Dissert. Entom. Ins. Fennica.* p. 250. n° 59.

Carabus Viridis? Duftschmid. II. p. 120. n° 150.

A. Viridis? Sturm. VI. p. 60. n° 35. T. 147. fig. b. B.

Long. 2, 2 $\frac{1}{4}$ lignes. Larg. 1, 1 $\frac{1}{2}$ ligne.

Plus petite que la *Familiaris*, proportionnellement un peu moins large, tantôt d'un bronzé plus ou moins brillant ou obscur, quelquefois un peu verdâtre et quelquefois tout-à-fait noire.

Antennes ayant les trois premiers articles d'un jaune testacé un peu roussâtre.

Corselet un peu moins rétréci antérieurement, et un peu moins large postérieurement; les deux impressions de chaque côté de la base bien distinctes et ne paraissent pas ponctuées.

Élytres un peu plus étroites et un peu plus convexes; les stries assez fines, très-légèrement ponctuées et ne paparaissant pas plus marquées vers l'extrémité que vers la base, les intervalles tout-à-fait planes.

Dessous du corps et cuisses noirs, avec les jambes d'un brun plus ou moins roussâtre, et les tarses d'un brun noirâtre.

Elle se trouve assez communément en Suède, en Finlande, dans le nord de la Russie et en Sibérie.

15. A. Interstitialis. *Eschscholtz.*

Pl. 162. fig. 3.

Oblongo-ovata, supra obcure ænea; thorace antice angustato, postice utrinque bifoveolato, foveis obsoletissime punctulatis, elytris subtiliter striato-punctatis, interstitiis alternatim subelevatis; antennis basi rufo-piceis, pedibus nigris.

Dej. *Spec.* III. p. 472. n° 13.

Long. $3\frac{1}{2}$ lignes. Larg. $1\frac{2}{3}$ ligne.

Très-voisine de la *Trivialis*.

Antennes ayant les deux premiers articles d'un brun roussâtre.

Corselet un peu plus court et un peu moins rétréci antérieurement; les deux impressions de chaque côté de la base assez distinctes, à peine ponctuées; le bord antérieur un peu moins éhancré; les angles antérieurs un peu moins aigus.

Les stries des élytres très-fines, peu marquées et très-finement ponctuées; les troisième, cinquième et septième intervalles assez distinctement relevés; les autres planes.

Dessous du corps et cuisses d'un noir un peu bronzé, avec les jambes et les tarses d'un noir un peu brunâtre.

Elle se trouve au Kamtschatka.

16. A. PUNCTULATA.

Pl. 162. fig. 4.

Oblongo-ovata, supra ænea; thorace antice angustato, postice utrinque obsolete bifoveolato, foveis obsolete punctulatis; elytris subtiliter striato-punctatis; antennis basi rufo-piceis; pedibus nigris.

DEJ. *Spec.* III. p. 473. n° 14.
A. Littoralis. FALDERMANN.

Long. 3 lignes. Larg. 1 $\frac{1}{2}$ ligne.

Voisine de la *Plebeja*.

Antennes ayant les deux premiers articles d'un brun roussâtre.

Corselet un peu plus court; les deux impressions de chaque côté de la base moins distinctement ponctuées; le bord antérieur un peu moins échancré; les angles antérieurs un peu moins aigus.

Élytres ayant les stries fines, peu marquées et très-légèrement ponctuées; les intervalles planes.

Dessous du corps et cuisses d'un noir un peu bronzé, avec les jambes et les tarses d'un noir un peu brunâtre.

Elle se trouve au Kamtschatka et sur la côte nord-ouest de l'Amérique septentrionale.

17. A. RUFIPES.

Pl. 162. fig. 5.

Oblongo-ovata, supra plerumque obscure ænea; thorace antice subangustato, postice utrinque foveolato, foveis punctulatis; elytris striatis, striis obsolete punctatis; postice profundioribus; antennarum basi pedibusque rufis.

DEJ. *Spec.* III. p. 478. n° 21.
DEJ. *Cat.* p. 9.
A. Fulvipes. DAHL.
Var. *A. Erythrocnema*. PARREYSS.

Long. 3 $\frac{1}{2}$, 4 $\frac{1}{3}$ lignes. Larg. 1 $\frac{1}{2}$, 2 lignes.

A peu près de la taille de la *Similata*. Proportionnellement plus étroite, un peu plus convexe et d'un bronzé obcur plus ou moins foncé, quelquefois un peu bleuâtre et quelquefois presque tout-à-fait noire.

Tête un peu plus étroite et un peu plus avancée, avec les trois premiers articles des antennes d'un jaune ferrugineux un peu roussâtre.

Corselet plus étroit, plus convexe et moins rétréci antérieurement; l'impression intérieure de chaque côté de la base assez marquée, assez distinctement ponctuée dans le fond et sur les bords; l'extérieure peu sensible; le bord antérieur peu échancré; les angles antérieurs moins aigus et presque arrondis; les côtés un peu plus fortement rebordés; les angles postérieurs moins aigus et coupés plus carrément.

Élytres plus étroites et un peu plus convexes; les stries légèrement ponctuées, assez marquées et plus profondes vers l'extrémité que vers la base; les intervalles planes.

Dessous du corps d'un noir obscur un peu bronzé, avec les pattes d'un rouge ferrugineux.

Elle se trouve dans les provinces méridionales de la France, en Espagne, en Italie, et dans les îles Ioniennes.

18. A. Striatopunctata.

Pl. 162, fig. 6.

Subovata, supra plerumque obscure œnea; thorace antice subangustato, postice utrinque foveolato, foveis punctulatis; elytris striato-punctatis, striis postice profundioribus; antennarum basi, tibiis tarsisque rufis.

Dej. *Spec.* III. p. 480. n° 22.
Dej. *Cat.* p. 9.
A. Fulvipes. Dej. *Cat.* p. 9.
A. Hœmatopa. Parreyss.

Long. 4, 5 lignes. Larg. 1 $\frac{3}{4}$, 2 $\frac{1}{4}$ lignes.

Plus grande que la *Similata*, et entièrement d'un bronzé obscur plus ou moins foncé, quelquefois presque noirâtre.

Tête un peu plus étroite, un peu plus allongée et un peu moins lisse, avec les trois premiers articles des antennes d'un jaune-ferrugineux un peu roussâtre.

Corselet un peu plus étroit, un peu plus convexe et un peu moins rétréci antérieurement; l'impression intérieure de chaque côté de la base fortement marquée et distinctement ponctuée; le bord antérieur très-peu échancré; les angles antérieurs moins aigus et presque arrondis; les côtés un peu plus fortement rebordés, et les angles postérieurs un peu moins aigus et coupés un peu plus carrément.

Élytres un peu plus convexes; les stries quelquefois très-légèrement ponctuées et quelquefois assez fortement, assez marquées dans toute leur longeur et plus profondes vers l'extrémité que vers la base; les intervalles assez planes.

Dessous du corps d'un noir quelquefois un peu bronzé. Cuisses d'un noir un peu brunâtre avec les jambes et les tarses d'un rouge-ferrugineux un peu obscur.

Elle se trouve çà et là dans plusieurs parties de la France, en Espagne, et dans les îles Ioniennes.

19. A. Monticola. *Zimmermann.*

Pl. 163. fig. 1.

Oblongo-ovata, supra obscure œnea; tharace antice subangustato, postice obsolete punctulato, utrinque bifoveolato; elytris subtiliter striatis; antennis pedibusque rufis.

Dej. *Spec.* v. *Suppl.* p. 794. nº 68.

Long. 3 $\frac{1}{2}$ lignes. Larg. 1 $\frac{1}{2}$ ligne.

Très-voisine, de la *Rufipes*, mais ordinairement un peu plus petite et d'un bronzé obscur.

Antennes entièrement d'un jaune ferrugineux un peu roussâtre.

Corselet un peu plus court ; sa base plus déprimée, entièrement couverte de petits points enfoncés peu marqués, surtout dans le milieu, et ayant de chaque côté deux impressions oblongues assez distinctes.

Élytres à peu près de la même forme, avec les stries moins marquées et pas plus profondes vers l'extrémité que vers la base.

Dessous du corps d'un brun noirâtre. Pattes d'un rouge ferrugineux, avec les jambes antérieures terminées par une épine simple.

Elle se trouve dans les Alpes de la Savoie.

20. A. Quenselii.

Pl. 163. fig. 2.

Ovata, supra obscure piceo-ænea; thorace antice subangustato, postice transverse impresso, utrinque bifoveolato, foveis punctulatis; elytris subtiliter striatis; antennis pedibusque rufis.

Dej. *Spec.* III. p. 481. n° 23.

Carabus Quenselii. Sch. *Syn. Ins.* I. p. 201. n° 190.

Harpalus Quenselii. Gyllenhal. II. p. 134. n° 44. et IV. p. 444. n° 44.

Sahlberg. *Dissert. Entom. Ins. Fennica.* p. 243. n°. 45.

A. Metallifera. Andersch.

Long. 3, 3 $\frac{1}{2}$ lignes. Larg. 1 $\frac{1}{2}$, 1 $\frac{3}{4}$ ligne.

A peu près de la taille de la *Trivialis*, proportionnellement plus large, et d'un brun-obscur légèrement bronzé.

Tête un peu plus large, avec les antennes d'un rouge ferrugineux.

Corselet plus court, moins rétréci antérieurement, plus convexe dans son milieu et quelquefois un peu roussâtre sur les côtés; les rides ondulées à peine sensibles; l'impression transversale antérieure plus distincte; la postérieure assez fortement marquée; les deux impressions de chaque côté de la base assez grandes et assez marquées, couvertes de points enfoncés assez marqués; les angles antérieurs un peu moins aigus, les côtés assez fortement déprimés, surtout vers les angles postérieurs; ceux-ci moins aigus et coupés plus carrément.

Élytres plus larges, un peu plus convexes et moins sinuées vers l'extrémité; les stries assez fines, pas plus marquées vers l'extrémité que vers la base, paraissant lisses; les intervalles très-planes; le bord inférieur d'un brun noirâtre.

Dessous du corps d'un brun obscur, souvent un peu roussâtre, avec les pattes d'un rouge ferrugineux un peu obscur.

Elle se trouve en Laponie.

21. A. Modesta.

Pl. 163. fig. 3.

Ovata, supra nigro-ænea; thorace brevi, subquadrato, antice subangustato, postice utrinque bifoveolato, foveis punctatis, angulis posticis acutis, subprominulis; elytris subtiliter striatis, striis obsolete punctatis; antennarum basi pedibusque rufis.

Dej. *Spec.* iii. p. 482. n° 24.
Dej. *Cat.* p. 9.
Carabus Municipalis ? Duftschmid. ii. p. 113. n° 138.

Long. 3 lignes. Larg. 1 ½ ligne.

A peu près de la taille de l'*Eximia*, proportionnellement un peu moins large, moins convexe et d'un bronzé obscur presque noirâtre.

Tête assez avancée, lisse, à peine rétrécie postérieurement, avec les deux premiers articles des antennes d'un rouge ferrugineux.

Corselet le double plus large que la tête, moins long que large, assez court, presque carré, un peu rétréci antérieurement, très-légèrement arrondi sur les côtés, assez lisse et peu convexe; les rides ondulées à peine distinctes; la ligne médiane fine et peu marquée; de chaque côté de la base, deux impressions bien marquées, couvertes de points enfoncées assez gros et bien distincts; le bord antérieur peu échancré: les angles antérieurs arrondis; les côtés légèrement rebordés, tombant carrément sur la base; les angles postérieurs un peu prolongés, très-aigus et presque saillans; la base légèrement sinuée.

Élytres peu allongées, légèrement ovales, presque parallèles, peu convexes et peu sinuées vers l'extrémté; les stries fines, peu marquées et légèrement ponctuées, les intervalles planes.

Dessous du corps d'un brun noirâtre, avec les pattes d'un rouge ferrugineux.

22. A. Brunnea.

Pl. 163. fig. 4.

Subovata, supra nigro-picea; thorace antice subangustato, lateribus subrotundatis, postice utrinque bifoveolato, foveis punctatis; elytris striato-punctatis; antennis pedibusque rufis.

Dej. *Spec.* iii. p. 483. n° 25.

Dej. *Cat.* p. 9.

Harpalus Brunneus. Gyllenhal. ii. p. 143. n° 52. et iv. p. 446. n° 52.

Sahlberg. *Dissert. Entom. Ins. Fennica.* p. 248. n° 55.

A. Grandicollis. Dej. *Cat.* p. 9.

Long. 2 $\frac{1}{3}$, 3 $\frac{1}{4}$ lignes. Larg. 1 $\frac{1}{4}$, 1 $\frac{2}{3}$ ligne.

A peu près de la taille de la *Familiaris*, proportionnellement un peu plus étroite et d'un brun noirâtre, quelquefois un peu roussâtre, avec un léger reflet bronzé.

Antennes d'un rouge ferrugineux.

Corselet un peu plus grand, moins rétréci antérieurement et un peu plus arrondi sur les côtés; les deux impressions de chaque côté de la base assez distinctes, assez fortement ponctuées; les angles antérieurs un peu moins aigus; les postérieurs aussi un peu moins aigus et coupés plus carrément.

Les stries des élytres assez fortement marquées dans toute leur longueur et assez fortement ponctuées; les intervalles planes.

Dessous du corps d'un brun noirâtre, quelquefois un peu roussâtre, avec les pattes d'un rouge ferrugineux.

Elle se trouve en Suède, en Finlande et dans les Pyrénées-Orientales.

23. A. LAPPONICA. *Mannerheim.*

Pl. 163. fig. 5.

Subovata, supra nigro-picea; thorace subangustato, lateribus subrotundatis, postice utrinque punctato; elytris striato-punctatis; antennis pedibusque rufis.

Dej. *Spec.* v. *Suppl.* p. 795. n° 69.

Harpalus Lapponicus. Sahlberg. *Dissert. Entom. Ins. Fennica.* p. 150. n° 58.

Long. 2 $\frac{1}{2}$ lignes. Larg. 1 $\frac{1}{3}$ ligne.

Très-voisine de la *Brunnea.*

Corselet ayant la base plus fortement ponctuée de chaque côté; les deux impressions effacées et nullement sensibles.

Le reste comme dans la *Brunnea.*

Elle se trouve en Loponie.

24. A. Rufocincta. *Mannerheim.*

Pl. 163. fig. 6.

Ovata, brevior, supra nigro-picea; thorace anticc subangustato, postice utrinque punctato, bifoveolato; elytris striato-punctatis; antennis pedibusque rufis.

Dej. *Spec.* iii. p. 484. n° 26.

Harpalus Rufocinctus. Sahlberg. *Dissert. Entom. Ins. Fennica.* p. 249. n° 56.

Long. 3 $\frac{1}{4}$ lignes. Larg. 1 $\frac{2}{3}$ ligne.

Très-voisine de la *Brunnea*, mais ordinairement un peu plus grande et proportionnellement un peu plus large.

Corselet plus court, un peu moins arrondi sur les côtés et un peu plus large postérieurement; la ligne médiane et les deux impressions transversales un peu plus marquées; les deux impressions de chaque côté de la base aussi un peu plus marquées, couvertrs de points enfoncés un peu plus gros et plus nombreux.

Élytres un peu plus larges, striées à peu près de la même manière; le bord inférieur un peu roussâtre.

Dessous du corps et pattes comme dans la *Brunnea*.

Elle se trouve en Finlande.

25. A. Bifrons.

Pl. 164. fig. 1.

Oblongo-ovata, supra fusco-ænea; thorace subquadrato, antice subangustato, postice tronsverse impresso, punctato, utrinque bifoveolato; elytris striato-punctatis; antennis pedibusque pallide testaceis.

Dej. *Spec.* III. p. 485. n° 27.

Dej. *Cat.* p. 6.

Harpalus Bifrons. Gyllenhal. II. p. 144. n° 53. et IV. p. 446. n° 53.

Sahlberg. *Dissert. Entom. Ins. Fennica*. p. 249. n° 57.

A Brunnea. Sturm. VI. p. 56. n° 32. T. 146. fig. c. C.

A. Castanea. Ziegler.

Long. $2 \frac{3}{4}$, 3 lignes. Larg. 1, $1 \frac{1}{2}$ ligne.

Plus petite que la *Trivialis*, proportionnellement un peu plus étroite et d'un brun plus ou moins obscur, légèrement bronzé et quelquefois un peu roussâtre sur les bords du corselet et des élytres.

Tête un peu moins large, avec les antennes d'un jaune ferrugineux un peu roussâtre et assez pâle.

Corselet plus étroit, surtout postérieurement, un peu plus court, presque carré et un peu rétréci antérieurement; l'impression transversale antérieur plus distincte; la postérieure assez fortement marquée; les deux impressions de chaque côté de sa base assez marquées; toute la base couverte de points enfoncés assez gros, assez marqués et assez serrés; le bord antérieur peu échancré; les angles antérieurs presque arrondis; les côtés un peu plus fortement rebordés; les angles postérieurs moins aigus et coupés moins carrément.

Élytres plus étroites, plus parallèles, moins sinuées près de l'extrémité; les stries assez marquées dans toute leur longueur et assez fortement ponctuées; les intervalles planes; le bord inférieur d'un brun roussâtre.

Dessous du corps d'un brun obscur, quelquefois un peu roussâtre, avec les pattes d'un jaune testacé assez pâle.

Elle se trouve assez communément dans presque toute l'Europe.

26. A. Sabulosa.

Pl. 164. fig. 2.

Oblongo-ovata, supra picea; thorace subquadrato, antice subangustato, lateribus subrotundatis, postice punctato, utrinque bifoveolato; elytris subparallelis; striato-punctatis; antennis pedibusque pallide testaceis.

Dej. *Spec.* III. p. 486. n° 28.
Dej. *Cat.* p. 9.

Long. 2 $\frac{2}{3}$, 3 lignes. Larg. 1 $\frac{1}{3}$, 1 $\frac{1}{2}$ ligne.

Très-voisine de la *Bifrons*, un peu plus allongée, moins convexe et d'un brun plus ou moins obscur, plus ou moins roussâtre, avec une très-légère teinte bronzée.

Corselet ayant l'impression transversale un peu moins marquée; la ponctuation de la base un peu plus serrée; les deux impressions de chaque côté de la base un peu moins distinctes; les côtés un peu plus arrondis; les angles postérieurs un peu moins aigus.

Élytres un peu plus étroites, un peu plus parallèles et un peu moins convexes; les stries un peu plus fortement marquées et plus fortement ponctuées, surtout vers la base.

Dessous du corps d'un brun plus ou moins roussâtre, avec les antennes et les pattes comme dans la *Bifrons*.

Elle se trouve dans plusieurs départemens de la Normandie.

27. A. Montana.

Pl. 164. fig. 3.

Subovata, supra picea; thorace brevi, subquadrato, postice subangustato, punctato, utrinque bistriato; elytris striatis, striis obsolete punctatis; antennis pedibusque pallide testaceis.

Dej. *Spec.* III. p. 487. n° 29.
Dej. *Cat.* p. 9.

Long. 3, 3 ½ lignes. Larg. 1 ⅓, 1 ⅔ ligne.

Un peu plus grande que la *Bifrons*, proportionnellement un peu plus large et moins convexe, et entièrement d'un brun plus ou moins obscur, plus ou moins roussâtre, quelquefois avec une très-légère teinte bronzée sur les élytres.

Tête un peu plus allongée, avec les antennes d'un jaune testacé pâle.

Corselet plus court, plus plane, plus large antérieurement et plus rétréci postérieurement; l'impression transversale postérieure moins marquée; la ponctuation de la base plus serrée; les deux impressions de chaque côté de la base un peu plus longues, et l'intérieure un peu plus rapprochée de l'angle postérieur ; le bord antérieur moins échancré ; les angles antérieurs presque arrondis ; les postérieurs un peu moins aigus.

Élytres un peu plus larges, un peu plus ovales et un peu moins convexes ; les stries un peu plus fortement marquées dans toute leur longueur et très-légèrement ponctuées ; les intervalles un peu moins planes.

Dessous du corps d'un brun plus ou moins roussâtre, avec les pattes comme dans la *Bifrons*.

Elle se trouve dans les Hautes-Pyrénées et dans le midi de la France.

28. A. Affinis.

Pl. 164. fig. 4.

Oblongo-ovata, supra fusco-ænea ; thorace brevi, subquadrato, lateribus subrotundatis, postice punctato, utrinque bifoveolato ; elytris striatis, striis obsolete punctatis ; antennis pedibusque pallide testacies.

Dej. *Spec.* III. p. 488. n° 30.
Dej. *Cat.* p. 9.

Long. 2 $\frac{1}{3}$, 2 $\frac{1}{2}$ lignes. Larg. 1 $\frac{1}{4}$, 1 $\frac{1}{3}$ ligne.

Très-voisine de la *Bifrons* par la forme et la couleur, mais un peu plus petite, proprotionnellement un peu plus courte et un peu plus convexe.

Corselet un peu plus court, plus arrondi sur ses côtés; les deux impressions transversales moins marquées, les angles postérieurs obtus et presque arrondis.

Élytres un peu plus courtes et un peu plus convexes, les stries tres-légèrement ponctuées, et quelquefois presque lisses.

Antennes et pattes comme dans la *Bifrons*.

Elle se trouve en Espagne.

29. A. Glabrata.

Pl. 164. fig. 5.

Oblongo-ovata, convexa, supra nigro-ænea; thorace subquadrato, lateribus subrotundatis, postice bifoveolato, foveis punctulatis, angulis posticis subproductis; elytris subtiliter striato-punctatis; antennis pedibusque rufo-piceis.

Dej. *Spec.* iii. p. 489. n° 31.
Dej. *Cat.* p. 9.

Long. 3, 3 $\frac{1}{2}$ lignes. Larg 1 $\frac{1}{3}$, 1 $\frac{2}{3}$ ligne.

A peu près de la taille de la *Trivialis*, et d'un bronzé obscur presque noirâtre.

Tête presque triangulaire, point rétrécie postérieurement, avec les antennes d'un rouge ferrugineux.

Corselet le double plus large que la tête, moins long que large, presque carré, peu rétréci antérieurement, légèrement arrondi sur ses côtés, presque sinué vers la base, lisse et assez convexe; les rides ondulées peu distinctes; la ligne médiane assez fortement marquée dans son milieu, et beaucoup moins près du bord antérieur que vers la base; les deux impressions transversales à peine sensibles; de chaque côté de la base, à peu près au milieu, une impression oblongue assez fortement marquée, et une autre plus courte vers l'angle postérieur; le fond de ces impressions et leurs bords couverts de points enfoncés petits et assez marqués; le bord antérieur peu échancré; les angles antérieurs presque arrondis; les côtés légèrement rebordés, se redressant au moment de toucher la base, et formant avec elle un angle droit, presque saillant, la base coupée carrément.

Élytres plus larges que le corselet, légèrement ovales, assez convexes et sinuées près de l'extrémité; les stries assez fines, peu enfoncées et distinctement ponctuées, surtout vers la base; les intervalles planes.

Dessous du corps d'un brun plus ou moins obscur, avec les pattes d'un rouge-ferrugineux obscur.

Elle se trouve communément dans le département du Calvados.

30. A. GRANARIA. *Dejean*,

Pl. 164. fig. 6.

Oblongo-ovata, supra plerumque nigro-subænea; thorace antice subangustato, posticeutrinque bifoveolato, foveis punctulatis; elytris striatis, striis obsolete punctatis; antennis pedibusque rufescentibus.

DEJ. *Spec.* III. p. 490. n° 32.
Harpalus Infimus. GYLLENHAL. IV. p. 446. n° 54-55.

Long. 2 lignes. Larg. 1 ligne.

Très-voisine de la *Tibialis*, mais un peu plus petite, un peu plus courte et ordinairement en dessus d'un noir assez brillant et un peu bronzé sur les élytres.

Antennes d'un roux ferrugineux un peu obscur.

Corselet un peu plus court, un peu moins rétréci antérieurement; les deux impressions de chaque côté de la base assez fortement ponctuées; les points peu nombreux; les angles antérieurs moins aigus; les côtés un peu plus arrondis; les angles postérieurs coupés un peu plus carrément.

Élytres avec les stries un peu plus marquées et très-légèrement ponctuées.

Dessous du corps d'un brun noirâtre, avec les pattes d'un rouge-ferrugineux obscur.

Elle se trouve en Suède.

31. A. INFIMA. *Knoch ?*

Pl. 165. fig. 1.

Subovata, brevior, convexa, supra fusco-ænea; thorace antice subangustato, postice utrinque bifoveolato, foveis punctulatis; elytris striatis, striis obsolete punctatis; antennis pedibusque rufis.

DEJ. *Spec.* III. p. 491. n° 33.
DEJ. *Cat.* p. 9.
Carabus Infimus. DUFTSDHMID. II. p. 114. n°. 239.
A. Brevis. STURM. *Catal.* p. 90.

Long. 2 $\frac{1}{4}$ lignes. Larg. 1 $\frac{1}{4}$ ligne.

A peu près de la taille de la *Tibialis*, mais proportionnellement plus large, plus convexe et d'un brun noirâtre très-légèrement bronzé.

Antennes d'un jaune ferrugineux un peu roussâtre.

Corselet un peu plus large, plus court, plus convexe et moins rétréci antérieurement ; les deux impressions de chaque côté de la base assez marquées, couvertes de points enfoncés assez marqués, mais peu nombreux; les angles antérieurs moins aigus ; les côtés un peu plus arrondis ; les angles postérieurs coupés un peu plus carrément.

Élytres plus larges et plus convexes ; les stries un peu plus marquées et très-légèrement ponctuées.

Dessous du corps d'un brun noirâtre, avec les pattes d'un rouge ferrugineux.

Elle se trouve dans les environs de Nuremberg.

32. A. Rotundata.

Pl. 165. fig. 2.

Ovata, convexa, supra rufo-picea; thorace brevi, antice subangustato, lateribus subrotundatis, postice utrinque bifoveolato; elytris brevioribus, subtiliter striatis; antennis pedibusque pallide testaceis.

Dej. *Spec.* III. p. 492. n° 34.
Dej. *Cat.* p. 9.

Long. 2 lignes. Larg. 1 ligne.

Plus petite que l'*Infima*, proportionnellement plus large, plus convexe et d'un brun roussâtre un peu plus obscur sur les élytres.

Antennes d'un jaune testacé assez pâle.

Corselet un peu plus court, moins rétréci antérieurement, moins large postérieurement, plus arrondi sur les côtés; les deux impressions de chaque côté de la base tout-à-fait lisses; l'intérieure plus petite et moins marquée; les angles postérieurs moins aigus.

Élytres plus courtes, plus larges, plus convexes et moins sinuées près de l'extrémité; les stries fines, peu marquées et paraissant lisses, même à la loupe; les intervalles très-planes.

Dessous du corps d'un brun roussâtre, avec les pattes d'un jaune testacé assez pâle.

Elle se trouve en Espagne.

33. A. Brevis.

Pl. 165. fig. 3.

Ovata, convexa, supra picea; thorace brevi, lateribus rotundatis postice utrinque bifoveolato; elytris brevioribus, striatis; antennis pedibusque rufis.

Dej. *Spec.* iii. p. 493. n° 35.
Dej. *Cat.* p. 9.

Long. 2 $\frac{2}{3}$, 3 $\frac{1}{3}$ lignes. Larg. 1 $\frac{1}{3}$, 1 $\frac{2}{3}$ ligne.

Très-voisine de l'*Eximia* par la forme et la grandeur, et un peu plus roussâtre et moins foncée.

Corselet ayant le bord antérieur et la base tout-à-fait lisses; l'impression intérieure marquée de quelques petits points à peine distincts; l'extérieure plus courte, presque arrondie et moins distincte.

Élytres un peu moins larges, avec les stries lisses ou très-légèrement ponctuées.

Dessous du corps d'un brun roussâtre, avec les pattes et les antennes un peu plus claires que celles de l'*Eximia*.

Elle se trouve en Espagne.

34. A. Simplex.

Pl. 165. fig. 4.

Ovata, supra fusco-picea; thorace brevi, lateribus subrotundatis, postice utrinque bifoveolato; elytris subtiliter striatis; antennis pedibusque pallide testaceis.

Dej. *Spec.* iii. p. 493. n° 36.
Dej. *Cat.* p. 9.

Long. 3, 3 $\frac{1}{2}$ lignes. Larg. 1 $\frac{1}{2}$, 1 $\frac{2}{3}$ ligne.

Très-voisine de la *Brevis*, un peu plus grande, moins raccourcie, moins convexe, plus brune et moins foncée.

Corselet moins arrondi sur les côtés ; le bord antérieur un peu plus échancré ; les angles antérieurs moins arrondis ; les postérieurs moins obtus et coupés presque carrément.

Élytres un peu plus allongées ; moins convexes ; les stries plus fines, moins marquées et paraissant lisses ; les intervalles plus planes.

Antennes et pattes d'un jaune ferrugineux assez pâle.

Elle se trouve en Espagne.

35. A. Eximia.

Pl. 165. fig. 5.

Ovata, convexa, supra nigro-picea; thorace brevi, lateribus rotundatis; postice punctato, utrinque bifoveolato; elytris brevioribus, striato-punctatis; antennis pedibusque rufis.

Dej. *Spec.* III. p. 494. n° 37.
Dej. *Cat.* p. 9.

Long. 3, 3 ½ lignes. Larg. 1 ⅓, 1 ¾ ligne.

Plus petite que la *Fulva*, proportionnellement plus courte, plus large et d'un brun noirâtre plus ou moins obscur, quelquefois un peu roussâtre et quelquefois très-légèrement bronzé sur les élytres.

Tête assez avancée, point rétrécie postérieurement, lisse, avec les antennes d'un rouge-ferrugineux.

Corselet le double plus large que la tête, moins long que large, assez court, à peine rétréci antérieurement, assez arrondi sur les côtés et assez convexe ; la ligne médiane assez marquée ; toute la base couverte de points enfoncés assez serrés assez gros et assez fortement marqués; deux impressions oblongues et bien distinctes de chaque côté de la base ; le bord antérieur peu échancré; les angles antérieurs presque arrondis; les côtés rebordés, déprimés et un peu relevés dans toute leur longeur; les angles postérieurs obstus et presque arrondis ; la base coupée carrément.

Élytres plus larges que le corselet, proportionnellement plus courtes que celles de la *Fulva*, légèrement ovales, assez convexes, peu sinuées et presque arrondies à l'extrémité ; les stries assez fortement marquées dans toute leur longueur, quelquefois assez fortement et quelquefois très-légèrement ponctuées ; les intervalles planes ; le bord inférieur un peu roussâtre.

Dessous du corps d'un brun plus ou moins roussâtre, avec les pattes d'un rouge ferrugineux.

Elle se trouve communément dans les provinces méridionales de la France, en Espagne, et dans le département du Calvados.

36. A. Dalmatina.

Pl. 165. fig. 6.

Ovata, supra fusco-œnea; thorace brevi, subquadrato, lateribus subrotundatis, postice punctato, utrinque bifoveolato; elytris striato-punctatis; antennis pedibusque rufis.

Dej. *Spec.* III. p. 495. n° 38.
Dej. *Cat.* p. 9.

Long. 3 $\frac{1}{3}$, 3 $\frac{1}{2}$ lignes. Larg. 1 $\frac{1}{2}$, 1 $\frac{2}{3}$ ligne.

Très-voisine de l'*Eximia* par la taille et par la forme,

mais un peu moins large, moins convexe et un peu moins noire, et légèrement bronzée sur les élytres.

Antennes d'un rouge ferrugineux.

Corselet un peu moins arrondi sur les côtés ; les angles postérieurs moins obtus et coupés presque carrément.

Élytres un peu moins larges, moins courtes et moins convexes ; les stries plus fortement ponctuées, surtout vers la base ; les intervalles plus planes.

Pattes d'un rouge ferrugineux.

Elle se trouve en Dalmatie.

37. A. METALLESCENS. *Dahl.*

Pl. 166. fig. 1.

Ovata, supra ferrugineo-ænea; thorace brevi, subquadrato, lateribus subrotundatis, postice punctato, utrinque bifoveolato ; elytris striatis ; antennis pedibusque testaceis.

DEJ. *Spec.* v. *Suppl.* p. 795. nº 70.

Long. 3 $\frac{1}{3}$, 3 $\frac{3}{4}$ lignes. Larg. 1 $\frac{1}{2}$, 1 $\frac{3}{4}$ ligne.

Voisine de l'*Eximia*, mais ordinairement un peu plus grande, proportionnellement un peu plus allongée et d'un jaue ferrugineux en dessus, plus ou moins brillanté d'un reflet bronzé.

Tête un peu plus large.

Corselet moins arrondi sur les côtés ; la base moins

fortement ponctuée; les angles postérieurs moins obtus et nullement arrondis.

Élytres plus allongées, moins larges, moins ovales, presque parallèles et un peu moins convexes; les stries un peu moins marquées et paraissant lisses à la vue simple, et très-légèrement ponctuées avec une forte loupe.

Dessous du corps d'un jaune ferrugineux, avec les pattes d'un jaune testacé assez pâle.

Elle se trouve en Sardaigne.

38. A. Complanata.

Pl. 166. fig. 2.

Ovata, supra piceo-œnea; thorace antice angustato, postice punctato, utrinque bifoveolato; elytris striato-punctatis; antennis pedibusque rufis.

Dej. *Spec.* III. p. 496. n° 39.
Dej. *Cat.* p. 9.

Long. 3 $\frac{3}{4}$ lignes. Larg. 1 $\frac{3}{4}$ ligne.

A peu près de la taille de la *Consularis,* proportionnellement un peu plus courte et un peu plus large, et d'un brun noirâtre très-légèrement bronzé.

Corselet plus large antérieurement; la base ponctuée dans toute sa largeur; les angles postérieurs plus arrondis; les postérieurs, au contraire, un peu plus aigus.

Élytres plus larges, striées à peu près de la même manière.

Dessous du corps et pattes à peu près comme dans la *Consularis*.

Elle se trouve en Dalmatie.

39. A. Fusca.

Pl. 166. fig. 3.

Subovata, supra fusco-ænea; thorace subquadrato, antice subangustato, postice utrinque bifoveolato, foveis punctatis; elytris subtiliter striato-punctatis; antennis pedibusque rufis.

Dej. *Spec.* III. p. 497. n°. 40.
Sturm. *Catal.* p. 90.

Long. 3, 4 lignes. Larg. 1 $\frac{1}{2}$, 2 lignes.

Très-voisine de l'*Ingenua*, mais ordinairement plus petite, proportionnellement moins large et un peu plus brune, et un peu moins bronzée.

Tête moins large, avec les antennes comme dans l'*Ingenua*.

Corselet un peu plus long, un peu moins large et un peu moins arrondi sur le cô tés.

Élytres moins larges, striées à peu près de la même manière.

Dessous du corps d'un brun plus ou moins roussâtre, avec les pattes d'un rouge ferrugineux un peu plus clair.

Elle se trouve communément dans le midi de la France; elle habite aussi l'Espagne, la Crimée et quelques parties de l'Allemagne.

40. A. Ingenua. *Creutzer.*

Pl. 166. fig. 4.

Ovata, supra obscure ænea; thorace antice subangustato, postice utrinque bifoveolato, foveis punctatis; elytris subtiliter striato-punctatis; antennis pedibusque rufo-piceis.

Dej. *Spec.* III. p. 498. n° 41.
Dej. *Cat.* p. 9.
Carabus Ingenuus. Duftschmid. II. p. 110. n° 133.
Harpalus Ingenuus. Gyllenhal. IV. p. 443. n° 43-44.
Sahlberg. *Dissert.Entom. Ins. Fennica.* p. 242. n°. 44.
A. Lata. Sturm. VI. p. 23. n° 9. T. 140. fig. b. B.
Harpalus Latus. var. c. Gyllenhal. II. p. 133. n°. 43.

Long. 3 $\frac{1}{2}$, 4 $\frac{2}{3}$ lignes. Larg. 1 $\frac{3}{4}$, 2 $\frac{1}{3}$ lignes.

Ordinairement plus grande que la *Consularis*, proportionnellement plus large et d'un bronzé plus ou moins obscur; souvent un peu brunâtre.

Tête large, lisse, point rétrécie postérieurement, avec les antennes d'un rouge ferrugineux obscur.

Corselet le double plus large que la tête, moins long que large, assez court, légèrement convexe, un peu rétréci antérieurement et très-légèrement arrondi sur les côtés; les rides ondulées peu distinctes ; la ligne médiane fine, peu marquée ; l'impression antérieure plus ou moins distincte; la postérieure ordinairement un peu plus marquée ; deux impressions oblongues assez fortement marquées de chaque côté de la base, couvertes de points enfoncés petits et assez peu nombreux ; le bord antérieur peu échancré : les angles antérieurs presque arrondis ; les côtés légèrement rebordés ; les angles postérieurs coupés presque carrément ; la base légèrement sinuée.

Élytres plus larges que le corselet, peu allongées, légèrement ovales, presque parallèles, légèrement convexes et sinuées près de l'extrémité ; les stries peu marquées et distinctement ponctuées ; les intervalles planes ; le bord inférieur un peu roussâtre.

Dessous du corps d'un brun obscur quelquefois un peu roussâtre ; pattes d'un rouge ferrugineux obscur, un peu plus foncé sur les cuisses.

Elle se trouve assez communément en Suède, en France, en Allemagne, en Aurtriche, en Russie, en Sibérie et en Espagne.

41. A. Rufo-ænea.

Pl. 166. fig. 5.

Oblongo-ovata, supra fusco-ænea; thorace subquadrato, antice subangustato, postice transverse impresso, utrinque bifoveolato, foveis punctatis; elytris subtiliter striato-punctatis, antennis pedibusque rufis.

Dej. *Spec.* III. p. 499. n° 42.

Long. 3 $\frac{3}{4}$, 4 $\frac{1}{4}$ lignes. Larg. 1 $\frac{2}{3}$, 1 $\frac{3}{4}$ ligne.

Très-voisine de la *Fusca* par la couleur, mais ordinairement plus grande, plus allongée et proportionnellement plus étroite.

Tête un peu plus large.

Corselet moins large postérieurement, un peu plus arrondi sur les côtés, un peu plus convexe dans son milieu; l'impression transversale postérieure assez fortement marquée; les angles postérieurs coupés plus carrément et moins aigus.

Élytres moins larges, plus allongées, striées à peu près de la même manière.

Dessous du corps et pattes comme dans la *Fusca*.

Elle se trouve communément en Espagne.

42. A. Ruficornis. *Dejean.*

Pl. 166. fig. 6.

Oblongo-ovata, supra æenea; thorace subquadrato, antice subangustato, postice utrinque bifoveolato, foveis punctulatis; elytris subtiliter striato-punctatis; antennis pedibusque rufo-piceis.

Dej. *Spec.* iii. p. 500. n° 43.

Long. 4 $\frac{1}{3}$ lignes. Larg. 2 lignes.

Très-voisine de l'*Ingenua*, mais moins large, et d'un bronzé un peu plus clair et un peu plus brillant.

Tête un peu moins large.

Corselet un peu plus long, un peu moins large postérieurement et un peu moins arrondi sur les côtés.

Élytres un peu moins larges et un peu plus allongées, striées à peu près de la même manière.

Dessous du corps, pattes et antennes à peu près comme dans l'*Ingenua*.

Elle se trouve dans le midi de la France.

43. A. Consularis.

Pl. 167. fig. 1.

Oblongo-ovata, supra nigro-picea; thorace subquadrato, antice subangustato, postice utrinque bifoveolato, foveis punctatis; elytris striato-punctatis; antennis pedibusque rufis.

Dej. *Spec.* III. p. 501. n° 44.
Sturm. VI. p. 26. n° 11. T. 139. fig. a. A.
Dej. *Cat.* p. 9.
Carabus Consularis. Duftschmid. II. p. 112. n° 136.
Carabus Latus. Fabr. *Sys. El.* I. p. 196. n° 141.
Sch. *Syn. Ins.* I. p. 202. n° 193.
Harpalus Latus. Gyllenhal. II. p. 133. n° 43. et IV. p. 443. n° 43.
Sahlberg. *Dissert. Entom. Ins. Fennica.* p. 242. n° 43.
A. Patricia. Sturm.
A. Plebeja. Stéven.

Long. 3 $\frac{1}{3}$, 4 $\frac{1}{4}$ lignes. Larg. 1 $\frac{1}{2}$, 2 lignes.

Un peu plus petite que la *Fulva*, proportionnellement plus étroite et d'un brun noirâtre, quelquefois un peu roussâtre et quelquefois presque noir avec un très-large reflet bronzé sur les élytres.

Tête assez large, peu avancée, presque arrondie, un

peu rétrécie postérieurement, lisse, avec les antennes d'un rouge ferrugineux.

Corselet le double plus large que la tête, moins long que large, presque carré, un peu rétréci antérieurement, légèrement arrondi sur les côtés, et assez convexe ; les rides ondulées, peu distinctes ; la ligne médiane fine, peu marquée ; les deux impressions de chaque côté de la base assez longue, presque égales, assez fortement marquées, couvertes de points enfoncés plus ou moins nombreux ; le bord antérieur assez fortement échancré ; les angles antérieurs presque arrondis ; les côtés légèrement rebordés ; les angles postérieurs et la base coupés presque carrément.

Élytres un peu plus larges que le corselet, peu allongées, légèrement ovales, presque parallèles, légèrement convexes et sinuées près de l'extrémité ; les stries assez fortement marquées et toujours assez fortement ponctuées ; les intervalles planes.

Dessous du corps d'un brun plus ou moins roussâtre, avec les pattes d'un rouge ferrugineux.

Elle se trouve communément en Suède, en France, en Allemagne, en Autriche et en Russie.

44. A. Pastica. *Zimmermann.*

Pl. 167. fig. 2.

Ovata, supra nigro-picea ; thorace subquadrato, antice subangustato, postice utrinque bifoveolato, foveis punctatis ;

elytris latioribus, striato-punctatis; antennis pedibusque rufo-piceis.

Dej. *Spec.* v. *Suppl.* p. 797. n° 72.

Long. 5 $\frac{3}{4}$ lignes. Larg. 2 $\frac{2}{3}$ lignes.

Voisine de la *Patricia*, mais plus grande, moins convexe, et de la même couleur dans les deux sexes.

Tête un peu plus large portérieurement, avec les antennes d'une couleur plus brune et moins rougeâtre.

Corselet plus carré, moins large postérieurement; les angles postérieurs coupés plus carrément.

Élytres un peu plus allongées, plus larges, plus ovales? moins parallèles, moins convexes; les stries un peu plus marquées, ponctuées à peu près de la même manière; les intervalles un peu moins planes.

Dessous du corps d'un brun noirâtre, avec les pattes d'un brun rougeâtre.

Elle a été trouvée par M. Erhenberg sur les bords du lac Jeiton, dans la Russie méridionale.

45. A. Patricia. *Creutzer.*

Pl. 167. fig. 3.

Ovata, convexa, supra nigro-picea; thorace antice subangustato, postice utrinque bifoveolato, foveis punctatis; elytris striato-punctatis; antennis pedibusque rufis.

DEJ. *Spec.* III. p. 502. n° 45.

Carabus Patricius. DUFTSCHMID. II. p. 110. n° 132.

A. Mancipium. STURM. VI. p. 31. n° 14. T. 141. fig. c. C.

A. Simillata. DEJ. *Cat.* p. 9.

Harpalus Latus. *var.* GYLLENHAL.

VAR. A. *Equestris.* STURM. VI. p. 32. n 15. T. 141. fig. d. D.

Carabus Equestris. DUFTSCHMID. II. p. 109. n° 131.

Long. 3 $\frac{1}{2}$, 5 lignes. Larg. 1 $\frac{1}{2}$, 2 $\frac{2}{3}$ lignes.

Taille variable : ordinairement un peu plus grande que la *Consularis*, proportionnellement plus large, plus convexe, et d'un brun noirâtre en dessus, quelquefois presque tout-à-fait noir, assez brillant dans les mâles, plus terne et plus mat sur les élytres des femelles.

Tête assez avancée, point rétrécie postérieurement, presque lisse, avec les antennes d'un rouge ferrugineux.

Corselet à peu près le double plus large que la tête, moins long que large, assez rétréci antérieurement, très-légèrement arrondi sur les côtés, et assez convexe ; les rides ondulées peu distinctes ; la ligne médiane fine et peu marquée ; l'impression postérieure peu marquée ; de chaque côté de la base deux impressions égales, assez marquées, couvertes de points enfoncés ; le bord antérieur assez fortement échancré ; les angles antérieurs presque arrondis ; les côtés assez fortement rebordés, un peu relevés, quelquefois un peu roussâtres; les angles postérieurs et la base coupés presque carrément.

Élytres un peu plus larges que le corselet, peu allongées, très-légèrement ovales, presque parallèles, assez convexes, sinuées près de l'extrémité ; les stries assez fortement marquées, ordinairement assez fortement ponctuées et quelquefois presque lisses; les intervalles planes; le bord inférieur un peu roussâtre.

Dessous du corps d'un brun plus ou moins roussâtre, avec les pattes d'un rouge ferrugineux.

Elle se trouve dans le midi de la France et quelquefois aux environs de Paris ; elle habite aussi l'Allemagne, l'Autriche, la Suède et la Finlande.

46. A. Zabroides.

Pl. 167. fig. 4.

Ovata, convexa, supra nigra ; thorace antice angustato, postice utrinque bifoveolato, foveis punctatis; elytris striato-punctatis ; antennis pedibusque piceis.

Dej. *Spec.* III. p. 504. n° 46.

Long. 5, 6 lignes. Larg. 2 $\frac{1}{2}$, 3 lignes.

Très-voisine de la *Patricia*, dont elle n'est peut-être qu'une variété plus grande, un peu plus large et tout-à-fait noire en dessus.

Corselet un peu plus large postérieurement et un peu plus rétréci antérieurement.

Élytres n'ayant pas le bord inférieur rougeâtre.

Dessous du corps d'un brun noirâtre, avec les pattes et les antennes d'un brun roussâtre.

Elle se trouve dans le midi de la France.

47. A. Sicula. *Dahl.*

Pl. 167. fig. 5.

Ovata, convexa, supra nigra; thorace antice angustato, postice utrinque bifoveolato, foveis punctatis; elytris brevioribus, profunde striato-punctatis; antennis pedibusque piceis.

Dej. *Spec.* v. *Suppl.* p. 797. n° 73.
A. Robusta. Zimmermann.

Long. 5 $\frac{1}{2}$, 5 $\frac{3}{4}$ lignes. Larg. 2 $\frac{3}{4}$, 3 lignes.

Voisine de la *Zabroides*, mais moins allongée, un peu plus convexe et de la même couleur dans les deux sexes.

Corselet ayant la base un peu moins ponctuée, avec les angles postérieurs plus aigus.

Élytres plus courtes, plus convexes et presque en demi-ovale; les stries plus fortement marquées et plus fortement ponctuées.

Dessous du corps et pattes à peu près comme dans la *Zabroides*.

Elle se trouve en Sicile.

48. A. Nobilis. *Creutzer*.

Pl. 168. fig. 1.

Ovata, supra nigro-picea; thorace subquadrato; punctato, postice subangustato, utrinque bifoveolato, elytris striato-punctatis; antennis pedibusque rufis.

Dej. *Spec.* iii. p. 504. n° 47.
Dej. *Cat.* p. 9.
Carabus Nobilis. Duftschmid. ii. p. 107. n° 128.
A. Contractula. Andersch. Sturm. vi. p. 29. n° 13. t. 141. fig. b. B.

Long. 3 ½ lignes. Larg. 1 ¾ ligne.

A peu près de la taille de la *Consularis*, proportionnellement un peu plus large, et d'un brun noirâtre en dessus, avec une très-légère teinte un peu bronzée sur les élytres.

Tête peu avancée, presque triangulaire, point rétrécie postérieurement, avec les antennes d'un rouge ferrugineux.

Corselet à peu près le double plus large que la tête, moins long que large, peu convexe, presque carré, un peu rétréci postérieurement, très-légèrement arrondi sur les côtés antérieurement, un peu sinué près de la base, couvert de points enfoncés assez serrés, assez marqués, plus petits et presque effacés dans le milieu; la ligne médiane assez marquée dans son milieu; les deux impressions transversales à peine sensibles; de chaque côté de la base deux impressions assez distinctes; le bord antérieur fortement échancré; les angles antérieurs assez aigus; les côtés rebordés; les angles postérieurs coupés carrément; la base fortement échancrée dans son milieu.

Élytres un peu plus larges que le corselet, peu allongées, très-légèrement ovales, presque parallèles, peu convexes et sinuées près de l'extrémité; les stries assez marquées dans toute leur longueur, assez fortement ponctuées; les intervalles planes.

Dessous du corps d'un brun obscur, avec les pattes d'un rouge ferrugineux.

Elle se trouve, mais rarement, en Autriche.

49. A. Cardui.

Pl. 168. fig. 2.

Ovata, supra nigro-picea; thorace subcordato, punctato, postice utrinque bifoveolato; elytris striato-punctatis; antennis pedibusque rufis.

Dej. *Spec.* v. *Suppl.* p. 798. n° 74.

Long. 4 lignes. Larg. 1 $\frac{3}{4}$ ligne.

Voisine de la *Nobilis*, mais un peu plus allongée et moins convexe.

Tête et antennes comme dans la *Nobilis*.

Corselet presque plane, plus arrondi antérieurement sur les côtés, plus rétréci postérieurement et presque cordiforme.

Élytres plus allongées, moins convexes; les stries un peu plus fortement marquées et ponctuées à peu près de la même manière.

Dessous du corps et pattes à peu près comme dans la *Nobilis*.

Elle se trouve dans les montagnes de la Suisse, sur les fleurs de chardon.

50. A. Apricaria.

Pl. 168. fig. 3.

Oblongo-ovata, supra nigro-picea, æneo-micans ; thorace subquadrato, postice subangustato, punctato, utrinque bifoveolato ; elytris striato-punctatis ; antennis pedibusque rufis.

Dej. *Spec.* III. p. 506. n° 48.
Sturm. VI. p. 19. n° 7.
Dej. *Cat.* p. 9.

Carabus Apricarius. Fabr. *Sys. El.* I. p. 205. n° 193.
Sch. *Syn. Ins.* I. p. 214. n° 261.
Duftschmid. II. p. 108. n° 130.
Harpalus Apricarius. Gyllenhal. II. p. 104. n° 22. et IV. p. 430. n° 22.
Sahlberg. *Dissert. Entom. Ins. Fennica*. p. 230. n° 23.

Long. 2 $\frac{3}{4}$, 3 $\frac{1}{2}$ lignes. Larg. 1 $\frac{1}{3}$, 1 $\frac{2}{3}$ ligne.

Plus petite que la *Fulva*, proportionnellement plus étroite, et d'un brun noirâtre plus ou moins foncé et très-légèrement bronzé.

Tête large, peu avancée, point rétrécie postérieurement, lisse, avec les antennes d'un rouge ferrugineux.

Corselet plus large que la tête, moins long que large, peu convexe, presque carré, un peu rétréci postérieurement, très-légèrement arrondi sur les côtés antérieurement, et un peu sinué près de la base; les rides transversales peu distinctes; l'impression transversale antérieure en arc de cercle et peu distincte; la postérieure plus marquée; toute la base couverte de points enfoncés assez gros, assez rapprochés; de chaque côté deux impressions oblongues, presque égales et assez fortement marquées; le bord antérieur assez échancré; les angles antérieurs presque arrondis; les côtés rebordés, tombant presque carrément sur la base et formant à l'angle postérieur une très-petite dent peu saillante; la base coupée presque carrément.

Élytres plus larges que le corselet, assez allongées; très-légèrement ovales, presque parallèles, légèrement convexes et sinuées près de l'extrémité ; les stries assez fortement marquées dans toute leur longueur et assez fortement ponctuées, surtout vers la base ; les intervalles planes ; le bord antérieur d'un brun plus ou moins roussâtre.

Dessous du corps de la même couleur, avec le pattes d'un rouge ferrugineux.

Elle se trouve communément sous les pins, dans presque toute l'Europe et la Sibérie.

51. A. Crenata.

Pl. 168. fig. 4.

Oblongo-ovata, supra nigro-picea ; thorace subquadrato, postice subangustato, punctato, utrinque bifoveolato ; elytris longioribus, parallelis, profunde striato-punctatis, subcrenatis ; antennis pedibusque rufis.

Dej. *Spec.* III. p. 507. n° 49.
Dej. *Cat.* p. 9.

Long. 3 $\frac{1}{3}$, 3 $\frac{2}{3}$ lignes. Larg. 1 $\frac{1}{2}$, 1 $\frac{1}{3}$ ligne.

Très-voisine de l'*Apricaria,* mais un peu plus grande, plus allongée, moins convexe, et d'un brun noirâtre plus ou moins foncé, sans aucun reflet bronzé.

Corselet un peu plus large antérieurement, un peu plus

rétréci postérieurement, avec les angles antérieurs un peu plus arrondis.

Élytres un peu moins larges, plus allongées ; plus parallèles et moins convexes ; les stries plus fortement marquées, plus fortement ponctuées et presque crénelées ; les intervalles moins planes.

Dessous du corps et pattes à peu près comme dans l'*Apricaria*.

Elle se trouve communément dans le midi de la France et en Dalmatie.

52. A. Cuniculina. *Andersch.*

Pl. 168. fig. 5.

Oblongo-ovata, supra nigro-picea, æneo-micans; thorace subcordato, postice utrinque obsolete bifoveolato, foveis punctulatis; elytris striato-punctatis; antennis pedibusque rufis.

Dej. *Spec.* v. *Suppl.* p. 798. n° 75.

Long. 2 $\frac{1}{4}$ lignes. Larg. $\frac{3}{4}$ ligne.

Très-voisine de l'*Apricaria* par la forme et la couleur, mais beaucoup plus petite et un peu moins allongée.

Tête et antennes à peu près comme dans cette espèce.

Corselet plus arrondi antérieurement sur les côtés, plus

rétréci postérieurement et presque cordiforme ; les deux impressions de chaque côté de la base très-peu marquées, assez fortement ponctuées dans leur fond.

Élytres un peu moins allongées, avec les stries un peu moins fortement ponctuées.

Dessous du corps et pattes à peu près comme dans l'*Apricaria*.

Elle se trouve dans la Styrie.

53. A. Alpicola.

Pl. 169. fig. 1.

Ovata, convexa, supra nigro-picea ; thorace subquadrato, postice subangustato, utrinque striato ; elytris striatis ; antennis pedibusque rufis.

Dej. *Spec.* iii. p. 508. n° 50.
Dej. *Cat.* p. 9.

Long. 2 $\frac{1}{3}$ lignes. Larg. 1 ligne.

Beaucoup plus petite que l'*Apricaria*, proportionnellement plus courte, plus large, plus convexe et d'un brun noirâtre en dessus.

Tête presque triangulaire, point rétrécie postérieurement, lisse, avec les antennes d'un rouge ferrugineux.

Corselet plus large que la tête, moins long que large, lisse, assez convexe, presque carré, un peu rétréci postérieurement, légèrement arrondi antérieurement sur les côtés, un peu sinué près de la base; les rides ondulées peu distinctes; la ligne médiane assez marquée; les deux impressions transversales à peine sensibles; de chaque côté de la base une impression longitudinale assez large et fortement ponctuée, lisse sur les bords; le bord antérieur assez fortement échancré; les côtés légèrement rebordés; les angles postérieurs coupés carrément, et la base un peu échancrée dans son milieu.

Élytres plus larges que le corselet, peu allongées, légèrement ovales, presque parallèles, assez convexes et peu sinuées près de l'extrémité; les stries assez fortement marquées dans toute leur longueur, lisses ou très-légèrement ponctuées; les intervalles planes.

Dessous du corps d'un brun un peu roussâtre, avec les pattes d'un rouge ferrugineux.

Elle se trouve dans les Alpes de la Styrie.

54. A. Fulva.

Pl. 169. fig. 2.

Ovata, ferruginea; thorace brevi, subquadrato, postice subangustato, utrinque bifoveolato, foveis punctatis; elytris æneo-micantibus, striato-punctatis.

Dej. *Spec.* III. p. 511. n° 53.
Sturm. VI. p. 17. n° 5.
Dej. *Cat.* p. 9.

Carabus Fulvus. Degeer. iv. p. 100. n° 19.

Sch. *Syn. Ins.* i. p. 214. n° 262.

Duftschmid. ii. p. 107. n° 129.

Harpalus Fulvus. Gyllenhal. ii. p. 105. n° 23. et iv. p. 430. n° 23.

Sahlberg. *Dissert. Entom. Ins. Fennica.* p. 230. n° 24.

Carabus Concolor. Oliv. iii. 35. p. 80. n° 106. t. 12. fig. 136.

Long. 3 $\frac{1}{2}$, 4 $\frac{1}{2}$ lignes. Larg. 1 $\frac{2}{3}$, 2 lignes.

Entièrement d'un jaune ferrugineux en dessus, avec un léger reflet bronzé.

Tête large, peu avancée, point rétrécie postérieurement, lisse.

Corselet à peu près le double plus large que la tête, presque deux fois aussi large que long, peu convexe, presque carré, un peu rétréci postérieurement, légèrement arrondi sur les côtés antérieurement, et un peu sinué près de la base; les rides ondulées peu distinctes; la ligne médiane assez marquée; l'impression transversale antérieure presque en arc de cercle et assez distincte; la postérieure plus prononcée; de chaque côté de la base deux impressions presque égales, assez marquées, couvertes de points enfoncés; le bord antérieur assez échancré; les angles antérieurs presque arrondis; les côtés rebordés et légèrement déprimés; les angles postérieurs coupés carrément et presque aigus; la base légèrement sinuée.

Élytres un peu plus larges que le corselet, peu allongées, très-légèrement ovales, presque parallèles, assez convexes; sinuées près de l'extrémité; les stries assez marquées dans toute leur longueur et distinctement ponctuées; les intervalles planes.

Dessous du corps et pattes à peu près de la couleur du dessus.

Elle se trouve communément sous les pierres, dans presque toute l'Europe et la Sibérie.

55. A. Aurichalcea. *Gebler*.

Pl. 169. fig. 3.

Ovata, supra ænea; thorace brevi, subquadrato, postice subangustato, punctato, utrinque bifoveolato; elytris striato-punctatis; antennis pedibusque rufis.

Dej. *Spec.* III. p. 513. n° 54.
Germar. *Coleopt. Sp. Nov.* p. 10. n° 16.

Long. 3 $\frac{2}{3}$, 4 lignes. Larg. 1 $\frac{3}{4}$, 2 lignes.

Un peu plus petite que la *Fulva*, proportionnellement un peu plus large, et d'un bronzé assez brillant en dessus.

Tête un peu moins large et un peu plus avancée, avec les antennes d'un rouge ferrugineux.

Corselet ayant presque la même forme; les rides ondulées un peu plus distinctes, la ligne médiane un peu plus marquée ; la base couverte de petits points enfoncés assez serrés ; les bords latéraux un peu roussâtres.

Élytres un peu plus courtes, un peu plus convexes ; les stries assez marquées dans toute leur longueur, assez fortement ponctuées, surtout vers la base ; les intervalles planes ; le bord inférieur un peu roussâtre.

Dessous du corps d'un brun obscur, quelquefois un peu roussâtre, avec les pattes d'un rouge ferrugineux.

Elle se trouve en Sibérie.

56. A. Harpaloides.

Pl. 169. fig. 4.

Subovata, supra nigro-œnea ; thorace subquadrato, postice subangustato, utrinque bistriato, antice posticeque punctato ; elytris striato-punctatis ; antennis tarsisque rufo-piceis.

Dej. *Spec.* III. p. 514. n° 55.
A. Aulica. Gebler.
Harpalus Eschscholtzii? Gebler. Sturm. *Catal.* p. 148.

Long. 5, 5 $\frac{2}{3}$ lignes. Larg. 2 $\frac{1}{4}$, 2 $\frac{1}{2}$ lignes.

Voisine, par sa forme, de l'*Harpalus Siculus*, et entièrement d'un bronzé obscur presque noir.

Tête assez avancée, presque triangulaire, avec les antennes d'un rouge ferrugineux.

Corselet à peu près le double plus large que la tête, moins long que large, assez plane, presque carré, un peu rétréci postérieurement, très-légèrement arrondi sur les côtés, un peu sinué près de la base; les rides ondulées plus ou moins distinctes; la ligne médiane assez marquée; l'impression transversale antérieure en arc de cercle et peu distincte, la postérieure plus marquée; de chaque côté de la base deux impressions longitudinales, dont l'extérieure plus fortement marquée; le bord antérieur et la base couverts de points enfoncés, assez marqués et assez serrés; le bord antérieur assez échancré; les angles antérieurs arrondis; les côtés rebordés et légèrement déprimés; les angles postérieurs coupés carrément, la base un peu échancrée dans son milieu.

Élytres un peu plus larges que le corselet, assez allongées, très-légèrement ovales, presque parallèles, peu convexes, sinuées près de l'extrémité; les stries assez fortement marquées dans toute leur longueur, et assez fortement ponctuées, surtout vers la base; les intervalles planes.

Dessous du corps et pattes d'un brun noirâtre, avec les tarses d'un rouge ferrugineux.

57. A. Gebleri.

Pl. 169. fig. 5.

Oblongo-ovata, supra nigro-picea; thorace subquadrato,

postice subangustato, utrinque bistriato, antice posticeque tenue punctato; elytris oblongo-ovatis, striato-punctatis; antennis pedibusque rufis.

Dej. *Spec.* v. *Suppl.* p. 799. n° 76.

Long. 5 $\frac{1}{4}$, 5 $\frac{3}{4}$ lignes. Larg. 2 $\frac{1}{2}$, 2 $\frac{1}{2}$ lignes.

Très-voisine de l'*Aulica*, mais ordinairement d'un brun un peu plus noirâtre en dessus.

Tête et antennes à peu près comme dans cette espèce.

Corselet beaucoup moins arrondi sur les côtés antérieurement, à peine rétréci postérieurement, presque carré, avec la ponctuation du bord antérieur et de la base un peu moins marquée.

Élytres à peu près comme celles de l'*Aulica*.

Dessous du corps d'un brun plus obscur, et presque noirâtre, avec les pattes d'un rouge ferrugineux.

Elle se trouve en Sibérie et en Volhynie.

58. A. Aulica.

Pl. 170. fig. 1.

Oblongo-ovata, supra nigro-picea; thorace lateribus rotundatis; postice coarctato, utrinque bistriato; antice posticeque punctato; elytris oblongo-ovatis, striato-punctatis; antennis pedibusque rufis.

DEJ. *Spec.* III. p. 515. n° 56.

DEJ. *Cat.* p. 9.

Carabus Aulicus. ILLIGER. *Kœffer Preus.* I. p. 174. n° 43.

SCH. *Syn. Ins.* I. p. 181. n° 69.

DUFTSCHMID. II. p. 106. n° 127.

Harpalus Aulicus. GYLLENHAL. II. p. 101. n°s 19. et IV. p. 429. n° 19.

SAHLBERG. *Dissert. Entom. Ins. Fennica.* p. 228. n° 20.

Carabus Bicolor. PAYKUL. *Fauna Suecica.* I. p. 159. n°. 79.

Carabus Spinipes. LINNÉE. *Syst. Nat.* II. p. 671, n° 20.

OLIV. III. 35. p. 61. n° 74. T. 12. fig. 142.

A. Picea. STURM. VI. p. 10. n° 1.

Carabus Piceus? FABR. *Sys. El.* I. p. 181. n° 57.

Long. 5 $\frac{1}{4}$, 6 lignes. Larg. 2 $\frac{1}{4}$, 2 $\frac{1}{2}$ lignes.

Plus grande que les autres espèces de ce genre, et d'un brun noirâtre en dessus.

Tête assez grande, assez avancée, presque triangulaire, avec les antennes d'un rouge ferrugineux.

Corselet plus large que la tête, moins long que large, peu convexe, assez fortement arrondi sur les côtés, et rétréci postérieurement; les rides ondulées à peine distinctes; la ligne médiane assez marquée; l'impression transversale antérieure en arc de cercle et peu sensible; la postérieure assez fortement marquée; de chaque côté de la base deux impressions longitudinales, assez longues et presque égales ; la base couverte de points enfoncés assez marqués et assez serrés ; le bord antérieur assez fortement échancré, les angles antérieurs presque arrondis ; les côtés assez fortement rebordés, se redressant près de la base, et formant avec elle un angle presque aigu et assez saillant.

Élytres plus larges que le corselet, assez allongées, très-légèrement ovales, presque parallèles, assez convexes, sinuées près de l'extrémité; les stries assez fortement marquées dans toute leur longueur et assez fortement ponctuées, surtout vers la base ; les intervalles assez planes ; le bord inférieur d'un brun rougeâtre.

Dessous du corps d'un brun rougeâtre, avec les pattes d'un rouge ferrugineux.

Elle se trouve assez communément sous les pierres dans presque toute l'Europe.

59. A. Convexiuscula.

Pl. 170. fig. 2.

Elongato-ovata; supra fusco-œnea; thorace lateribus rotundatis, postice coarctato, punctato, utrinque bistriato; elytris elongatis, subparallelis, striato-punctatis; antennis pedibusque rufis.

Dej. *Spec.* III. p. 517. n° 57.

Carabus Convexiusculus. Marsham. *Entom. Britann.* I. p. 462, n° 82.

Long. 5, 5 $\frac{1}{3}$ lignes. Larg. 1 $\frac{3}{4}$, 2 lignes.

Très-voisine de l'*Aulica,* mais un peu plus petite, proportionnellement plus étroite, et d'un brun noirâtre légèrement bronzé, surtout sur les élytres.

Tête un peu moins large.

Corselet un peu plus étroit, plus convexe, plus lisse, plus arrondi sur les côtés, et un peu plus rétréci postérieurement; l'impression transversale postérieure un peu plus marquée; la ponctuation de la base moins serrée, surtout dans son milieu; le bord antérieur à peine échancré; les angles antérieurs plus arrondis; les côtés moins fortement rebordés; les angles postérieurs moins saillans et coupés plus carrément; la base très-légèrement sinuée et coupée presque carrément.

Élytres plus étroites, plus allongées, parallèles et moins ovales, striées à peu près de la même manière.

Dessous du corps d'un brun un peu plus obscur et moins rougeâtre.

Elle se trouve en Angleterre et dans les provinces occidentales de la France.

60. Fodinæ. *Eschscholtz.*

Pl. 170. fig. 3.

Oblongo-ovata, supra nigro-picea; thorace lateribus subrotundatis, postice subangustato, punctato, utrinque bi-

striato; elytris oblongo-ovatis, striato-punctatis; antennis pedibusque rufis.

Dej. *Spec.* III. p. 518. n° 58.
Hummel. *Essais entomologiques.* 4. p. 20. n° 2.

Long. 5, 5 $\frac{1}{3}$ lignes. Larg. 2, 2 $\frac{1}{4}$ lignes.

Plus petite que l'*Aulica*, et d'un brun noirâtre en dessus.

Tête proportionnellement un peu plus petite, plus étroite et plus lisse.

Corselet un peu moins large, plus convexe, moins arrondi sur les côtés et moins rétréci postérieurement; la ligne médiane plus fine et moins marquée; l'impression transversale postérieure un peu plus marquée; la ponctuation de la base plus fine et moins serrée, le bord antérieur moins échancré, les angles antérieurs tout-à-fait arrondis; les côtés très-légèrement rebordés; les angles postérieurs coupés carrément; la base très-légèrement échancrée dans son milieu.

Élytres un peu plus convexes; les stries un peu moins profondément marquées, ponctuées à peu près de la même manière; le bord inférieur d'un brun rougeâtre.

Dessous du corps d'un brun obscur plus ou moins roussâtre.

Elle se trouve en Sibérie.

61. A. Torrida.

Pl. 170. fig. 4.

Oblonga, supra plerumque nigro-picea; thorace lateribus subrotundatis, postice subangustato, utrinque punctato, bistriato; elytris oblongis, subparallelis, striato-punctatis; antennis rufis; pedibus piceis.

Dej. *Spec.* iii. p. 520, n° 60.

Carabus Torridus. Illiger. *Kœffer. Preus.* i. p. 173. n°. 42.

Harpalus Torridus. Gyllenhal. ii. p. 102. n° 20. et iv. p. 430. n° 20.

Sahlberg. *Dissert. Entom. Ins. Fennica.* p. 229. n° 21.

A. *Alpina.* Sturm. vi. p. 12. n° 2.

Carabus Alpinus. var. b. Sch. *Syn. Ins.* i. p. 202. n° 192.

Long. 4 $\frac{1}{4}$, 4 $\frac{1}{2}$ lignes. Larg. 1 $\frac{2}{3}$, 1 $\frac{3}{4}$ ligne.

Très-voisine de l'*Alpina*, et souvent confondue avec elle.

Tête et corselet ordinairement d'un noir obscur, et quelquefois d'un bronzé plus ou moins obscur, avec les élytres tantôt de la même couleur, souvent d'un brun noirâtre, et quelquefois un peu roussâtre.

Antennes et palpes d'un jaune ferrugineux.

Corselet un peu plus large, un peu plus convexe, plus arrondi sur les côtés, un peu plus rétréci postérieurement; les deux impressions transversales ordinairement un peu plus marquées; la base ordinairement un peu plus ponctuée; la ponctuation plus serrée.

Élytres à peu près de la même forme, striées de la même manière.

Dessous du corps d'un noir plus ou moins obscur, avec les cuisses d'un brun noirâtre, et les jambes d'un brun roussâtre.

Elle se trouve dans les Alpes de la Suède et de la Laponie.

62. A. ALPINA.

Pl. 170. fig. 5.

Oblonga, capite thoraceque nigro-æneis; thorace lateribus subrotundatis, postice subangustato, utrinque punctato, bistriato; elytris plerumque obscure rufis, sutura marginibusque nigricantibus, oblongis, subparallelis, striato-punctatis; antennarum basi pedibusque rufis.

DEJ. *Spec.* III. p. 521. n° 61.

STURM. VI. p. 12. n° 2.
Carabus Alpinus. FABR. *Sys. El.* I. p. 196. n° 140.
OLIV. III. 35. p. 74. n° 96. T. 12. fig. 148.
SCH. *Syn. Ins.* I. p. 202. n° 192.

Harpalus Alpinus. Gyllenhal. II. p. 103. n° 21. et IV. p. 430. n° 21.

Sahlberg. *Dissert. Entom. Ins. Fennica*. p. 229. n° 22.

Long. 4, 4 $\frac{2}{3}$ lignes. Larg. 1 $\frac{1}{2}$, 1 $\frac{3}{4}$ ligne.

Beaucoup plus petite que l'*Aulica*, proportionnellement plus étroite, avec la tête et le corselet d'un noir plus ou moins bronzé, et les élytres d'un rouge ferrugineux plus ou moins obscur, avec la sature et les bords d'un noir un peu bronzé.

Tête assez avancée, presque triangulaire.

Corselet plus large que la tête, moins long que large, peu convexe, presque carré, à peine rétréci postérieurement, très-légèrement arrondi sur les côtés; les rides ondulées plus ou moins distinctes; la ligne médiane assez marquée; les deux impressions transversales à peine sensibles; de chaque côté de la base deux impressions longitudinales, assez fortement marquées, presque égales, couvertes de points enfoncés, assez gros, peu rapprochés et plus ou moins nombreux; le bord antérieur peu échancré; les angles antérieurs presque arrondis; les côtés légèrement rebordés; les angles postérieurs coupés presque carrément et peu saillans; la base très-légèrement échancrée dans son milieu.

Élytres un peu plus larges que le corselet, assez allongées, presque parallèles, légèrement convexes, sinuées près de l'extrémité; les stries assez fortement marquées dans toute leur longueur, fortement ponctuées, surtout vers la base; les intervalles planes.

Dessous du corps d'un brun noirâtre, avec les cuisses ordinairement d'un rouge ferrugineux, et les jambes et les tarses presque d'un brun roussâtre.

Elle se trouve dans les Alpes de la Suède et de la Laponie.

63. A. Puncticollis.

Pl. 171. fig. 1.

Aptera, oblongo-ovata, depressa, supra nigro-picea; thorace subcordato, punctato, postice utrinque bistriato; elytris crenato striatis; antennis pedibusque rufo-piceis.

Dej. *Spec.* III. p. 523. n° 62.

Long. 4, 4 $\frac{1}{2}$ lignes. Larg. 1 $\frac{2}{3}$, 1 $\frac{3}{4}$ ligne.

Voisine, par sa forme, des *Argutor* de Megerle, et particulièrement de la *Feronia Negligens*.

Tête assez allongée, presque triangulaire, presque lisse, avec les antennes d'un brun roussâtre.

Corselet à peu près le double plus large que la tête, moins long que large, presque plane, arrondi sur les côtés antérieurement, un peu rétréci postérieurement et presque cordiforme, couvert de points enfoncés assez éloignés les uns des autres, plus petits et moins visibles dans le milieu; les rides ondulées peu distinctes; la ligne médiane assez marquée, les deux impressions transversales à peine sensibles ; de chaque côté de la base, deux impressions longitudinales assez longues, presque égales et assez fortement marquées ; le bord antérieur assez échancré ; les côtés légèrement rebordés ; les angles postérieurs coupés carrément, presque aigus ; la base très-légèrement sinuée.

Élytres plus longues que le corselet, en ovale allongé, presque planes, sinuées près de l'extrémité ; les stries assez fortement marquées dans toute leur longueur, assez fortement ponctuées et presque crénelées ; les intervalles planes ; point d'ailes sous les élytres.

Dessous du corps d'un brun roussâtre et entièrement couvert de points enfoncés, plus gros et plus marqués sur le corselet que sur l'abdomen. Pattes d'un rouge ferrugineux obscur.

Elle se trouve dans les Pyrénées-Orientales.

64. A. Pyrenæa.

Pl. 171. fig. 2.

Aptera, oblongo-ovata, depressa, supra nigro-picea; thorace subcordato, postice utrinque punctato, bistriato; elytris striatis; antennis pedibus que rufo-piceis.

Dej. *Spec.* III. p. 524. n° 63.

Long. 3 $\frac{2}{3}$, 4 $\frac{1}{3}$ lignes. Larg. 1 $\frac{1}{2}$, 1 $\frac{3}{4}$ ligne.

Voisine de la *Puncticollis* par la forme et la couleur,

mais un peu plus petite et proportionnellement un peu plus large.

Tête tout-à-fait lisse.

Corselet un peu plus long, moins large, un peu plus étroit antérieurement et un peu plus convexe ; presque lisse, ponctué seulement de chaque côté de la base et autour des impressions longitudinales ; l'impression transversale postérieure un peu plus marquée.

Élytres un peu plus courtes ; les stries tout-à-fait lisses.

Dessous du corps d'un brun roussâtre, très-légèrement ponctué, avec les pattes comme dans la *Puncticollis*.

Elle se trouve dans les Pyrénées-Orientales, mais plus rarement que la précédente.

XXXVI LOPHIDIUS.

Les trois premiers articles des tarses antérieurs fortement dilatés dans les mâles, aussi longs que larges, triangulaires et garnis en dessous d'appendices dentelés. Dernier article des palpes allongé; cylindrique et tronqué à l'extrémité. Antennes filiformes. Lèvre supérieure en carré moins long que large. Mandibules peu avancées, arquées et très-aiguës. Une dent simple au milieu de l'échancrure du menton. Corselet plus ou moins transversal. Élytres en ovale plus ou moins allongé, plus ou moins tronquées à l'extrémité.

M. Dejean a donné à ce nouveau genre le nom de *Lophidius*, tiré du mot grec λοφίδιον, petite crête.

Il l'a formé sur un insecte de Sierra-Leone, auquel il a réuni provisoirement une seconde espèce du même pays. Ils sont tous les deux de petite taille, de couleur jaunâtre, et paraissent assez agiles.

Voici les caractères génériques que présente l'espèce qui forme le type de ce genre :

La lèvre supérieure est en carré moins long que large, presque transversale et très-légèrement échancrée antérieurement. Les mandibules sont courtes, arquées et très-aiguës. Le menton est assez grand, légèrement concave, fortement échancré, et il a au milieu de son échancrure une assez forte dent simple. Les palpes extérieurs sont peu saillans; leur dernier article est assez allongé, cylindrique et tronqué à l'extrémité. Les antennes sont filiformes et à peu près de la longueur de la moitié du corps; le premier article est un peu plus gros que les autres et presque cylindrique ; les deux suivans sont très-légèrement obconiques; le second est le plus court de tous; le troisième est un peu plus long, mais plus court que le premier; les suivans sont presque égaux, allongés, presque cylindriques et à peu près de la longueur du premier ; le dernier est terminé en pointe obtuse. Les pattes sont assez fortes pour la grosseur de l'insecte. Les jambes antérieures sont assez fortement échancrées intérieurement. Les trois premiers articles des tarses antérieurs sont très-fortement dilatés, au moins dans les mâles, aussi long que larges, fortement triangulaires, et ils ont en dessous, de chaque côté, un appendice assez long et fortement dentelé. Les articles des tarses intermédiaires et postérieurs sont allongés et presque cylindriques. Les crochets des tarses ne sont pas dentelés en dessous.

1. L. Testaceus.

Pl. 171. fig. 3.

Flavo-testaceus; thorace subtransverso, antice angustato; elytris obsolete striato-punctatis, postice emarginatis.

Dej. *Spec.* v. *Suppl.* p. 802. n° 1.

Long. 2 $\frac{3}{4}$ lignes. Largt 1 $\frac{1}{4}$ ligne.

Il se trouve à Sierra-Leone.

XXXVII. ANTARCTIA.

Feronia. *Eschsch.* Harpalus. *Germ.* Carabus. *Fabric.*

Les trois premiers articles des tarses antérieurs dilatés dans les mâles, aussi longs que larges et fortement cordiformes. Dernier article des palpes allongé, presque cylindrique et tronqué à l'extrémité. Antennes filiformes et assez allongées. Lèvre supérieure en carré moins long que large, légèrement échancrée antérieurement. Mandibules peu avancées, assez fortement arquées et assez aiguës. Point de dent au milieu de l'échancrure du menton. Corselet presque carré ou légèrement cordiforme. Élytres assez allongées, presque parallèles et légèrement sinuées à l'extrémité.

M. Dejean a établi ce nouveau genre sur quelques espèces de l'extrémité de l'Amérique méridionale, et il lui a donné le nom d'*Antarctia*, pour désigner le pays qu'elles paraissent habiter exclusivement.

Les *Antarctia* sont des Carabiques de taille moyenne, toujours ailés, de couleur métallique, et qui ont les plus grands rapports de forme avec quelques *Amara* et quelques *Harpalus;* mais elles en diffèrent par des caractères génériques bien distincts. La lèvre supérieure est presque plane ou légèrement convexe, en carré moins long que large, et légèrement échancré antérieurement. Les mandibules sont peu avancées, assez fortement arquées et assez aiguës. Le menton est assez grand, plus ou moins concave, fortement échancré, et il n'a point de dent au milieu de cette échancrure. Les palpes sont peu saillans; leur dernier article est assez allongé, presque cylindrique, et tronqué à l'extrémite. Les antennes sont filiformes, et à peu près de la longueur de la moitié du corps, quelquefois un peu plus courtes; leurs articles sont assez allongés et presque cylindriques : le premier est un plus gros que les autres; le second est le plus court de tous; le troisième est un peu plus long que les suivans, qui sont égaux entre eux. La tête est presque triangulaire, peu ou point rétrécie postérieurement. Les yeux sont arrondis et assez saillans. Le corselet est assez court, presque carré, ou légèrement cordiforme. Les élytres sont peu convexes, assez allongées, presque parallèles et légèrement sinuées à l'extrémité. Les pattes sont peu allongées. Les jambes antérieures sont assez fortement échancrées. Les articles des tarses sont assez allongés, presque cylindriques ou très-légèrement triangulaires; les trois premiers des tarses antérieurs sont assez fortement dilatés dans les mâles : le premier est triangulaire et un peu plus grand que les suivans, qui sont aussi long que larges, et fortement condiformes. Les crochets des tarses ne sont pas dentelés en dessous.

Les espèces connues en ce genre sont toutes de Buénos-Ayres, des îles Malouines et du Chili. Les *Antarctia* remplacent à l'extrémité de l'Amérique méridionale les *Amara* et les *Harpalus*, et le nombre des espèces doit en être considérable. Mais ce pays a été si peu visité par les entomologists, que, jusqu'à présent, on n'a pu s'en procurer qu'un très-petit nombre.

A. Carnifex.

Pl. 171. fig. 4.

Subovata, supra obscure œnea; thorace subquadrato, postice utrinque foveolato; elytris striatis, punctisque duobus postice impressis; antennis pedibusque pallide testaceis.

Dej. *Spec.* III. p. 526. n° 1.
Carabus Carnifex? Fabr. *Sys. El.* I. p. 195. n° 136.
Oliv. III. 35. p. 74. n° 97. t. 7. *fig.* 73.

Sch. *Syn. Ins.* 1. p. 201. n° 187.
Harpalus Hollbergii. Gyllenhal.

Long. 4 $\frac{2}{3}$, 5 lignes. Larg. 2, 2 $\frac{1}{4}$ lignes.

Elle se trouve communément aux environs de Buénos-Ayres.

XXXVIII. MASOREUS. *Ziegler.*

Badister. *Creutzer.* Trechus. *Sturm.*

Les trois premiers articles des tarses anterieurs dilatés dans les mâles, aussi longs que larges et fortement triangulaires. Dernier article des palpes allongé, presque cylindrique, et tronqué à l'extrémité. Antennes filiformes et peu allongées. Lèvre supérieure presque transversale et coupée presque carrément. Mandibules peu avancées, assez arquées et assez aiguës. Point de dent au milieu de l'échancrure du menton. Corselet transversal, échancré antérieurement, arrondi sur les côtés, légèrement prolongé dans son milieu postérieurement, et séparé des élytres par un étranglement. Élytres en ovale allongé, presque tronquées à l'extrémité.

Ce genre qui paraît être bien distinct de tous ceux de cette tribu, a été établi par M. Ziegler.

Les *Masoreus* sont de petits Carabiques qui se rapprochent un peu par le *facies* des *Olisthopus*, et qui présentent les caractères suivans :

La lèvre supérieure est courte, presque transversale et coupée presque carrément. Les mandibules sont peu avancées, assez arquées et assez aiguës. Le menton est assez grand, assez concave, fortement échancré, et il n'a point de dent au milieu de son échancrure. Les palpes sont assez forts et peu saillans : le dernier article est assez allongé, presque cylindrique, et tronqué à l'extrémité. Les antennes sont filiformes, assez minces, et à peu près de la longueur de la moitié du corps ; leurs articles sont assez allongés et presque cylindriques : le premier est un peu plus long et un peu plus gros que les autres ; le second est, au contraire un peu plus court ; le troisième n'est pas sensiblement plus long que les suivans, et les sept derniers sont très-légèrement comprimés. La tête est presque triangulaire, et un peu rétrécie postérieurement. Les yeux sont arrondis et assez saillans. Le corselet est très-court, transversal, arrondi sur les côtés, échancré antérieurement et légèrement prolongé dans son milieu postérieurement, et il est séparé des élytres par un pédoncule sur lequel est placé l'écusson, dont la pointe atteint à peine la base des élytres. Celles-ci sont assez larges, presque ovales, ou en carré allongé, dont les angles sont arrondis et presque tronqués à l'extrémité. Les pattes sont peu allongées. Les jambes antérieures sont assez fortement échancrées. Les articles des tarses sont assez allongés, cylindriques ou très-légèrement triangulaires. Les trois premiers des tarses antérieurs sont légèrement dilatés dans les mâles et triangulaires : le premier est plus grand que les autres, qui sont aussi longs que larges. Les crochets des tarses ne sont pas dentelés en dessous.

Des trois espèces que possède M. Dejean dans ce genre, l'une appartient à l'Europe, la seconde est d'Égypte, et la troisième des Indes orientales.

M. Luxatus.

Pl. 171. fig. 5.

Oblongo-ovatus, nigro-piceus; elytrorum basi, antennis pedibusque ferrugineis.

Dej. *Spec.* III. p. 537. no 1.
Dej. *Cat.* p. 15.
Badister Luxatus. Creutzer.
Trechus Laticollis. Sturm. VI. p. 103. n° 22. T. 150. fig. d. D.

Long. 2 $\frac{1}{4}$ lignes. Larg. 1 ligne.

Un peu plus petit que l'*Olisthopus Rotundatus*, et d'un brun tantôt presque noir, tantôt plus ou moins roussâtre, avec la base des élytres d'un roussâtre plus clair.

Tête presque triangulaire, un peu plus rétrécie postérieurement, presque lisse.

Corselet plus large que la tête, moins long que large, très-court, arrondi sur les côtés et très-légèrement convexe; la ligne médiane fine et peu marquée; les deux impressions transversales à peine sensibles; le bord antérieur très-profondément échancré; les côtés légèrement rebordés; les angles antérieurs et postérieurs arrondis; la base coupée un peu obliquement sur les côtés et un peu prolongée dans son milieu.

Élytres un peu plus larges que le corselet, en ovale allongé et très-légèrement convexes; leurs angles antérieurs très-arrondis, et l'extrémité coupée obliquement; les stries fines et assez marquées; les intervalles planes; deux points enfoncés sur le troisième, près de la troisième strie.

Dessous du corps d'un brun plus ou moins roussâtre, avec les pattes d'un jaune-ferrugineux un peu roussâtre.

Il se trouve en France, en Espagne, en Allemagne et en Autriche; mais il est assez rare partout.

FIN DU TROISIÈME VOLUME.

STÉNOGRAPHIE

DES COURS.

SEMESTRE D'ÉTÉ.

ANNÉE SCHOLAIRE 1835—1836.

COURS

D'ACCOUCHEMENS

M. MOREAU, PROFESSEUR.

PREMIÈRE LEÇON.

4 avril 1836.

MESSIEURS,

L'art des accouchemens, que je suis appelé à professer devant vous, est une partie bien restreinte des connaissances qui constituent l'histoire naturelle.

Pour vous dire en quoi cet art consiste, et quelle est sa nature, quels sont ses rapports avec la généralité de la science; pour le bien circonscrire, en un mot, nous devons jeter un coup d'œil sur les conditions qui nous sont imposées.

Tout être végétal ou animal naît, se développe, se reproduit et meurt. L'une de ces conditions, moins essentielle à la vie de l'individu, est consacrée plutôt à la conservation de l'espèce. Toutefois, l'époque de la reproduction paraît être le point culminant vers lequel nous tendons, le but auquel nous sommes destinés; celui que la mort atteint avant cette période, n'a pas rempli sa vie, son existence n'a pas été complète. Dans chacune de ces phases, une part est à la physiologie, une autre à la philosophie et à la morale; à nous, dans leur spécialité, les phénomènes de naissance et de reproduction.

Nous n'empiéterons pas sur le domaine des autres sciences; nous n'aurons point à nous occuper de ce qui touche la physiologie; nous ne parlerons pas du développement des organes, de leur accroissement, des pertes qu'ils éprouvent, des changemens qu'ils subissent; nous n'aurons rien à dire des altérations qui s'observent dans les tissus, des troubles fonctionnels, des maladies, et, dans la branche de la science que nous avons à vous développer, l'espèce humaine fera seule l'objet de nos travaux.

L'homme, placé au sommet de l'échelle animale, est le centre où viennent converger toutes les organisations, et la sienne est la plus complète de toutes : il a des sexes séparés; chez lui, l'hermaphrodisme n'existe pas; on le voit, au contraire, dans les êtres tout-à-fait infimes, comme les mollusques, les vers, etc. Chez nous, les deux organes sont distincts et confiés à deux êtres ; tandis que toutes les autres fonctions leur sont communes.

L'organisation génitale de la femme est la seule qui doive ici nous occuper. Nous aurons à étudier l'appareil générateur sous le rapport des quatre fonctions principales qu'il remplit ; la conception, la grossesse, l'accouchement et la lactation.

Chacun de ces quatre états fera pour nous l'objet d'une étude spéciale, et les produits qui répondent à chacun d'eux devront être par nous étudiés, examinés avec une attention particulière.

Nous envisagerons d'abord les parties qui composent le mécanisme de l'accouchement, dans leur état normal, dans les états divers qu'elles parcourent, en vue de la fonction qu'elles remplissent ; puis leurs anomalies, en tant qu'elles apportent un obstacle aux évolutions nombreuses qui doivent s'accomplir en elles.

Nous arriverons ensuite à l'examen des produits de la conception, des rapports qui les unissent et les rattachent au phénomène principal ; nous passerons successivement en revue tous ces produits, les causes et les conséquences des anomalies qu'ils peuvent présenter ; ainsi, la sécrétion du lait, sa suppression et les désordres qu'elle entraîne après elles. Quand nous arriverons au fœtus, nous aurons à le suivre dans les premiers instans de la vie exra-utérine.

Ce cours sera divisé, d'après les matières qu'il renferme, en quatre parties bien distinctes :

1° Connaissances préliminaires, anatomiques et physiologiques.

Examen des parties dures et molles qui se rattachent à la fonction reproductrice. Le bassin : quelles sont les parties osseuses et molles qui le composent? l'union de ces parties? les moyens qui concourent à sa solidité? les modifications que ses fonctions éprouvent dans la grossesse? puis, nous aurons à le considérer dans son ensemble, eu égard à ses dimensions; nous vous ferons connaître les signes d'une bonne conformation; nous verrons quelles variations l'âge entraîne dans les dimensions du bassin, quelles sont ses anomalies, les causes qui les produisent, leurs conséquences dans le mécanisme de l'accouchement; nous aurons à vous faire connaître les moyens appliqués à la mensuration du bassin, le pelvimètre.

Tissus mous qui complètent la cavité pelvienne; organes de la génération chez la femme, et rapports des parties qui concourent à l'œuvre de reproduction; leurs situations anormales, et tout ce qu'elles entraînent de conséquences pathologiques; soit qu'elles s'opposent à la fécondation, ou qu'elles aient pour effet de s'opposer à l'heureuse terminaison de l'accouchement.

2° La seconde partie aura trait à la fonction reproductrice, à la conception, à la grossesse, aux conditions voulues pour que cette fonction s'accomplisse ; ainsi, nous serons amenés à parler du flux menstruel, de l'époque à laquelle il survient, des désordres qu'il peut éprouver, et des conséquences qui, le plus souvent, en sont la suite.

Nous passerons légèrement sur la conception ; cette question est plus particulièrement du ressort de la physiologie; mais la grossesse est de notre domaine; nous passerons en revue les signes qui servent à la constater; nous verrons quelle est leur valeur, quelles irrégularités surviennent dans la marche de ce phénomène et dans le développement du fœtus; l'avortement et ses causes; observations diverses; grossesses extra-utérines.

3° Accouchement, terminaison de la grossesse.

Dans une première division, nous placerons les accouchemens naturels.

Une autre sera composée des divers accouchemens artificiels, avec les causes qui peuvent les provoquer; nous ferons alors observer qu'il en est de plus essentiellement artificiels; d'autres le sont accidentellement, c'est-à-dire qu'ils résultent des causes provenant du dehors; nous parlerons, à leur sujet, des accidens qui compromettent quelquefois d'une manière si grave et si subtile l'existence de l'enfant et les jours de la mère, comme font les hémorrhagies, l'éclampsie, etc.

Les accouchemens que l'on peut appeller essentiellement artificiels proviennent ou d'une position vicieuse de la part de l'enfant, ou d'une mauvaise conformation; que ce soit monstruosité du fœtus, ou dimension défavorable chez la mère, c'est-à-dire qu'il y a, dans chacun de ces cas, désharmonie entre les proportions de l'enfant et les organes de la mère

Nous examinerons toutes ces causes; je n'ai

pu faire ici qu'en signaler quelques-unes ; nous verrons quelles indications en découlent. Je devrai m'arrêter longuement à ce point, le plus grave de l'obstétrique ; en face des obstacles nombreux qui peuvent s'opposer à l'issue de l'enfant, l'irrésolution est fatale, et une instruction profonde et le plus grand sang-froid sont nécessaires.

4° Dans la quatrième partie, nous comprendrons, sous le titre de lactation, deux faits distincts : la sécrétion et l'allaitement. La sécrétion du lait mérite d'attirer notre attention; nous aurons à signaler les conditions nécessaires à son accomplissement, les causes de sa disparition, et celles qui peuvent suspendre ou supprimer l'appareil des phénomènes appelés suites de couches, et nous arriverons ainsi à l'histoire des maladies qui peuvent se développer après l'accouchement, et créer pour la mère des dangers nouveaux et de nouvelles douleurs.

L'allaitement et sa durée, et les soins que réclame l'enfant dans les premiers temps de sa vie, seront le complément de nos travaux; et, si le temps nous le permet, nous parlerons de l'excrétion menstruelle, sous le rapport de sa disparition normale; du temps appelé, chez la femme, retour de l'âge, et des troubles qui peuvent se déclarer, à cette époque, dans l'habitude générale des fonctions.

Voilà quelle marche nous nous sommes tracée, arrivés à la fin de ce cours, nous aurons embrassé la science des accouchemens dans la plus grande géneralité.

Pour être fidèles à notre plan, occupons-nous d'abord de décrire le bassin.

Le bassin.

Vous savez que l'on désigne, sous le nom de bassin, un ensemble osseux qui, par sa forme, constitue la paroi solide de la cavité pelvienne, et par sa position, sert à transmettre le poids du corps aux membres inférieurs.

La présence dans sa cavité, des organes excrémentateurs, l'a fait comparer, d'une manière assez bizarre, à l'objet dont il porte le nom : telle est la singulière origine de sa dénomination.

Les anciens distinguaient les os qui le composent en deux parties; l'une, fesant suite au rachis, était décrite par eux, au nombre des vertèbres; ils rapportaient les autres aux membres inférieurs. — En effet, le sacrum et le coccyx appartiennent véritablement, par leur conformation, la manière dont ils se développent, et leur situation, à la colonne vertébrale; et le sacrum remplit exactement les fonctions des vertèbres : les os coxaux sont, pour les membres pelviens, ce qu'est l'omoplate aux membres thoraciques.

Cette division a l'avantage de répondre à leur valeur fonctionnelle et physiologique, nous serions entièrement disposés à l'admettre; mais dans la science des accouchemens, le bassin a besoin d'être étudié comme ensemble; il nous faut une idée précise de ses dimensions; l'étendue de ses diamètres nous est indispensable à connaître : aussi, depuis long-temps, cette distinction des anciens est restée en désuétude, et le bassin est généralement étudié dans son unité. Nous l'envisagerons sous ce rapport; mais pour connaître un tout, il faut être familiarisé avec les élémens qui le composent; aussi faut-il, d'abord, analyser les diverses parties qui concourent à la formation du bassin, et soumettre chacune d'elles à un examen détaillé.

Le bassin présente des os, des fibro-cartilages et des ligamens; les os sont:

En arrière, le sacrum et le coccyx.

Sur les côtés, les os coxaux dont les prolongemens pubiens, forment, en se réunissant, la partie antérieure.

Les fibro-cartilages sont les intermédiaires des os et leurs points de jonction : ils sont placés entre leurs parties adjacentes; considérés comme moyens d'union, ils sont aidés par des ligamens isolés et distincts des articulations; ce sont, par exemple, les ligamens sacro-sciatiques, destinés en même temps à fermer l'échancrure que laissent entre eux, dans leurs parties inférieures, le sacrum et l'ischion; ils concourent ainsi à limiter la cavité pelvienne en arrière : puis, sur les parties antérieures et latérales, les ligamens obturateurs servent à compléter le bassin inférieurement, et forment, de chaque côté, un plan incliné plus égal, de manière à favoriser le passage et le glissement de la tête : ils donnent en outre insertion à des muscles.

Le sacrum.

Le sacrum est un os impair, triangulaire, approximativement pyramidal, aplati d'avant en arrière, présentant une courbure à concavité antérieure. Il est situé immédiatement au-dessous des vertèbres, au dessus du coccyx, entre les parties postérieures des os coxaux, qu'il sépare, pour former avec elles, en arrière, la paroi du bassin.

On assigne à son nom plusieurs origines; quelques-uns disent qu'il le doit à la protection que reçoivent de lui des organes d'une haute importance et sacrés chez les anciens; d'autres disent que, dans les sacrifices d'animaux, le prêtre offrait cette partie aux dieux.

Nous sommes plus disposés à croire, comme on l'a dit également, que les auteurs anciens le comparant, en qualité de vertèbre, à toutes les autres, lui ont donné ce nom, pour exprimer ses dimensions supérieures; c'est ainsi que souvent ils désignaient les grandes choses.

Nous avons dit que sa face antérieure est concave; cette disposition mérite toute notre attention. Si la courbure s'exagère, il résulte, sur la cavité pelvienne, un aggrandissement qui n'est pas toujours avantageux à la terminaison de l'accouchement; cette cavité peut loger la tête, la retenir, la détourner, et s'opposer à l'issu de l'enfant.

Dans les cas, au contraire, où cette incurvation n'est pas assez prononcée, la tête du fœtus ne peut exécuter ses mouvemens; elle reste dans l'obliquité qu'elle affectait au passage du détroit supérieur, et cette position diagonale peut avoir des suites fâcheuses pour l'enfant et pour la mère.

Quand on vient à tirer une ligne médiane et verticale, entre les deux bases du sacrum, et en avant, il faut trouver entre elle et la plus grande profondeur, huit à dix lignes environ ; au-dessus et au-dessous de ces dimensions, commencent l'anomalie et le danger.

Sur cette face du sacrum, on observe des surfaces quadrilatères au nombre de cinq ; ce sont les traces des vertèbres rudimentaires, dont l'union forme cet os. Elles sont plus ou moins distinctes, suivant les âges ; elles s'effacent par les progrès de l'ossification.

Sur les parties latérales de cette face, nous voyons des trous évasés vers leur marge, et qui deviennent plus étroits dans leur profondeur ; les orifices de ces trous paraissent tendre à se réunir ; leur usage est de livrer issue aux nerfs sacrés antérieurs. Ce qu'ils ont de plus intéressant pour nous, c'est que leurs bords saillants sont échancrés uniquement à leur partie externe ; cette disposition accuse bien la haute prévoyance de la nature ; il fallait protéger les nerfs sacrés contre une compression inévitable, et garantir la femme contre les accidens paraplégiques. La tête de l'enfant peut séjourner long-temps dans le petit bassin, il pourrait s'opérer sinon des déchirures, au moins des contusions violentes de ces nerfs ; ils sont encore ménagés par la présence des fibres musculaires appartenant au pyramidal, et tout nous porte à croire qu'à l'instant de chaque douleur, cette couche musculaire se contracte et devient encore plus épaisse et plus saillante.

Toutefois, la situation de ces nerfs est telle, que l'on ne peut les soustraire entièrement à l'action compressive de l'utérus, et ceci nous explique les souffrances que la femme éprouve dans les cuisses, dans les fesses, et particulièrement les crampes qui surviennent dans les mollets; elles sont un signe indubitable de la présence de la tête dans le petit bassin, et nous devons tranquilliser la femme qui se tourmente, en l'assurant que la fin des douleurs utérines les fera disparaître.

La face postérieure est convexe et présente de nombreuses irrégularités; on y voit les apophyses épineuses des fausses vertèbres qui, par leur réunion, composent le sacrum, et qui font suite à celles du rachis; sur les côtés de ces apophyses, on voit des gouttières peu profondes qui répondent aux gouttières vertébrales; elles sont destinées à loger la masse commune des muscles sacro-lombaire et grand dorsal, qui viennent y prendre insertion et s'y terminer; puis on y voit encore les trous sacrés postérieurs qui servent à livrer passage aux nerfs du même nom.

Les bords du sacrum, très minces au voisinage du coccyx, sont très épais à la partie supérieure, ils présentent dans cet endroit d'abord une surface articulaire ovale, rémiforme, affectant une grande ressemblance, quant à ses contours, avec le pavillon de l'oreille; à l'état frais cette surface est recouverte d'un fibro-cartilage; derrière elle nous voyons les surfaces rugueuses où viennent s'implanter les ligamens sacro-iliaques.

La partie inférieure de ces bords est embrassée par la duplicature fibreuse qui, de toute son étendue, va convergeant pour former le ligament sacro-sciatique.

La base principale, celle qui sert d'appui à la colonne vertébrale, doit avoir deux pouces et demi de diamètre tranverse; elle présente une surface articulaire inclinée, au dépens de la face postérieure du sacrum, et qui répond à l'inclinaison semblable de la dernière vertèbre des lombes, de manière à produire la saillie remarquable qu'on appelle angle sacro-vertébral; c'est un point important auquel nous avons recours pour apprécier la bonne ou la mauvaise conformation du bassin.

Derrière cette surface, est l'orifice du canal sacré, continuation du canal vertébral.

En dehors, deux surfaces triangulaires, arrondies, inclinées en avant, et qui servent de démarcation entre le grand et le petit bassin.

La base inférieure, beaucoup moins étendue, est oblongue aussi tranversalement, et derrière la partie articulaire, on peut voir l'orifice incomplet, échancré, par où se termine le canal vertébral et qui livre passage au dernier nerf sacré postérieur.

Formé presque entièrement de substance celluleuse, le sacrum présente une grande légèreté et satisfait aux besoins de solidité que ses fonctions exigent.

Il se développe par trente-cinq points d'ossification qui bientôt commencent à se réunir; à l'époque de la naissance on n'en trouve déjà plus que quinze; cinq restent encore, après la première enfance; mais à la puberté leur ensemble est compacte et complètement soudé en un seul et même os.

Le coccyx est comparable au sacrum; on peut même le considérer comme un sacrum rudimentaire, à l'exception du canal vertébral, à la formation duquel il ne contribue pas, c'est-à-dire que les nerfs sacrés ne vont pas jusqu'à lui.

Il est situé au dessous du sacrum et dans l'écartement des ligamens sacro-sciatiques; il présente une base, deux bords et un sommet; il est légèrement concave en avant; son développement se fait par trois points d'ossification, il est recouvert en avant et en arrière par le grand surtout ligamenteux qui donne attache au sphincter de l'anus.

Il offre à sa base, une surface articulaire oblongue, analogue à celle que forme la base principale du sacrum, destinée à s'articuler avec la base inférieure de cet os; chacune de ces faces est recouverte, à l'état frais, d'un disque fibreux; celle du coccyx est surmontée par deux appendices appelés cornes du coccyx et qui répondent aux cornes du sacrum.

Le sommet est tuberculeux, il sert de point d'attache au releveur de l'anus.

Enfin, les divers points par lesquels il se développe, sont les traces des vertèbres caudales, si nombreuses chez les animaux.

Quelques auteurs ont attribué une grande importance à la courbure du coccyx, comme obstacle à la terminaison de l'accouchement, quand elle devient exagérée; mais il faut tenir compte de la grande mobilité dont jouit cet os à l'égard du sacrum, et qui permet à la tête de le refouler à son passage.

DEUXIÈME LEÇON.

6 avril 1836.

Os coxaux.

On désigne ainsi les deux os pairs, irréguliers en apparence, qui forment la majeure partie du bassin, qui le composent en avant et latéralement; on les appelait autrefois os innominés. Toute bizarre que soit leur forme, on peut aisément la ramener à un quadrilatère dont le plan serait tordu sur lui-même, dans son milieu; cette torsion a lieu de telle sorte que la partie supérieure, écartée en dehors, présente un évasement; cet os est plat; il offre deux surfaces, l'une interne, concave; l'autre externe, convexe, au moins quant à sa partie supérieure.

Cette dernière s'appelle également face ischiatique ou fessière, et l'autre prend le nom de face pelvienne; la face ischiatique présente trois arcades de rugosités, la plus grande à son bord, et qui servent à l'insertion des trois muscles fessiers; au-dessous de cette portion, nous voyons la cavité cotyloïde, hémisphérique, à l'exception d'une échancrure qu'elle présente à la partie inférieure et antérieure, pour l'insertion du ligament triangulaire; cette cavité nous est d'une grande importance dans la pratique de notre art; nous verrons qu'elle est le centre d'union des os rudimentaires destinés à former l'os coxal : elle conserve assez long-temps encore une faiblesse assez notable, et nous devons nous opposer à l'usage de promener les enfans trop tôt à la lisière, ou dans les petits chariots dans lesquels on les place debout, à la campagne : la station, chez les trop jeunes enfans, déforme le bassin, et produit, ou prépare des accidens qui peuvent être fort graves.

L'échancrure inférieure de cette cavité, est, à l'état frais, convertie en trou, par le tissu fibreux qui fait bourrelet sur ses bords; ce trou est destiné au passage des vaisseaux, et du tissu graisseux dans lequel ils sont répandus; les anciens donnaient à cet ensemble le nom impropre de glandes synoviales.

A la partie inférieure de cet os, nous voyons un trou ovalaire chez l'homme, et triangulaire chez la femme, appelé trou obturateur et garni d'une membrane nommée obturatrice, recouverte de muscles auxquels elle donne insertion.

Au milieu de la face pelvienne, l'os coxal nous présente une ligne transversale remarquablement saillante, établissant la démarcation entre les deux bassins : au-dessus est la fosse iliaque, interne; en arrière une surface articulaire, semblable à celle du sacrum, destinée à l'articulation de ces deux os; et plus en arrière encore, une vaste surface rugueuse où viennent s'insérer les fibres du ligament sacro-iliaque interne.

Plus bas que cette ligne, nous observons un

plan incliné de manière à ce que la tète de l'enfant, pressée par l'utérus, soit amenée précisément dans la direction favorable à son issue ; mais l'orifice interne du trou sous-pubien, désigné déjà par le nom de trou obturateur ou fosse obturatrice, est bouché, avons-nous dit, par la membrane de ce nom, excepté la partie supérieure où se voit un orifice au passage des vaisseaux et du nerf obturateur. Il importe de faire attention à cette particularité; elle explique pourquoi la femme se plaint de douleurs au haut et en dedans des cuisses, au début du travail, au moment où la tète va franchir le détroit abdominal; enfin, à la partie tout à fait antérieure de cet os, est, tant à l'intérieur qu'à l'extérieur, une surface quadrilatère; c'est le corps du pubis; il est en rapport avec la face antérieure de la vessie.

La circonférence de l'os doit nous servir, en quelques points, à juger la conformation bonne ou mauvaise du bassin.

Le bord supérieur, courbé à la manière d'un *S* italique, est successivement renflé et déprimé, en divers points de son étendue : quel que soit le degré d'embonpoint; la partie moyenne de ce bord et les deux épines antérieure et postérieure qui la terminent sont toujours appréciables au toucher.

Il donne attache aux muscles grand et petit obliques et au transverse, qui sont de puissans auxiliaires aux efforts de l'utérus, dans le travail de l'accouchement.

Le bord antérieur présente la facette articulaire destinée à l'union des deux os ensemble, au point dit la symphyse pubienne.

L'étendue de cette facette a de cinq à six lignes dans son diamètre antéro-postérieur, de quinze à dix-huit lignes en hauteur; c'est la plus grande dimension qui se rencontre chez la femme.

Plus bas, immédiatement, se présente une surface oblique; mais surtout chez les femmes, cette obliquité des branches descendantes du pubis est extrêmement prononcée; c'est à cette disposition qu'est due, chez elles, cette forme triangulaire que nous avons lieu d'observer dans la fosse obturatrice; c'est elle encore qui produit l'ouverture plus grande de l'arcade pubienne.

Sur le bord antérieur, nous voyons entre les deux épines une échancrure où passent des filets nerveux, puis une autre qui vient au-dessous de l'épine iliaque antérieure et inférieure; celle-ci donne passage aux tendons réunis des muscles psoas et iliaque; ensuite l'éminence iléo-pectinée où vient prendre insertion le muscle petit psoas, quand il existe; plus en dedans et en avant, nous voyons l'échancrure destinée au passage du nerf et des vaissaux cruraux, c'est en ce point que l'on cherche l'artère, pour exercer la compression sur elle, dans les grandes opérations sur les membres inférieurs.

Sur le bord postérieur sont deux épines; l'une inférieure, l'autre supérieure, comme en avant; entre elles se voit également une échancrure, et au-dessous, l'échancrure ischiatique; enfin l'épine de ce nom, où s'attache le petit ligament sacro-sciatique, et qui présente une coulisse pourvue d'une membrane synoviale, où glisse le tendon réfléchi de l'obturateur interne.

A la réunion de ces bords, des accidens de conjonction se présentent, que nous devons considérer; à l'union de ces deux premiers bords est l'épine iliaque antérieure et supérieure, toujours très facile à trouver, et qui donne, par la distance de sa congénère, une bonne appréciation de l'état du bassin.

L'épine postérieure et supérieure analogue de la précédente, et qui résulte de l'union du bord supérieur avec le bord postérieur, donne insertion aux trousseaux ligamenteux qui se rendent à la dernière vertèbre des lombes et au sacrum :

C'est ainsi qu'est formée l'épine du pubis, où s'implantent les piliers de l'anneau inguinal; vient enfin la tubérosite de l'ischion, où prennent insertion les muscles demi-tendineux, demi-membraneux et biceps.

Cette tubérosité, toujours visible, offre un excellent moyen d'apprécier dans son diamètre transverse le détroit périnéal.

L'os coxal a trois points d'ossification qui répondent à trois os d'abord isolés; je mets à part les épiphyses :

L'iléon qui reçoit sa dénomination du voisinage de l'intestin ileum ;

Le pubis, appelé de la sorte, parce qu'il est en rapport avec des organes qui prennent un très grand développement, à l'âge de la puberté ;

L'ischion dont le nom, chez les Grecs, ἴσχιον de

ἴσχω, exprime sa fonction principale, celle de servir à la station assise; les anciens auteurs français l'avaient nommé os de l'assiette.

Chacune de ces trois parties vient se réunir avec les autres, au centre de la cavité cotyloïde; à huit ans, cette réunion n'est pas complète encore.

L'os coxal est formé presque entièrement de substance celluleuse recouverte d'une couche très mince de tissu compacte; toutefois, en un point qui répond à peu près au centre des fosses iliaques, les deux lames de substance compacte sont adossées l'une à l'autre et présentent une translucidité remarquable.

Une description de ce genre est toujours fort aride; je m'efforce de l'abréger, en supprimant les choses inutiles à notre sujet; mais je suis encore obligé de m'étendre sur quelques détails anatomiques; avant de vous parler du bassin dans son ensemble, je ne puis éviter de vous dire quels sont ses différens moyens d'union.

La syndesmologie du bassin nous est d'une grande importance, en ce qui touche l'union entre elles des diverses parties qui la composent; la pratique des accouchemens nécessite l'examen attentif d'une question relative à la solidité plus ou moins forte de ces os, à leur point de jonction, et nous ne pouvons y procéder qu'après nous être livrés d'abord à l'étude de ses différentes articulations.

Les fonctions du bassin dans les deux sexes exigeaient une résistance très considérable de la part de ses articulations; aussi toutes appartiesnent à l'espèce des symphyses, et les trois principales sont disposées de manière à s'entre-secourir. Elles sont au nombre de quatre; une seule en avant, les trois autres dans la région postérieure du basin ; leur nom résulte des os dont elles sont formées; ce sont, en avant, la symphyse des pubis; en arrière, les symphyses sacro-iliaques et la symphyse sacro-coccigienne.

Symphyse pubienne.

La symphyse des pubis présente, entre ces deux os, un disque fibreux, désigné autrefois sous le nom de fibro-cartilage ; on s'est demandé s'il en existait deux, si chacun des pubis avait le sien, où s'il n'en existait qu'un seul; bien qu'il soit tout-à-fait difficile de les isoler, de les séparer l'un de l'autre par la dissection, il faut convenir qu'il en existe deux, venant s'unir sur la ligne médiane; l'examen sur les sujets très-jeunes doit lever aisément les doutes à cet égard ; il est également facile de s'en convaincre sur des bassins de femmes mortes peu de temps avant ou après le terme de gestation.

Ce disque est plus épais en avant qu'en arrière; il semble pénétrer entre les deux corps des pubis, à la manière d'un coin, dont le sommet regarderait l'intérieur et la base se présenterait en avant.

Il est, ou ils sont formés de tissus très denses, disposés par rayons, et de manière à ce que les fibres s'entrecroisent.

Plusieurs anatomistes ont dit avoir trouvé des

fibres transversales, auxquelles ils attribuent la plus grande part de la solidité dont jouit cette articulation; ces fibres, dont l'existence n'est pas bien avérée, se rendraient d'un pubis à l'autre.

Si l'on fait au milieu du fibre cartilage, une section verticale, on s'aperçoit qu'il existe, sur la ligne médiane, une facette articulaire pourvue d'une membrane synoviale; cette facette disparaît quelquefois de bonne heure; mais jamais on ne manque de la trouver chez les enfans et chez les femmes en état de grossesse.

Notons ici la présence de cette membrane synoviale; cette disposition de la nature démontre bien qu'il se passe des mouvemens dans cette articulation.

En avant de cette articulation, s'observe d'abord un surtout ligamenteux, à fibres entrecroisées; puis le ligament pubien antérieur proprement dit, qui va de l'un des os à l'autre, à peu près transversalement; on y voit également des fibres très-obliques, à peu près verticales, qui ne sont autre chose que l'expansion aponévrotique des muscles du bas-ventre.

Le ligament pubien postérieur, beaucoup plus faible que le précédent, n'est pas à bien dire un ligament; c'est une simple dépendance du périoste; il se voit au milieu de l'articulation; il est plus marqué chez la femme que chez l'homme.

Le ligament pubien supérieur, beaucoup plus fort, se compose de fibres transversales se rendant d'un pubis à l'autre; il est épais et résistant: le plus puissant de tous est le ligament appelé triangulaire des pubis, ou ligament pubien inférieur ; la base du triangle qu'il forme regarde l'os; ce ligament décrit une courbe qui se marie avec l'arcade osseuse des pubis, et la régularise; cette disposition est utile au passage de la tête dans le travail de l'accouchement.

Symphyses sacro-iliaques.

A chacune des surfaces articulaires que nous avons décrites, s'attache un fibro-cartilage de même forme ; le plus épais appartient au sacrum, celui de l'os coxal l'est beaucoup moins; dans les jeunes sujets, ils sont séparés l'un de l'autre par une membrane synoviale, qui disparaît vers dix-huit ou vingt ans, pour faire place à une substance dont l'aspect est gélatineux.

Le ligament sacro-iliaque antérieur n'est que la continuation du périoste; son peu de résistance a servi d'argument aux partisans de la section des pubis ; mais comme il a peu d'adhérence, quand une traction se fait sur lui, l'effet inévitable est de lui faire réprésenter la corde de la courbe : aussi, quand cette opération est pratiquée, n'est-il pas rare de voir succomber les femmes, parce qu'un vide s'est fait, de la sorte, entre le ligament et les parties osseuses, et qu'il s'est épanché dans son intérieur du sang ou de la sérosité.

A la région postérieure, nous voyons les trois ligamens sacro-iliaques ; ce sont des faisceaux fibreux qui, du sacrum vont, rayonnant, prendre insertion sur les inégalités du coxal; leur force est excessive, à tel point que des tractions suffisantes pour détacher les os les briseraient plutôt que d'opérer la rupture des ligaments.

L'articulation sacro-coccygienne est analogue à celle des vertèbres; elle offre, sur chacun des os, une facette articulaire recouverte de tissus fibreux, comme il se voit dans les articulations vertébrales; seulement il est, ici, plus lâche.

Le ligament sacro-coccygien antérieur est l'expansion du grand surtout ligamenteux, qui recouvre toutes les articulations du rachis : en arrière, c'est encore la terminaison des ligaments vertébraux postérieurs, qui forme le ligament sacro-coccygien de cette région; il est immédiatement recouvert sur la peau.

Les deux ligamens sacro-sciatiques sont affectés à la consolidation des symphyses sacro-iliaque et sacro-coccygienne; ils sont beaucoup plus larges en arrière qu'en avant; le plus grand, placé postérieurement à l'autre, naît principalement de la région postérieure du sacrum et du coccix; ses fibres, étalées d'abord et séparées en quelques points, viennent, en convergeant, s'attacher à la tubérosité de l'ischion, et fournissent, en ce point, l'expansion falciforme qui va se rendre à la lèvre interne de la tubérosité, entre le ligament que nous allons décrire, et celui où passent les vaisseaux et le nerf honteux.

Le petit ligament sacro-sciatique a, dans sa partie postérieure, quelques fibres communes avec le précédent; il se comporte comme lui, si ce n'est qu'il vient prendre insertion sur l'épine ischiatique, et l'enveloppe ; il est également très-puissant.

Outre ces ligamens qui servent aux articulations spéciales du bassin, nous devons dire un mot de son union avec la colonne vertébrale.

L'articulation sacro-lombaire est semblable, presque en tout point, aux articulations de la colonne.

On y voit deux fibro-cartilages, comme entre les vertèbres, deux ligaments jaunes qui, des lames de la dernière vertèbre lombaire, s'implantent à la partie postérieure de l'orifice du canal sacré; le ligament, désigné par Bichat sous le nom de sacro-vertébral, qui, de l'apophyse transverse de la dernière lombaire, descend en dehors se fixer à la partie supérieure du sacrum ;

Le ligament iléo-lombaire, qui se rend de l'épine transverse de la première vertèbre des lombes, et va s'implanter à l'os coxal et fortifier ainsi l'articulation sacro-iliaque.

Je me dispenserai de vous donner de plus longs détails sur la syndesmologie du bassin ; j'ai voulu seulement rappeler à votre souvenir ce qu'il faut ne pas oublier dans l'art des accouchemens.

TROISIÈME LEÇON.

8 avril 1836.

Nous avons à faire l'examen d'une question depuis long-temps agitée dans la science, et résolue diversement par des hommes de mérite; à savoir, si, dans le phénomène de l'accouchement, les articulations du bassin se prêtent à une certaine distension.

Si nous faisons la remarque que, dans l'état habituel, les diverses parties du bassin ne peuvent, sous aucun effort de nos mains, exécuter le plus petit mouvement, que la solidité des trois symphyses principales est extrême, nous devons penser que toute mobilité de leur part est impossible; si cependant nous observons qu'il existe dans chacune d'elles une membrane synoviale, nous serons déjà plus disposés à croire qu'un mouvement s'y passe, dût-il n'avoir lieu que sous l'influence d'un choc subit ou d'une chute: mais, ce qui est à peu près conjectural, dans l'état ordinaire, devient de la dernière évidence pendant la grossesse.

Les modifications que le bassin peut éprouver, à cette époque, ont été signalées depuis long-temps. Dans un des livres que l'on attribue à Hippocrate, *de Naturâ pueri*, nous trouvons ce fait exprimé d'une manière assez précise; Gallien a manifesté également cette opinion, mais après eux cette idée fut tout-à-fait abandonnée et entièrement mise en oubli; c'est à la fin du seizième siècle que la discussion se réveilla, et parmi les hommes remarquables de cette époque, les uns prirent parti en faveur de la mobilité, les autres soutinrent qu'elle était impossible; quand un fait survint, entièrement décisif; c'était, je crois, le 1er février 1579. Une femme, condamnée pour avoir donné la mort à son enfant, fut exécutée dix jours après l'accouchement; son corps fut livré à l'amphithéâtre de l'École de Médecine, où se trouvèrent réunis pour en faire l'examen, Ambroise Paré, Fernel, Sevral Pinaud, et Jacques d'Amboise; la discussion s'ouvrit d'abord; mais avant de prendre la parole, Ambroise Paré passa la main sous un des membres inférieurs, et le souleva; on vit alors, le pubis du côté soulevé faire, sur l'autre, une saillie d'un demi pouce.

Ce fut à la suite de cette observation si solennelle, que Sevral Pinaud publia son ouvrage, où se trouvèrent les germes d'une théorie sur la section des pubis.

Un fait pareil devait, à ce qu'il semble, dissiper toute espèce de doutes; cependant quelques personnes persistèrent; et, sans nier absolument la mobilité de ces os, la regardèrent comme exceptionnelle, et comme étant le résultat d'une altération morbide. De ce nombre est Baudelocque; il a même cité des observations cadavériques, dans lesquelles, a-t-il affirmé, la mobilité n'existait pas : avant lui, Walker avait dit que, sur cent cadavres, il ne l'avait pas une seule fois rencontrée.

Je crains que ces auteurs ne se soient trop hâtés de généraliser des observations détachées et faites, peut-être, sous une préoccupation de partialité ; quant à nous, il nous est démontré qu'il s'opère, à l'époque de l'accouchement, une augmentation de volume et un relâchement manifeste dans les fibro-cartilages inter-articulaires des symphyses du bassin.

D'ailleurs, nous avons avec nous Chaussier, Béclard et plusieurs anatomistes dont l'autorité nous est une garantie, et nous n'hésitons pas à nous ranger de leur avis ; mais si ce fait est constant, si la mobilité des os est incontestable, à quelle cause devons-nous attribuer ce phénomène? C'est, au dire de quelques auteurs, le résultat d'une altération des liquides; suivant d'autres, cette altération résiderait dans les solides.

Est-il bien permis de soutenir cette opinion, quand on voit ce phénomène se produire également chez des femmes jeunes et fortes, et dont la constitution est parfaitement exempte d'aucune maladie? On a dit que la cause était la pression exercée par l'utérus, sur les vaisseaux qui ramènent le sang de ces régions, d'où résultaient la stase des liquides, l'infiltration et le ramollissement des fibro-cartilages.

D'autres auteurs l'ont fait dépendre des efforts utérins pour l'expulsion du fœtus.

Nous ne pouvons absolument nier l'influence des constitutions molles et lymphatiques, ni la pression exercée par l'utérus, ni l'effet d'une grande masse d'eau renfermée dans les membranes ; pas davantage, celle qui résulterait de la présence de deux fœtus ; mais la cause qui produit un pareil relâchement est bien autrement générale ; c'est la même qui se manifeste dans toutes les fonctions, à cette époque, et qui produit de toutes parts, chez la femme, ces modifications nombreuses dans la texture des organes ; le surcroît de nutrition qui s'observe dans l'utérus et dans les seins, la turgescence manifeste dans tous les tissus.

C'est un développement semblable que nous voyons se produire dans l'appareil ligamenteux du bassin, et je comprends difficilement comment un esprit aussi juste que celui de Baudelocque, a pu se méprendre à cet égard, voir la raréfaction des tissus fibreux du bassin, et refuser de croire à son agrandissement ; comme si toute diminution de densité dans un corps n'avait pas, pour effet nécessaire, l'ampliation et l'accroissement de son volume.

Sevral Pinaud comparait les cartilages des symphyses à des éponges dans lesquelles se faisait une fluxion séreuse.

Après lui, un homme à qui l'on doit de beaux travaux sur la génération, Hervey, disait que les cartilages des symphyses agissaient comme l'amande d'un fruit à noyau, qui lentement se gonfle et surmonte sans peine la résistance du bois qui la recouvre : comme la racine du lierre qui, d'abord grêle et tenue, pénètre dans les moindres fissures de pierres, puis se développe successivement, parvient à vaincre des compressions énormes, à produire l'éboulement de murailles considérables.

Louis (1), autrefois secrétaire perpétuel de l'Académie de chirurgie, compare cette action à celle des polypes muqueux, développés dans le sinus maxillaire, qui repoussent ses parois en avant, ou soulèvent le plancher de l'orbite, et font sortir le globe de l'œil.

Il la compare encore aux modifications qui surviennent dans l'épaisseur des disques inter-vertébraux, quand nous sommes couchés ou debout, et qui se manifestent par l'accroissement de la taille d'un homme qui se lève, après un sommeil long et paisible; par sa diminution, à la suite d'une fatigue prolongée.

Si, maintenant, la mobilité des os du bassin et leur écartement, qui en est la conséquence, nous semble incontestable, l'utilité d'une disposition pareille ne nous est pas aussi bien démontrée.

Si vous consultez certains auteurs, et surtout les partisans outrés de la section de la symphyse pubienne, vous serez convaincus que cette mobilité est une condition indispensable à la terminaison de l'accouchement; mais l'inspection anatomique vous apprend qu'à moins de dimensions

(1) Troisième ou quatrième volume des *Mémoires de l'Académie de chirurgie*, in-4°.

anormales, d'une tête trop volumineuse, ou d'un bassin mal conformé, les rapports du volume sont ce qu'ils doivent être pour permettre, indépendamment d'une dilatation, le passage de la tête.

Vous dira-t-on que l'auteur de toutes ces choses n'a rien fait sans but, qu'une loi physiologique a toujours son utilité ?

Je reconnais combien est vraie cette proposition; mais la nature n'agit pas par caprice; elle ne fait rien par bonds, par saccades ; elle est uniforme dans la gradation de sa marche; elle a fondu ses créations, par des rapports qui les unissent, et ménagé des transitions entr'elles. N'a-t-elle pas donné à certains animaux des organes qui leur sont inutiles, rudiments de ceux que nous voyons chez d'autres, leurs voisins en organisation, à qui ces organes sont nécessaires ? et dans la série des êtres, à mesure qu'ils se simplifient, leur dégradation se fait ainsi par des transformations successives, qui précèdent toujours la disparition.

La nature a posé cette loi générale d'agrandissement du bassin, utile à la reproduction de certains animaux, inutile chez d'autres. Ne sait-on pas que les rongeurs, les cochons d'Inde ont le bassin extrêmement étroit; les petits de ces animaux ont la tête singulièrement volumineuse, quoique compressible, car leur cavité cérébrale est fort étroite; jamais le bassin des femelles ne livrerait passage à ces têtes énormes, si, quelques jours avant de mettre bas, les femelles n'éprouvaient un relâchement considérable dans les symphyses, et même un véritable écartement des os qui composent le bassin.

Au reste, ce qu'il faut bien savoir, c'est que, pour n'être pas nuisible, chez la femme, ce relâchement doit être faible. Quand il se fait de manière à diminuer la solidité du bassin, à produire une mobilité sensible, il y a douleur pour la femme, la marche devient pénible et quelquefois même impossible, les mouvemens du corps sont interdits, sous peine de souffrances; et, quand arrive l'accouchement, les muscles de l'abdomen n'ont pas, dans leur action, le point d'appui solide qui leur est nécessaire; leurs contractions sont douloureuses; dépendant de la volonté, ils cessent d'agir, et l'utérus, abandonné à lui-même, ne saurait achever l'accouchement qu'avec lenteur et difficulté.

Cette disposition, regardée comme favorable, que l'on avait proclamée indispensable, est donc plutôt nuisible quand elle arrive au point où elle pourrait être de quelque utilité.

S'il fallait, à l'appui de la théorie que j'avance, donner des faits, j'aurais de nombreuses observations à rapporter; je n'en citerai qu'une, parce qu'elle est saillante et tout-à-fait actuelle.

Une dame, mariée à dix-sept ans, eut d'abord une grossesse laborieuse, des douleurs dans les articulations du bassin avaient eu lieu. Douze semaines après les couches, elle redevint enceinte; au quatrième mois, un commencement de pneumonie réclama les saignées; je les fis peu copieuses et plus répétées, quatre fois en tout; je tirai quarante onces de sang. La pneumonie céda ; mais les douleurs se reproduisirent, telles qu'elles avaient paru la première fois ; la marche devint difficile, et dans les cinq derniers mois de sa grossesse, bien qu'elle ne gardât pas toujours sa chaise longue, si elle voulait aller dans son jardin, il fallait que deux personnes la soutinssent. Et quand vint le travail, il fut lent. Elle donna naissance à un enfant qui se développa assez bien.

Je recommandai vingt jours du repos le plus absolu : quand je lui permis de marcher, voici comment elle me rendit compte de sa tentative et de ce qu'elle éprouva :

Je fus obligée, dit-elle, de m'arrêter, ce ne fût pas de la peur, mais je craignis de tomber, et il me sembla que mon corps allait passer entre mes jambes. Depuis ce temps, quatre mois de repos se sont écoulés, l'usage des viandes, du vin, des eaux de Spa, aidé par l'emploi d'un bandage de corps, bien fait, et serré fortement, enfin l'emploi de douches de Barrèges et de Plombières sur la région pubienne, ont produit une amélioration considérable; et maintenant elle se plaint seulement d'une légère vacillation dans le bassin. J'ai tout lieu d'espérer que les bains de mer, auxquels j'aurai recours dans la saison, achèveront de la guérir.

Des faits semblables ont été cités par différens auteurs. Thomas Denman rapporte qu'une Anglaise ne pût marcher que trois mois après sa première couche; qu'à la seconde, la consolidation se fit attendre quatre mois; qu'à la sixième, elle fut obligée de recourir aux bains de mer, et d'aller habiter les pays équatoriaux, et qu'elle ne remarcha sans béquilles que huit années après.

Quelquefois ce n'est pas un relâchement, c'est un écartement, une séparation véritable qui s'opère : cette disposition peut être le résultat d'un vice de conformation congénial ou survenir accidentellement.

Elle se voit dans tous les cas d'extrophie, d'extroversion de la vessie; les deux pubis, écartés l'un de l'autre, ont laissé saillir cet organe, dont la paroi postérieure, seule existante, se présente par sa face interne, où l'urine s'écoule d'une manière continue par chacun des uretères. Chaussier avait signalé cette observation.

Mais ceci n'a point de rapport avec la science qui nous occupe, il arrive que, dans un accouchement naturel, la tête chassée violemment produit la diduction des os pubis : Souquet de Boulogne rapporte un fait semblable dans le premier volume des *Mémoires de l'Académie de médecine.*

Une dame anglaise, chez qui le travail d'expulsion était pénible et durait déjà depuis long-temps, éprouva tout-à-coup un craquement assez fort, pour se faire entendre des personnes qui l'assistaient; il se fit entre les pubis un écartement de huit à dix lignes, et l'enfant sortit immédiatement; il fallut un séjour au lit de trois mois pour que la consolidation se fît.

Dans la même collection, deuxième volume, un chirurgien de Cherbourg dit avoir vu la diduction des pubis s'opérer spontanément, chez une femme en couches, et produire un écartement d'un pouce et demi.

On a vu cet écartement survenir quelquefois dans les symphyses sacro-iliaques, mais ce cas est plus rare.

Gardez-vous bien de croire qu'il soit ordinaire d'en obtenir la guérison; le plus souvent des accidens graves se manifestent et la terminaison la plus fréquente est la mort.

Les efforts tentés avec le forceps pour obtenir l'enfant, produisent quelquefois la disjonction.

Une femme, dont la conformation ne donnait pas l'espoir d'une terminaison heureuse, fut soumise inutilement à l'action du forceps; on eût recours ensuite à la mutilation et quand tous ces moyens furent restés sans effet, on l'envoya à la maternité; par une application nouvelle de l'instrument, on obtint le fœtus; sept jours après la femme avait succombé, et le cadavre présenta dix-huit lignes d'écartement entre les deux pubis, le fibro-cartilage s'était divisé à peu près dans sa partie moyenne. Nous trouvâmes le tissu cellulaire voisin fortement enflammé; un pus concret s'était formé dans ses aréoles.

A huit mois de distance, dans le même hôpital, une application de forceps amena les mêmes résultats.

Chaussier nous fait connaître un cas de cette nature, à la suite d'efforts tentés pour amener l'enfant par les pieds, sans l'intervention du forceps, il y eut disjonction et mort.

Ce n'est pas ici le lieu de citer plus d'observations; j'ai voulu seulement attirer votre attention sur un fait d'une haute importance, auquel nous reviendrons, quand nous ferons l'examen des opinions sur l'opération de la symphise pubienne; retenons seulement, qu'à l'époque des couches, il se fait un relâchement dans les articulations du bassin; que pour n'être pas nuisible, il doit être peu considérable; que les efforts de l'utérus, ou du forceps, ou de la main peuvent disjoindre les os, et que, faute de modération dans les tentatives, on s'expose aux graves accidens que nous venons de signaler.

QUATRIÈME LEÇON.

11 avril 1836.

Pour terminer ce qui est relatif aux mouvemens du bassin, il nous reste à parler de ceux qu'il exécute par rapport aux parties voisines : ces mouvemens se passent dans les articulations coxo-fémorales, d'une part, et de l'autre, dans les symphyses vertébrales; à l'égard des premiers, nous dirons seulement qu'ils servent à la progression, à la station, et qu'ils n'ont, avec l'art des accouchemens, aucun rapport direct; quant aux autres, leur importance est plus grande, et nous devons nous arrêter un instant à leur examen.

Vous savez que l'angle sacro-vertébral est plus prononcé chez quelques femmes, et moins chez d'autres; cette disposition empêche ou facilite le passage du fœtus : on peut, en quelque sorte, diminuer cette saillie, et lever l'obstacle qu'elle apporte à la terminaison de l'accouchement, en ayant soin de mettre sous le bassin un cousin qui le soulève; on ne fait pas autre chose alors que changer les situations relatives du bassin et de la colonne rachidienne; ce mouvement n'est pas borné à l'articulation sacro-vertébrale, il s'étend à toutes les symphyses lombaires; autrement il serait fort peut considérable, et ne produirait rien d'utile.

Forme du bassin.

Examiné d'une manière superficielle, il paraît, au premier abord, tout-à-fait irrégulier, incapable d'être rapproché d'aucune forme qui puisse se définir : quelques anatomistes ont cru pouvoir le comparer au plat d'un barbier, en raison de l'évasement des parties latérales, et de l'échancrure médiane qu'il présente en avant.

Mais si, comme le conseillait Chaussier, on enlève toute cette partie évasée, la partie inférieure isolée devient plus régulière ; ce n'est plus qu'un canal osseux, dans sa presque totalité, plus large dans son milieu, resserré davantage en haut et en bas.

Pour l'étude, on a divisé les faces du bassin en externes et internes ; la direction de nos travaux nous dispense de notions détaillées sur les faces externes : l'une est antérieure, elle nous offre la symphyse et l'arcade des pubis, les deux fosses obturatrices recouvertes par les obturateurs externes ; ses limites en dehors sont la naissance des faces latérales.

Celles-ci ont déjà été décrites, lorsque nous avons parlé de la face fessière des os coxaux ; ce qu'elles ont de plus remarquable, c'est l'articulation fémorale.

La face postérieure n'est autre que la région sacrée avec ses apophyses épineuses et ses gouttières qui reçoivent les muscles sacro-lombaire et long dorsal.

Il est plus important pour nous d'étudier avec soin la surface intérieure du bassin; elle a trait plus directement à la question principale qui nous occupe.

Une ligne saillante, appelée marge du bassin, part horizontalement de la symphise pubienne, et va des deux côtés se marier à l'angle sacro-vertébral; au-dessus d'elle est le grand bassin, le petit au-dessous; elle sert de démarcation entre les deux.

Le grand bassin se compose de trois parties : la saillie de la colonne lombaire, et les deux fosses iliaques internes; en avant, il reste incomplet, quant aux tissus solides, qui laissent en ce point une vaste échancrure fermée pour les muscles abdominaux.

Le petit bassin a deux ouvertures qui délimitent une partie plus large dite l'excavation pelvienne; ces deux ouvertures sont les deux détroits du bassin; l'une est habituellement désignée sous le nom de détroit supérieur; nous préférons lui donner celui de détroit abdominal, afin que sa dénomination soit plus générale, qu'elle convienne à toutes les situations, et même aux animaux : cette raison nous engage encore à substituer le nom de détroit périnéal à celui de détroit inférieur qui sert à désigner l'autre ouverture. Tout ce qui appartient au petit bassin mérite, de notre part, une attention toute particulière.

Détroit abdominal : on a dit qu'il était elliptique, ce qui n'est pas exact; il n'est pas juste de dire non plus, qu'il soit de forme circulaire; nous acceptons de préférence cette définition : *un trigone curviligne, dont les angles sont arrondis* : il est certain qu'elle convient infiniment mieux.

Il a quatre diamètres : 1° Un antéro-postérieur, ou sacro-pubien mesuré par une ligne qui part du point le plus saillant du sacrum, pour venir au haut et au milieu de la symphyse pubienne: il a quatre pouces d'étendue.

2° Un diamètre transversal, mieux appelé bisiliaque, mesurant l'étendue qui existe entre la partie la plus reculée d'une éminence cotyloïde et le point correspandant de l'autre; cinq pouces.

3° et 4° Enfin Levret, pour faciliter la description de la marche que suit la tête, quand elle francbit ce détroit, a cru devoir mesurer deux diamètres obliques; ils partent de chaque éminence cotyloïde, pour se rendre, au côté opposé, à chacune des symphyses sacro-iliaques; leur étendue est de quatre pouces et demi.

Détroit périnéal : le détroit périnéal est irrégulier plus que le précédent; il est formé par une ligne singulièrement sinueuse, et qui ne peut répondre à un plan; nous y voyons : trois éminences; une formée par l'extrémité du sacrum et par le coccyx; les deux autres sont en avant et latéralement formées par les tubérosités ischiatiques; trois échancrures; les deux latérales et postérieures répondent aux ligamens sacro-sciatiques, l'antérieure résulte de l'inclinaison des branches pubiennes descendantes, c'est l'arcade des pubis.

Si, comme Chaussier le conseille, nous plaçons le bassin sur une feuille de papier, nous voyons d'abord qu'il n'y repose qu'imparfaitement, que le détroit périnéal est loin d'appuyer par tous ses points; cependant il n'est pas difficile de tracer avec un crayon, sur ce papier, la ligne qu'il décrit; on obtient de cette manière un ovale, dont la petite extrémité répond à la partie antérieure, l'autre se laisse pénétrer d'une saillie formée par le coccyx, c'est-à-dire, une forme qui représente fort exactement la section horizontale d'une tète de fœtus, à l'exception de la saillie coccygienne, qui s'efface, comme vous savez, avec une grande facilité.

On a mesuré au détroit périnéal :

Un diamètre antéro-postérieur, ou coccy-pubien ; il prend de l'extrémité du coccyx au milieu de l'arcade pubienne; quatre pouces :

Un diamètre transversal, bis-ischiatique; il joint la partie la plus reculée des deux tubérosités; quatre pouces:

Deux diamètres qui commencent au milieu des ligamens sacro-sciatiques, à l'endroit où ils se divisent, et viennent au còté opposé, dans le point où se rencontrent chez le fœtus, les branches ascendantes de l'ischion et descendantes de l'os pubis; l'étendue de ces deux diamètres est encore de quatre pouces.

Mais il faut remarquer que le diamètre coccy-pubien est susceptible d'acquérir une dimension plus grande, et que toujours l'enfant à son passage repousse le coccyx, comme nous l'avons dit, de manière à rendre ce détroit exactement ovalaire.

L'excavation pelvienne a plusieurs points qu'il importe d'examiner. Si l'on fait abstraction, ou même la section réelle de toute la partie évasée du bassin, il reste le petit bassin et ses détroits; entre eux, la cavité pelvienne, qui nous offre plusieurs plans inclinés; en avant, les faces internes des fosses obturatrices, avec les muscles obturateurs internes; en arrière latéralement, le plan des ligamens sacro-sciatiques réunis, et sur le milieu, la face antérieure du sacrum.

Les mesures antéro-postérieure, diagonales et transverses de cette excavation, ont toutes environ huit lignes de plus que celles du détroit périnéal.

Si vous examinez, sur le squelette, la situation du bassin, vous verrez que son axe est loin d'être en parallélisme avec celui du corps, qu'il présente une inclinaison notable, et qui varie d'après le sexe et l'âge ; elle est plus grande chez la femme, de telle sorte que l'axe du bassin fait avec l'horizon un angle de quarante-cinq degrés ; l'inclinaison s'accroît dans l'état de la grossesse, et l'angle se réduit à quarante degrés : cela résulte principalement de ce que la femme est, alors, obligée de jeter en arrière la partie supérieure du corps, pour balancer la proéminence abdominale, et conserver son centre de gravité. Ceci ne doit jamais être oublié, et doit, au besoin, servir de guide à l'instrument. Quand on est obligé de le porter dans la cavité utérine, il faut apprécier bien attentivement cette inclinaison, et celle qui s'observe entre l'axe du détroit abdominal et l'axe du détroit périnéal, et la courbe qui résulte de ces inclinaisons.

L'axe du détroit abdominal est représenté par la ligne qui partirait de l'ombilic, pour se rendre à la jonction du tiers moyen, avec le tiers inférieur du sacrum.

L'axe du détroit périnéal vient de l'angle sacro-vertébral, et passe au milieu du vide ischiatique, entre les points les plus écartés des tubérosités.

La ligne qui résulte de cette inclinaison est mesurée, d'après un accoucheur allemand, par le trajet d'une branche de compas, décrivant sa courbe dans le plan médian du corps, l'autre étant appuyée sur le milieu interne de la symphyse pubienne, comme centre, avec un demi-diamètre sacro-pubien comme rayon.

Il faut connaître aussi les mesures externes, appréciables sur la femme vivante, c'est-à-dire, la distance qui sépare les divers points saillans, que les tégumens nous permettent de toucher. Nous trouvons : d'une épine iliaque antérieure et supérieure à l'autre, de 9 pouces à 9 pouces 1/2;

—Entre les points les plus externes et les plus hauts des hanches, 10 pouces 1/4, 10 pouces 1/2;

—De la crête iliaque, à la marge du bassin, 3 pouces 4 lignes;

—Du même point, à la partie inférieure de la tubérosité de l'ischion, 7 pouces;

—Entre les deux tubérosités, 3 pouces 8 lignes.

La symphyse a 18 lignes de hauteur, son épaisseur est de 6.

La base du sacrum a 2 pouces 1/2 d'épaisseur, 4 pouces de large.

Le diamètre médian, des pubis au sommet du sacrum, pris de même au-dehors, est ordinairement de 3 pouces.

Dans toutes ces mesures, le volume des parties molles apporte des modifications notables et variées, dont il faut tenir compte, surtout quand il s'agit des mesures intérieures. Ainsi, les fosses iliaques internes ont leur cavité remplie par des tissus musculaires ;—de plus, il descend latéralement à la colonne vertébrale, deux muscles à chacun de ses côtés, en tout quatre; ce sont les iliaques et psoas qui traversent le bassin, et diminuent sa capacité, d'autant plus que la femme est plus fortement constituée.

Cette connaissance vous servira à expliquer la position que prend la tête au-dessus du détroit abdominal, et les retards qui surviennent dans l'accouchement, chez des femmes bien conformées. Ces muscles, toutefois, sont susceptibles d'éprouver une diminution dans le volume, quand la tête s'appuie sur eux, et de céder à la pression qu'elle exerce sur eux.

Le diamètre antéro-postérieur est diminué d'étendue par la présence de la vessie, et de la paroi antérieure du vagin.

La présence des muscles obturateurs internes a bien aussi son importance; elle a certainement une influence sur la direction que suit la tête, et les mouvemens qu'elle exécute.

La distension du rectum est très fréquente, et ne laisse pas que d'opposer un obstacle puissant à l'achèvement du travail.

Nous devons remarquer encore la présence du muscle pyramidal, et celle du nerf et des vaisseaux ischiatiques, dont nous avons déjà parlé, mais surtout celle des artères et veines iliaques, des vaisseaux lymphatiques auxquels est confié le soin des fonctions circulatoires dans les parties inférieures du corps; leur passage au pourtour du détroit abdominal explique bien suffisamment les infiltrations séreuses des membres inférieurs, les varices qui s'y développent. La même cause détermine également la production des hémorrhoïdes. Il suffit de jeter un coup d'œil sur la névrologie des membres inférieurs, pour expliquer de même les crampes que la femme éprouve vers la fin de la grossesse, et qui deviennent si violentes au milieu des efforts de l'utérus.

Le détroit périnéal est loin de garder l'étendue qu'il offre sur un bassin osseux; les parties molles le rétrécissent singulièrement; il est, en grande partie, oblitéré par le périnée, plancher musculaire et fibreux qui présente trois ouvertures : le méat urinaire, l'anus et l'orifice vulvaire.

Usages du bassin.

Les usages du bassin sont nombreux : la plupart sont communs aux deux sexes, et à toutes les époques de la vie chez la femme.

C'est, par exemple, de supporter le poids du corps, et de le transmettre aux membres inférieurs; de donner une insertion solide aux muscles abdominaux, pour le soutien du corps dans les diverses positions; c'est de protéger, contre les violences du dehors, les organes contenus dans sa cavité, et principalement l'extrémité des canaux dont l'orifice se voit au périnée.

Chez la femme, ce sont les mêmes fonctions que le bassin exécute; mais de plus, à l'égard des organes et des phénomènes particuliers à ce sexe, il protége la matrice et ses différens annexes. L'appui qu'il prête aux muscles de l'abdomen a son utilité dans les efforts de l'expulsion, comme auxiliaires de l'utérus.

Sa forme peut se réduire, pour expliquer les résistances qu'il présente, à deux voûtes dont les concavités se regardent, et qui s'unissent au niveau des articulations coxo-fémorales.

Ces deux voûtes supportent ainsi toutes les pressions verticales, et les réduisent en une force excentrique tendant à l'écartement des parties latérales; mais, au niveau des cavités colyloïdes, il existe une épaisseur considérable qui milite contre tous ces effets, et se trouve encore soutenue par les fémurs, fonctionnant à la manière des contre-forts ou des culées d'un pont; c'est ainsi que la nature a fait pour la consolidation de cette cavité, ce que l'architecture exécute dans la construction de nos monumens.

Le bassin de la femme offre de grandes dissemblances avec celui de l'homme : étant pris deux bassins de sexes différens, à stature égale de la part des sujets, celui de la femme est moins haut, plus large, plus évasé; le déjettement latéral des os iliaques est plus considérable, les hanches sont plus larges que les épaules; tandis que le contraire a lieu chez l'homme. L'échancrure antérieure du grand bassin est plus prononcée dans la femme, la courbure du sacrum est aussi plus marquée, et l'arcade pubienne présente une ouverture beaucoup plus grande, la symphyse des pubis est moins haute chez elle que chez nous. Voilà quelles différences principales nous observons dans les deux sexes.

L'âge a les siennes également, avons-nous dit. La direction générale du bassin n'est pas la même chez le jeune enfant; l'axe du détroit abdominal est parallèle à celui du corps; il résulte de là que la charge des masses intestinales est supportée par le bassin, bien qu'il soit fort peu développé.

Cette moindre étendue relative du bassin est encore une des différences que l'âge entraîne dans ses dimensions; il est, proportion gardée, beaucoup moindre chez les enfans. A mesure que l'âge survient, et que le poids des organes abdominaux s'accroît, il se fait une courbure plus considérable qui soustrait à la compression les extrémités périnéales des coxaux, ainsi que les vaisseaux et les nerfs de cette région.

Mais c'est principalement chez la femme, à l'état de grossesse, que cette inclinaison s'observe et qu'elle est le plus utile; il fallait les ménagemens les plus grands pour préserver de la compression le fœtus à ses différens âges, et surtout l'embryon dans ses premières semaines, quand il est encore faible, et que son organisation fragile est incapable de présenter aux agents extérieurs aucune résistance.

CINQUIÈME LEÇON.

13 avril 1836.

Il faut que vous sachiez que la nature n'est pas toujours aussi uniforme dans ses œuvres ; que la régularité des types ne se retrouve pas sur tous les sujets, que le bassin s'éloigne bien souvent des proportions normales que nous vous avons signalées. Quand il s'en écarte beaucoup, on dit qu'il est vicié dans sa forme.

Les vices de conformation du bassin sont très nombreux ; les uns affectent la totalité, les autres sont bornés à quelque partie, le reste demeurant soumis aux lois d'une bonne constitution.

Les viciations totales dépendent également d'excès ou d'insuffisance dans les dimensions, dans l'étendue des diamètres.

De prime abord, on ne conçoit pas bien comment trop d'étendue dans les dimensions du bassin peut offrir des inconvéniens ; mais, pour peu que l'on réfléchisse, on verra qu'il en existe de réels attachés à cette disposition, même dans l'état de vacuité, car alors l'utérus est mal soutenu, sa position mal affermie, il est susceptible d'inclinaisons faciles ; et comme les organes intestinaux sont eux-mêmes sollicités à descendre davantage dans le petit bassin, à s'y précipiter, ils ne peuvent manquer d'agir sur la matrice d'une manière fâcheuse, de la comprimer, de l'incliner. De là, résultent les antéversions, les rétroversions, les chutes, les renversemens; toutes lésions si fréquentes et si difficiles à réparer.

A l'époque des gestations, les inconvéniens attachés aux trop grands bassins, deviennent bien plus fâcheux encore. Les viscères abdominaux, engagés avec l'utérus dans cette cavité, parce qu'elle est trop vaste, y produisent des phénomènes de compression sur les extrémités des conduits pelviens, sur les veines hémorrhoïdales, sur la vessie, qui, diminuée de capacité, ne peut contenir autant d'urine qu'elle devrait, exige des évacuations fréquentes et produit ces besoins d'uriner si continuels et si désagréables pour les femmes qui les éprouvent.

Les constipations opiniâtres que la femme ressent, vers la fin de sa grossesse, n'ont bien souvent pas d'autre cause; elles s'accompagnent de ténesmes résultant de ce que la muqueuse est toujours appliquée sur elle-même.

La stase des liquides est quelquefois portée fort loin et produit les varices, les infiltrations des membres inférieurs et des grandes lèvres.

Dans le travail de l'accouchement, d'autres inconvéniens se manifestent, résultant aussi de ce que le bassin est trop grand; aussitôt que les premières douleurs s'annoncent, la compression s'accroît partout où elle existait déjà, le ténesme survient dès le début et sollicite à se contracter prématurément les muscles abdominaux qui, par cette action intempestive, peuvent occasioner un prolapsus.

On a plus d'une fois recueilli des exemples qui viennent à l'appui de cette explication.

Supposez maintenant que la femme commande aux contractions des muscles abdominaux, quelle se retienne, comme on dit, quelle ne fasse pas valoir ses douleurs, c'est à la rupture des membranes que des accidens peuvent alors survenir. Quand les eaux viennent à s'écouler, l'enfant est entraîné précipitamment dans la cavité pelvienne, par la première contraction utérine; au lieu de s'engager doucement, il distend avec violence les parties molles, donne lieu quelquefois à la rupture du périnée, et produit ces fistules recto-vaginales si dégoûtantes.

De tels accidens peuvent être fort graves, et pourtant les inconvéniens des bassins trop étendus sont encore moindres que ceux qui doivent résulter nécessairement de ses dimensions trop petites.

Comme les grandes difficultés qui se présentent dans la pratique de l'accouchement résultent principalement de ces vices de conformation, vous me permettrez de m'arrêter quelque temps à leur examen.

Il est difficile d'admettre que ce genre de viciation s'opère proportionnément sur tous les diamètres du bassin, et qu'il conserve sa régularité; cependant, chez les femmes de petite stature, le bassin peut n'être développé qu'en proportion des autres parties du corps, être moins étendu dans tous ses points, et conserver toujours des rapports de dimension exacts; mais aussi, par une prévision très-remarquable, il est très-ordinaire que ces femmes donnent le jour à des enfans très-peu volumineux, et chez elles le fœtus est presque toujours en rapport de volume avec les détroits qu'il est obligé de franchir; c'est une sorte d'harmonie, de consensus, dont la cause est dans la moindre puissance de la femme, et dont l'effet est la conservation de l'enfant et de la mère. Pourtant il faut que l'homme qui coopère à la production de l'enfant ne soit pas de trop grande stature, car il pourrait en résulter trop de développement dans le volume du fœtus; bien que, dans l'ordre naturel, ce soit la femme qui donne à l'enfant la taille qu'il doit avoir, tandis que l'homme lui imprime le caractère de la race.

Les vices de conformation qui consistent dans une diminution partielle d'étendue de la part du bassin, dans le raccourcissement d'un de ses diamètres, méritent une attention toute particulière et une étude détaillée pour chacun des points où ils peuvent se présenter.

Les uns affectent le grand bassin, les autres sont particuliers aux détroits de l'excavation pelvienne : ceux du grand bassin apportent bien rarement un obstacle aux bonnes fins de la gestation ; c'est, pour le plus souvent, le résultat d'une variation survenue dans la courbure naturelle des lombes. Rarement cette courbure devient concave intérieurement, de manière à produire un agrandissement; cet effet ne peut être que le résultat d'une maladie qui aurait altéré le corps des dernières vertèbres lombaires ou les acrum. Presque toujours il se fait une exagération de la convexité antérieure, au niveau de l'angle sacro-vertébral: mais cette fléchissure ne se conserve jamais bien dans la ligne médiane; elle dévie, soit à droite, soit à gauche, d'une étendue très-variable; cela n'a jamais une grande influence sur les résultats de la grossesse, mais il peut en résulter, et cela doit arriver presque toujours, une inclinaison de l'utérus dans le sens opposé.

Les fosses iliaques peuvent être déjetées au-dehors, plus qu'il n'est naturel; ce vice de conformation est plus fâcheux que le précédent : il entraîne ordinairement une inclinaison latérale de la matrice beaucoup plus prononcée; car ses appuis, si nécessaires dans son état de plénitude, lui manquent, et de là résultent bien souvent les mauvaises présentations du fœtus, comme celles qui se font par le flanc ou par une épaule.

Quand, au contraire, les fosses iliaques sont trop proches l'une de l'autre, l'utérus n'a pas, dans leur intervalle, tout ce qu'il faut d'espace à son développement. Il se projette et pèse sur les parois abdominales. M. Antoine Dubois a pour opinion que ce vice de conformation peut entraîner l'avortement, par suite de la gêne qu'éprouve la matrice, à mesure que le fœtus vient à croître. J'ai besoin de l'autorité d'un nom pareil, pour attacher cette importance à la viciation dont nous parlons; j'ai peine à croire qu'une cause de ce genre puisse avoir un tel résultat, quand nous voyons les parois abdominales si dociles, susceptibles d'un développement presque indéfini, et toujours prêtes à céder, dans leur cavité, une place immense aux puissances qui les refoulent avec lenteur.

Sans aucun doute, les viciations qui pour nous ont le plus d'importance, sont celles qui produisent une diminution dans les étendues diamétrales du petit bassin.

Le détroit du périnée peut être rétréci d'avant en arrière, par l'écrasement des pubis et leur rapprochement vers le centre; cette disposition est assez fréquente, mais le plus ordinaire est de voir le rétrécissement antéro-postérieur être produit par la projection de l'angle sacro-vertébral, qui s'exagère et fait saillie dans l'intérieur. Cette viciation va quelquefois bien loin, et vous aurez une idée de ce qu'elle peut être, quand vous saurez que l'on a rencontré des bassins dont le diamètre antéro-postérieur est réduit à 6 et même 4 lignes. Tous les états intermédiaires entre celui-là et la conformation normale sont possibles, et tous ont été observés.

Je regrette beaucoup que le musée d'anatomie pathologique n'ait pas mis à ma disposition les pièces précieuses qu'il possède sur ce sujet; vous auriez sous les yeux des exemples bien remarquables de cette conformation anormale, aussi bien que de toutes celles qu'il vous importe de connaître.

Le diamètre bis-iliaque peut être aussi diminué d'étendue; cela résulte toujours de ce que les cavités cotyloïdes se trouvent trop portées en dedans; quand elles sont ainsi repoussées l'une et l'autre vers l'intérieur, il faut nécessairement que les pubis soient déjetés en avant et proéminens. Cette saillie de la symphyse pubienne est un des signes auxquels se reconnaît la défectuosité dont je parle; elle est rare, on en trouve très-peu d'exemples. Il existe une pièce de cette nature dans la collection de bassins déposée au musée Dupuytren; chez cette femme, le diamètre transversal n'avait pas au-delà de deux pouces et demi; il est évident qu'une altération de ce genre doit agir sur les diamètres obliques.

Quand une seule des cavités cotyloïdes est en saillie à l'intérieur, il arrive, presque toujours, que le diamètre oblique de ce côté est raccourci et l'autre augmenté d'étendue; cette disposition rend moins défavorables les viciations de ce détroit; elle facilite la version, dans quelques cas, et ce n'est pas une chose rare, chez ces femmes, de voir l'accouchement se terminer sans le secours d'aucun instrument, et l'enfant venir d'une manière toute naturelle.

C'est une règle générale qu'un diamètre gagne en étendue proportionnément à ce que perd le diamètre opposé: cela est vrai pour les deux diamètres obliques, et nous voyons aussi l'antéro-postérieur et le bis-iliaque se suppléer réciproquement; quand il y a rétrécissement d'une part, il se fait un alongement de l'autre.

SIXIÈME LEÇON.

15 avril 1836.

Le détroit périnéal est susceptible également de subir des modifications, dans l'étendue de ses différens diamètres, et les vices de conformation qu'il présente, méritent de fixer notre attention en ce qu'ils ont une grande influence sur la terminaison de l'accouchement.

Le diamètre coccy-pubien peut être raccourci, par suite de l'aplatissement du sacrum et de la projection du coccyx, ou par la saillie intérieure de l'articulation pubienne.

Le diamètre transverse du détroit périnéal est diminué d'étendue par le rapprochement des tubérosités ischiatiques, comme nous avons vu le diamètre bis-iliaque se raccourcir, quand les cavités cotyloïdes sont repoussées à l'intérieur. Quand les branches descendantes des pubis deviennent moins inclinées, moins obliques, que l'arcade pubienne est rétrécie, les diamètres obliques du détroit périnéal subissent une diminution dans leur longueur.

Au reste, vous pouvez regarder comme une règle générale et presque universelle, que toute modification dans les dimensions du détroit supérieur, s'accompagne d'une altération dans l'état du détroit inférieur. Mais ces altérations se font dans des sens opposés; le diamètre antéro-postérieur du détroit abdominal est-il moindre qu'il ne devrait être; le coccy-pubien s'augmente, et le transverse du détroit inférieur se raccourcit d'autant.

Quand l'étendue bis-iliaque diminue, c'est le contraire au détroit périnéal; il s'y fait un aplatissement latéral, qui ne bénéficie qu'au diamètre antéro-postérieur.

Il résulte de cette observation un fait utile à connaître dans la pratique; bien souvent il arrive que la première partie du travail se fait avec de grandes difficultés, que la tète franchit avec peine le détroit inférieur rétréci dans un sens; mais, tout-à-coup se dégage avec une précipitation qui ne laisse pas aux tissus le temps de céder; alors se font ces ruptures si déplorables par les effets qu'elles produisent.

Au contraire, si le rétrécissement a lieu au détroit périnéal, la marche du fœtus s'annonce par un début rapide, elle franchit promptement le détroit supérieur. Les personnes peu habituées aux phénomènes variés des accouchemens, sont portées alors à compter sur une prompte terminaison; malheureusement il n'en est pas toujours ainsi, et le détroit périnéal peut offrir des difficultés insurmontables.

Cependant il arrive quelquefois de trouver la même viciation dans chacun des détroits, et dans le même sens; on voit les deux diamètres antéro-postérieurs simultanément diminués, comme il se fait quand la courbure du sacrum est prononcée outre mesure. Ces cas sont excessivement graves; j'aurai l'occasion de vous en parler plus largement dans une autre leçon.

Restent à examiner les vices de conformation qui s'observent dans la cavité pelvienne.

Quand le sacrum est aplati, que sa courbure naturelle est effacée, la diminution de la cavité pelvienne, dans son diamètre antéro-postérieur, est inévitable; on peut même y trouver moins d'étendue qu'au détroit abdominal. Cette disposition est des plus malheureuses pour le fœtus et pour la mère : la tête est obligée de conserver la position diagonale qu'elle avait prise au passage du détroit supérieur; elle est ainsi comprimée d'une manière violente, les os du crâne se fracturent, ou du moins ils sont tellement appliqués sur le cerveau, qu'un état pareil ne peut se prolonger sans éteindre la vie chez l'enfant.

Quant à la mère, il se fait une telle compression des organes contenus dans le bassin, la tête de l'enfant, par son extrémité, s'appuie si violemment à l'une des symphyses sacro-iliaques, sur les gros troncs veineux et artériels, qu'inévitablement ils sont interceptés pour toute la durée du travail; les nerfs aussi sont comprimés; les douleurs sont atroces, un engourdissement se produit dans toute la partie inférieure du corps, et même des paralysies persistantes. Quelquefois une véritable contusion, une désorganisation des parties molles succède à tant d'efforts; des épanchemens ont lieu, l'inflammation s'établit, des abcès se produisent alors, ou même avant; l'existence de la femme est gravement compromise, et malheureusement elle est presque toujours victime de ces lésions.

Ailleurs, c'est le défaut inverse que nous trouvons; le sacrum a la cavité trop prononcée. Ce vice de conformation peut être poussé fort loin; les deux extrémités de l'os sont alors presque toujours proéminentes, et quand même elles ne le sont pas, il arrive que la tête rencontre, dans cette cavité, un appui qui la retient, et sur lequel on la voit séjourner souvent des heures entières. C'est alors que, de la position frontocotyloïdienne, l'enfant vient engager sa face sous la symphyse des pubis; position fâcheuse dont nous aurons à vous parler plus tard.

Il se rencontre des bassins qui présentent à la partie interne de la symphyse pubienne une saillie, une sorte de crète fibro-cartilagineuse qui peut dépasser quatre lignes et diminuer d'autant le diamètre antéro-postérieur de cette cavité.

Sans doute, vous savez qu'à la suite de luxations spontanées du fémur, il n'est pas rare de voir les accidens inflammatoires se propager aux os, la carie survenir; quelquefois, à travers la paroi osseuse perforée, la tête du fémur se fait jour, pénètre dans le bassin et présente une saillie à l'intérieur. Ce phénomène peut rester fort long-temps inaperçu ; la claudication seule ne pourrait le faire soupçonner ; mais si la femme devient enceinte, ce corps étranger fait obstacle à l'issue du fœtus, et produit des retards dans le travail de l'accouchement.

Les mémoires de madame Lachapelle en fournissent plusieurs exemples.

Il faut savoir que d'autres affections peuvent encore altérer la forme du bassin, quant à ses cavités, à ses dehors, sans rien changer à la disposition de ses parties ; ce sont les productions morbides qui viennent à naître sur les os ou dans les parties molles.

Sevrin Pinard fait l'histoire d'une femme chez qui les accidens d'un rétrécissement du bassin, furent la suite d'une exostose considérable développée intérieurement sur les pubis.

D'autres fois, des espèces d'apophyses styloïdes, des végétations osseuses font saillie sur les symphyses et produisent des rétrécissemens notables. Ces végétations peuvent acquérir un énorme volume, et remplir la presque totalité du bassin. Le même fait a lieu par le développement de tumeurs cartilagineuses, de squirrhes, de stéatomes. Il faut, en ce qui touche la nature des tumeurs mobiles, une bien grande circonspection, et, à l'égard de leurs conséquences, ne pas se prononcer trop vite, et ne pas affirmer trop tôt qu'elles sont irréductibles.

J'ai entendu des hommes d'un talent remarquable, appelés pour une jeune femme qui portait une tumeur volumineuse dans le petit bassin, nier qu'elle fût enceinte, et dire même qu'elle ne pouvait pas l'être; mais quand l'état de grossesse fût devenu indubitable, leur opinion fut, qu'infailliblement, elle serait victime de cette complication déplorable.

Eh bien! heureusement, l'événement ne vint pas confirmer leurs prévisions. La tumeur était un kyste de l'ovaire; au début du travail, j'appliquai tous mes soins à la maintenir au-dessus du détroit abdominal; l'espace resta suffisant pour le passage du fœtus, et le travail se fit avec la plus admirable régularité.

La suite me fournira l'occasion de vous présenter d'autres exemples du même genre.

D'autres anomalies peuvent se présenter encore, notamment celles qui consistent dans une inclinaison extraordinaire du bassin; quand ce défaut est peu prononcé, il n'a pas de grands inconvéniens, si ce n'est lorsqu'il s'accompagne d'un rétrécissement antéro-postérieur. Mais, toutes les fois que le bassin est considérablement incliné, il arrive que les parois musculaires de l'abdomen ont tout le poids de l'utérus à porter; cet organe ainsi mal retenu, s'incline sur les pubis, et, quand l'époque de l'accouchement est survenue, la situation est telle que, souvent la symphyse pubienne s'oppose à la sortie, et présente un obstacle quelquefois insurmontable.

Nous avons successivement examiné les vices de conformation et de position du bassin, je ne dis pas tous, mais au moins ceux dont l'importance est la plus grande : maintenant, il n'est pas inutile de nous arrêter à l'examen des causes qui les produisent.

Ne croyez pas que ces causes soient purement locales, comme serait une compression continue appliquée sur le bassin ; la plus grande part est dans une altération nutritive, qui se prend à presque tout l'appareil osseux ; aussi voit-on presque toujours des viciations du bassin se faire chez les sujets, qui, dans leur première jeunesse, ont éprouvé des lésions scrofuleuses et des altérations osseuses en d'autres parties du corps. Vous comprenez de quelle importance est une observation pareille, quelles conséquences pratiques en résultent pour l'éducation physique de ces enfans, surtout des jeunes filles. Cependant, il faut reconnaître que des femmes remarquables par leur construction rachitique, la fléchissure de leurs membres et de leur colonne vertébrale, des femmes que l'on dit construites comme des Z, accouchent quelquefois avec une extrême facilité; tandis que d'autres, avec une santé parfaite, une constitution magnifique, une taille svelte, accouchent laborieusement. Le secret d'un fait aussi bizarre, en apparence, est dans l'époque où se sont établis ces désordres de l'appareil osseux.

Toutes les fois que le rachitis a eu lieu de bonne heure, on peut croire qu'il s'étend aux os du bassin ; quand, au contraire, il n'a lieu que vers l'âge de la puberté, le bassin reste ce qu'il était, puisqu'alors son ossification est achevée depuis long-temps, et que la disposition des pièces qui le composent est de nature à lui prêter plus de résistance que ne peuvent en offrir la plupart des os du corps. Cet accomplissement de l'ossification, dans le bassin, a lieu vers l'âge de sept ans; alors de nombreuses viciations peuvent se faire dans l'habitude générale, sans participation aucune de la part du bassin. Ceci est vrai pour la généralité des circonstances, mais n'est pas exempt d'exception : nous avons eu plus d'une fois occasion d'observer des vices de conformation, chez des femmes qui n'avaient été déformées des membres ou de la colonne que vers la puberté, d'autres étaient viciées dès l'enfance, et le bassin avait conservé ses proportions intactes.

La première de ces exceptions se rapporte à l'affection connue sous le nom d'ostéomalaxie, dans laquelle le phosphate de chaux est repris pour la circulation, et disparaît des alvéoles des tissus osseux. Cette maladie est rare, mais il est aisé de comprendre quelle place les sujets qu'elle affecte dans la condition des enfans, et que la viciation du bassin doit en être la conséquence.

La pratique ne devra jamais oublier ces importantes considérations; il en résulte une règle d'hygiène, qui peut sauver les déformations du bassin, quand on la suit avec persévérance : c'est qu'un enfant dont la débilité s'accompagne de ramollissement osseux, de rachitis, doit être continuellement placé dans une situation horizontale; que l'exercice, pour lui, ne saurait aboutir à d'autre fin que les viciations de tous les os; il faut, surtout à l'égard des petites filles, suivre attentivement ce précepte, et s'aider, toutefois, par une médication convenable.

J'ai donné mes soins à une petite fille, chez laquelle les côtes étaient enfoncées considérablement; à la région du cœur, une cavité s'était formée, assez large pour loger un œuf de poule, et les membres se fléchissaient au moindre effort. Elle fut transportée à la campagne, dans un lieu sûr et suffisamment chaud; on lui administra des amers, auxquels on eut soin d'ajouter un régime animal, viandes rôties, vins vieux et de bonne qualité; on prescrivit la position horizontale sur un sommier de plantes aromatiques; les côtes se redressèrent, les membres prirent de la solidité; il y eut parfaite guérison. Aujourd'hui, c'est une femme de dix-huit à vingt ans, qui, je pense, n'aura pas d'accidens à redouter, si elle devient enceinte. Je dis, je pense, parce que je ne me suis pas assuré de la conformation.

Mensuration. — Vous savez, Messieurs, que nous sommes très-souvent obligés de nous prononcer sur les dispositions du bassin d'une femme, sans recourir à aucun moyen de mensuration directe. Il faut souvent nous en tenir à des approximations générales; quand les hanches sont sur une même ligne horizontale; quand, à la chute des reins, existe une dépression convenable; qu'au dessous, la convexité fessière n'est pas interrompue par un aplatissement anormal, il est probable alors que la conformation est bonne; il faut encore que la saillie pubienne ne soit ni déprimée, ni trop proéminente; que la mesure entre les épines iliaques, antérieures et supérieures, soit de 9 pouces ou 9 1\|2; qu'il se trouve 4 pouces entre les deux tubérosités ischiatiques : le contraire de chacun de ces signes équivaut à une déformation du bassin.

SEPTIÈME LEÇON.

18 avril 1836.

Dans les mesures extérieures du bassin, j'ai parlé des hanches, prises pour point de départ. Je ne vous indiquerai pas les trochanters; ils vous induiraient en erreur dans des circonstances nombreuses où l'articulation coxo-fémorale est altérée, soit accidentellement, soit d'une manière congéniale.

Mais de pareils moyens n'ont qu'une valeur approximative; s'arrêter à leurs données, c'est nourrir des erreurs fâcheuses, et quand une famille se confie à notre instruction pour savoir s'il n'est pas dangereux que leur fille se soumette aux conséquences du mariage, il faut avoir des moyens de mensuration plus exacts. Cette nécessité a donné naissance à des multitudes d'instrumens appelés pelvimètres, qui tous ne méritent pas que je m'arrête à vous les décrire; je parlerai seulement de ceux qui remplissent le mieux le but auquel on les a destinés. Je n'en connais pas de plus simple que le pelvimètre de Baudeloque : il se compose de deux tiges articulées à charnière, droites du bord, puis cintrées, se regardant par leur concavité, terminées en olive, et tout-à-fait analogues au compas d'épaisseur. On le nommait compas de proportion, parce que vers la racine des branches est placée une ligne transversale, graduée proportionnellement à l'ouverture des extrémités.

Pour mesurer le diamètre antéro-postérieur du bassin, on appuie le bouton de l'une des branches sur la première apophyse épineuse du sacrum, l'autre sur la symphyse des pubis, et le compteur indique les dimensions obtenues, desquelles vous défalquez l'épaisseur du sacrum, 2 pouces et demi, et celle des pubis, un demi pouce, et vous avez alors très approximativement l'étendue du diamètre antéro-postérieur, hors le détroit abdominal. On peut encore, avec cet instrument, mesurer la distance d'une crête iliaque à l'autre, et de même entre les épines, entre la crête et la tubérosité de l'ischion ; mais il est surtout destiné à l'appréciation des distances entre deux points que sépare une forte convexité. Quelques personnes ont proposé de l'appliquer sur la partie la plus reculée d'une symphyse sacro-iliaque et sur le trochanter du côté opposé, dans le but d'obtenir une mesure des diamètres obliques ; mais les différens degrés d'embonpoint modifient considérablement ces distances.

On a fait au pelvimètre de Baudeloque une grande objection ; on a dit que ses résultats étaient insuffisans, puisqu'il pouvait se développer dans le bassin des productions morbides volumineuses. inappréciables avec cet instrument.

La justesse de cette observation a fait naître l'idée des pelvimètres internes avec lesquels on pût apprécier à la fois les vices de construction et les anomalies nutritives.

L'instrument inventé dans ce but par Coutouli a la plus grande analogie avec celui des cordonniers : ce sont deux tiges métalliques; la supérieure glisse dans l'autre; elles sont terminées chacune par un redressement à angle droit qui s'écarte de l'autre quand on fait glisser les deux tiges : un trait est gravé sur la branche inférieure comme index; les degrés sont sur l'autre.

On fait pénétrer l'instrument par ses tiges ascendantes dans la cavité du bassin; on appuie la branche éloignée, celle qui naît de la tige inférieure, à l'angle sacro-vertébral, et l'on ramène le curseur jusque derrière la symphyse pubienne; toutes manœuvres extrêmement faciles sur le bassin décharné d'un squelette; mais, sur la femme vivante, on produit des tiraillemens douloureux, chose fâcheuse en elle-même, et parce que ces douleurs, qui la font se mouvoir, produisent la déviation de l'instrument et trompent ainsi l'observateur, d'autant plus aisément que le bassin est vicié davantage.

Cette objection a donné lieu à une modification créée par Coutouli lui-même; il a placé le curseur en dehors, de manière qu'il s'appuie sur la face antérieure des pubis. Ainsi modifié, ce pelvimètre a l'inconvénient que l'on reproche à celui de Baudeloque. Une autre considération, c'est que vous ne pouvez l'employer chez une jeune fille; il peut s'appliquer seulement chez une femme enceinte, quand elle est sur le point d'accoucher.

Le pelvimètre de Siméon se compose de deux branches terminées en olives, recourbées, se mariant quand on les rapproche, et s'ouvrant à bascule; l'inférieure, plus longue, a une concavité antérieure supplémentaire pour l'angle sacro-vertébral, et le mouvement de bascule ramène l'autre derrière les pubis.

Celui-ci est moins douloureux, mais aussi plus mobile que les précédens; il ne peut pas non plus être appliqué à la mensuration d'une jeune fille.

Un moyen qui d'abord semble fort ingénieux, mais bon tout simplement à figurer dans une collection, c'est la rondelle d'ivoire, biperforée pour le passage d'un cordon qui fait anse, de manière à loger l'indicateur et le pouce, et qui se développe sous leurs efforts. Il est évident que la main, une fois introduite avec cet instrument dans le bassin, on obtiendrait ainsi des mesures par l'écartement des doigts; mais je vous en ai parlé seulement pour mémoire, car il est d'un usage impossible, puisqu'il faudrait introduire la main entière chez la femme, et qu'à peine s'il est possible, au neuvième mois de gestation, de pratiquer le toucher sans produire de vives douleurs.

A quel instrument donc nous arrêter, si pas un de ceux inventés jusqu'ici n'est véritablement applicable? A celui, Messieurs, que la nature nous a donné; c'est le doigt, et un doigt bien exercé vous instruira mieux des dimensions du bassin ; il appréciera même la nature et la résistance des tumeurs qui peuvent le rétrécir.

Avec les précautions qu'exige le toucher, vous introduirez le doigt indicateur jusqu'à l'angle sacro-vertébral, et amènerez son bord radical sous la symphise des pubis. Du point où l'arcade pubienne appuyait jusqu'à l'extrémité du doigt, est une distance qui reste à mesurer ; on défalque 6 lignes, et l'on a la mesure du diamètre sacro-pubien à 2 lignes d'approximation. On peut même ramener le doigt derrière les pubis, de manière à mesurer leur épaisseur et se faire une idée du diamètre bis-liaque en inclinant le doigt vers chacun des côtés. On vous objectera que souvent il n'est pas possible au doigt d'atteindre jusqu'au haut du sacrum ; c'est qu'alors ce diamètre est plus que suffisant, et tout ce qui vous reste à faire, c'est de savoir si cet agrandissement antéro-postérieur n'a pas eu lieu aux dépens de la dimension opposée.

Organes génitaux de la femme.

Je mettrai le plus de brièveté qu'il me sera possible dans cette description ; je veux seulement vous rappeler des choses que vous avez apprises, et les appliquer à la science des accouchemens.

Les organes génitaux de la femme se divisent en externes, que nous pouvons examiner sans faire subir aucune dégradation à ces parties, et en internes, qui ne peuvent s'étudier sans le secours de dissection.

Les parties externes s'étudient depuis l'éminence sus-pubienne jusqu'au coccix ; elles comprennent cette éminence, la grande scissure longitudinale appelée vulve, le périnée, l'anus et l'extrémité du coccix.

J'ai dit que la proéminence pubienne peut devenir un vice de conformation par excès ou manque de saillie. Elle est recouverte de tissu cellulaire assez lâche pour que les tégumens puissent se déplacer en masse et fournir à l'ampliation de la vulve.

Pour ses usages dans l'œuvre de reproduction, et ceux des poils qui naissent à la puberté, ils sont entièrement du ressort de la physiologie.

Outre les affections cutanées générales, la peau de cette région en a une particulière : les poils deviennent quelquefois friables, ils se rompent et, l'extrémité contournée rentre souvent dans l'épiderme; alors de vives démangeaisons se font sentir, deviennent dans quelques cas insupportables, produisent un orgasme des plus fatigans, et sont pour les femmes un véritable supplice.

Il serait très fâcheux que dans une telle circonstance on supposât la présence d'insectes, croyez bien que trop fréquemment il n'existe que cette affection des poils, et qu'il suffit d'onctions répétées pour mettre fin à ce prurit.

M. Ribes a dit que les abcès dans les graisses du bassin ne manquaient pas de s'annoncer par une douleur lancinante à l'éminence pubienne, et que cette douleur, quand elle se manifeste est le prodrôme de leur apparition.

Cette opinion émise par un homme de talent méritait d'être vérifiée. Je dois dire cependant que mes observations m'ont amené à croire que M. Ribes a pris pour règle générale des faits exceptionnels, et pour causalité, une simple coïncidence. Car j'ai vu ces douleurs sans abcès, et de plusieurs abcès qui sont venus à mon observation, pas un ne s'était annoncé par ces douleurs.

La grande scissure de la vulve, que les anciens nommaient *Pudendum*, et désigné par les Gaulois sous le nom de valvule, est très-variable dans la longueur ; elle s'agrandit avec l'âge, et surtout par la distension qui résulte des couches Il arrive même, quand les femmes ne sont pas suffisamment secourues, ou si l'enfant est très-volumineux, que la commissure inférieure se déchire.

La vulve est limitée en haut par l'éminence des pubis, latéralement, par les grandes lèvres, en bas par le bord antérieur du périnée.

Les grandes lèvres sont deux replis membraneux plus ou moins saillans chez telles ou telles femmes, sans aucun rapport avec leur embonpoint ; leurs tégumens sont : en dehors la peau en dedans, le commencement de la muqueuse génito-urinaire. Le tissu qui forme leur masse est cellulaire, dense, peu riche en substance adipeuse, si ce n'est au sommet.

Les grandes lèvres réunies d'abord descendent en se divisant, s'écartent, puis se rejoignent en bas pour former la commissure inférieure. En ce point vous observez une gouttière sur laquelle je tiens à fixer votre attention parce qu'elle sert à diriger le doigt pour le toucher.

Chez un enfant qui vient de naître, à peine existe-t-il des rudimens des grandes lèvres; les petites saillissent au dehors, puis successivement elles sont recouvertes à mesure que les grandes se développent, et bientôt on ne peut les voir sans écarter la vulve. — Les grandes lèvres sont sujettes à des infiltrations séreuses dont le développement est quelquefois considérable ; elles résultent de la compression des vaisseaux chez les femmes enceintes, quand la tuméfaction devient énorme ; elle reconnaît aussi pour cause une disposition lymphatique.

J'ai vu une femme à ce point affectée, que la station, soit debout, soit assise, était tout à fait impossible, et qu'à peine pouvait-elle, couchée, supporter sur ces tumeurs la pression de ses cuisses, dans leur dernier écartement. Quand je suis arrivé, la partie interne des grandes lèvres était frappée de gangrène et la guérison ne s'estfaite qu'avec une perte de substances et de vilaines cicatrices.

Il est donc important d'apporter un obstacle à ces ravages, d'éviter cette mortification des tissus et les brides qu'elle laisse après la guérison, destinées à se rompre sous les efforts d'un autre accouchement.

Il faut dans de pareilles circonstances pratiquer des mouchetures légères et distantes ; car l'expérience nous apprend que le travail inflammatoire produit autour de chacunes d'elles peut donner lieu à la gangrène.

Des tumeurs peuvent se développer dans cette partie des organes génitaux; la plupart appartiennent à la chirurgie, les autres sont de notre domaine. Il en existe d'enkistées. Une de cette nature se rompit sous mes yeux, tandis que le travail s'exécutait, et me donna de grandes inquiétudes. J'aurai l'occasion d'y revenir plus tard.

Quelquefois ces tumeurs sont de véritables hernies vulvaires. Il est bien important que vous ne les confondiez pas avec des lipômes, ou des kistes mélicériques: ici l'opération serait mortelle.

Bien que la substance adipeuse soit en petite quantité dans leur tissu, les grandes lèvres sont quelquefois le siége de lipômes véritables; j'en ai vu un dont le poids allait à cinq onces.— Une fille publique en portait un dans l'épaisseur de la grande lèvre gauche; ce lipôme était du volume d'un rein d'homme. Elle eut peur de l'opération et quitta l'hôpital. Enfin, les grandes lèvres sont le siége d'inflammations de toutes sortes. Les inflammations adhésives produisent quelquefois l'occlusion de la vulve. Je ne fais aujourd'hui que citer cette affection dans l'ordre de sa cause; plus tard elle deviendra pour nous un objet important d'examen, et je me réserve d'entrer à son égard dans des considérations étendues.

Il n'est pas rare de voir une inflammation pseudo-membraneuse s'emparer de cette portion de la muqueuse et se manifester par l'apparition de plaques blanchâtres dont la physionomie rappelle la maladie vénérienne, et que souvent on prend pour elle, tandis que simplement, c'est une affection inflammatoire analogue au croup. Il serait très-malheureux qu'on se méprît sur leur nature, surtout quand il s'agit d'une jeune fille.

J'eus occasion d'arrêter des poursuites que l'on voulait diriger en accusation de viol contre une personne soupçonnée de ce crime à l'égard d'une petite fille de huit ans.

Je reconnus dans cette maladie, qui désespérait la famille, une simple affection catarrhale accompagnée de fausses membranes, comme il s'en était présenté dans l'hôpital plusieurs cas à cette époque. Je vous préviens afin que dans votre conduite vous mettiez la plus grande réserve à prononcer qu'il y a maladie vénérienne, toutes les fois que des taches blanchâtres viennent à naître sur la muqueuse vulvaire, vous devrez, avant tout, consulter la constitution épidémique régnante à ce moment.

Chez l'enfant dont je vous parlais, l'inflammation devint si vive, que deux abcès survinrent et qu'il fallut les ouvrir.

Si vous écartez les grandes lèvres vous voyez un peu plus profondément, et à leur partie interne deux, replis membraneux également tapissés par la muqueuse, ce sont les nymphes ou petites lèvres; adhérentes en haut, elles forment par leur union une sorte de capuchon à un organe que nous allons décrire, puis elles descendent et se perdent vers le tiers inférieur des grandes lèvres. Outre la duplicature membraneuse, elles sont formées d'un tissu cellulaire et fibreux, parcouru de nombreux vaisseaux; c'est déjà le tissu érectile que nous retrouvons à l'orifice du vagin. J'ai dit que dans l'enfance on les voit du dehors, quelques femmes les ont encore très saillans; c'est alors une maladie qui peut rendre la marche difficile et gêner le rapprochement des sexes; c'est une cause fréquente d'irritation, qui peut donner lieu à un développement considérable, analogue dans quelques cas à l'éléphantiasis. Tous ces inconvéniens ont fait naître, dans les pays équatoriaux où cette maladie est commune, l'usage de pratiquer l'excision des petites lèvres, opération fort simple, et qui pourtant est suivie quelquefois d'accidens hémorrhagiques.

La dix-septième observation de Moriceau est relative à la femme d'un fermier, qui venait tous les jours à Paris, montée sur un cheval pour vendre son laitage. La gêne douloureuse qu'elle éprouvait dans cette attitude, lui fit désirer l'excision. Quand Moriceau l'eut quittée, une hémorrhagie survint; rappelé près de cette femme, que l'on disait mourante, il vit la chambre remplie du sang qui ruisselait de son lit. Un tampon de charpie, imbibé d'une liqueur stiptique, placé entre les petites lèvres et les jambes, rapprochées ensuite, suffit pour mettre fin à tous ces accidens.

Ainsi, devrez-vous prendre toutes les mesures

que réclame la prudence contre ces accidens, qui sont possibles, bien que tout-à-fait rares.

Morgagni cite un cas de cette nature.

La même chose est à dire du capuchon qui forme la racine des nymphes, au-dessus du clitoris. Telle est la nature de ce développement, si remarquable chez les Hottentotes, et que l'on nomme *tablier*.

Dans l'écartement supérieur des petites lèvres, et sous le capuchon qu'elles forment, est un petit corps arrondi, plus ou moins saillant, que nous avons déjà nommé : le clytoris.

Cet organe est le rudiment du pénis, à l'exception qu'il est imperforé ; il est aussi formé par les corps caverneux prenant de chaque part naissance à la branche ischio-pubienne, et se réunissant sur la ligne médiane à la commissure supérieure de la vulve, où vient le recouvrir, comme un prépuce, le capuchon dont nous avons parlé.

Le clytoris a des fonctions physiologiques importantes, mais rien d'intéressant pour nous, dans l'œuvre de l'accouchement, si ce n'est dans ses défectuosités.

Il peut être développé tellement, qu'il en impose pour le sexe.

J'ai rectifié dernièrement une erreur de cette nature ; plusieurs accoucheurs avaient été appelés, j'arrivai le troisième. Le travail étant achevé, mes deux confrères avaient cru reconnaître un petit garçon ; je n'examinai pas l'enfant, et je me retirais, quand la garde m'appela pour me faire observer qu'il existait chez ce garçon une disposition singulière : nous vîmes bien alors que c'était une petite fille dont le clytoris avait le volume de mon petit doigt, et dix lignes de longueur.

Une pareille méprise pouvait être bien fâcheuse pour la jeune fille.

Il faut savoir que le volume du clytoris continue à s'accroître chez ces femmes, que les Romains appelaient *confricatices*, *trepadæ*, parce qu'on supposait qu'elles se livraient à des pratiques ridicules, remplissant vis-à-vis d'autres femmes des fonctions masculines.

Le clytoris quelquefois se revêt d'une enveloppe de phosphate de calcaire.

Thomas Bartolin, dans son *Anatomia reformata*, dit avoir vu sur une courtisanne un revêtissement osseux de ce genre.

Cela tenait-il aux habitudes de cette femme?... La rareté de ces affections ne nous permet pas de le croire.

Peut-être faut-il voir là quelque chose d'analogue à la disposition des chiens, dont la verge contient un os, et se trouve revêtue d'une enveloppe fibreuse.

Au reste, c'est une altération tout-à-fait rare. Je la signale, parce qu'elle est curieuse, et qu'il ne faut pas l'ignorer.

HUITIÈME LEÇON.

20 avril 1836.

L'état de la température nous forcera, Messieurs, d'utiliser immédiatement nos préparations anatomiques, et de faire simplement le rapide examen des organes qui nous restent à étudier.

Procédons d'avant en arrière : de suite après la vulve, en haut, derrière le clitoris, est un espace triangulaire appelé vestibule. Tout ce qu'il offre d'intérêt dans la pratique des accouchemens, c'est que l'orifice du canal de l'urètre, étant situé dans sa partie moyenne, il importe de le bien connaître à ses états divers pour les cas où la tuméfaction rend impossible la sortie des urines, et nécessite le cathétérisme, opération alors si difficile par suite du changement d'état; et pour les cas encore où la rétention des urines a pour cause le développement de l'utérus, alors le méat urinaire disparaît tout-à-fait; j'ai vu des hommes, très habiles cependant, ne pouvoir introduire la sonde dans de pareilles circonstances; et quand une femme ne laisse d'autre guide que le toucher, il faut appuyer l'indicateur de la main droite sur le milieu du vestibule, et, sur ce doigt, diriger l'algalie. Il faut savoir qu'à mesure du développement utérin, l'orifice s'élève et se porte en arrière, adossé à la symphyse pubienne, et le canal, surtout, s'accolle à cette articulation, lui devient en quelque sorte parallèle, et rend la manœuvre du cathétérisme extrêmement difficile, quelquefois impossible, et toujours douloureuse.

Il peut aussi se présenter, dans cette partie des organes, plusieurs anomalies; il est bon que vous soyez prévenus à cet égard.

On y voit la muqueuse, comme herniée; dans un état de prolapsus. Morgagni cite des cas de cette nature dans ses *Epistolæ anatomicæ*.

Quelquefois une affection polypeuse s'y développe. J'ai donné mes soins à une femme qui présentait à cette région une tumeur de ce genre qui la gênait sans cesse, qui saignait et la faisait souffrir dans les approches conjugales, dans la marche et l'émission des urines. C'était un véritable polype, de forme et de couleur semblable à une fraise un peu volumineuse, ayant son pédoncule implanté dans la partie moyenne du canal. Une légère traction me permit de faire la section du pédoncule, aucun accident n'eut lieu, elle n'éprouva pas non plus de récidive.

A l'endroit où les deux grandes lèvres sont sur le point de se réunir pour former la commissure inférieure, est une espèce de petit godet appelé fosse naviculaire, plus marqué chez les jeunes filles, et qui s'efface ou se déchire par le passage du fœtus. Elle forme, au bas de la vulve, un réservoir, une coupole, où s'arrêtent les liquides muqueux ou sanguinolens qui peuvent séjourner là, produire un érithème ou des ulcérations, et, de cette manière, la détruire. Les causes les plus promptes de cette destruction, ce sont les ulcérations syphilitiques; et, comme la distance entre cette portion des organes génitaux et le rectum est peu considérable, on ne saurait trop se hâter de recourir aux moyens les plus sûrs d'empêcher la perforation.

J'ai vu, quand j'étais interne sous M. Richerand, beaucoup de femmes affectées de fistules recto-vaginales résultant d'ulcérations vénériennes.

Après la fosse naviculaire, vient immédiatement la commissure postérieure des grandes lèvres.

Puis ensuite le périnée, cloison musculo-membraneuse, dont les dimensions, chez une fille, varient entre douze, quinze et dix-huit lignes d'avant en arrière, et qui toujours éprouve une diminution d'épaisseur chez les femmes à mesure qu'elles ont des enfans. Cette cloison peut aussi s'accroître du rétrécissement de la vulve quand se fait la cicatrisation d'une déchirure, accident qui n'est pas très rare, bien que le périnée soit doué d'une extensibilité considérable et d'un développement énorme, jusqu'à plus de six pouces; mais on conçoit qu'une limite arrive où la rupture doit s'opérer. On a vu des fœtus franchir ainsi le périnée.

Il faut que vous sachiez qu'après un accident pareil et malgré le délâbrement considérable qu'il entraîne, presque toujours la guérison est prompte et se fait sans infirmité.

Le transverse du périnée, une portion du sphincter, l'aponévrose pelvienne, le releveur de l'anus, la partie inférieure du vagin et de l'intestin rectum, telles sont les parties constitutives de la cloison périnéale.

Nous allons étudier maintenant les parties internes des organes génitaux.

Le vagin.

Dans ces dernières années, on proposait la division en organes externes, moyens et internes.

Sous le nom de canal vulvo-utérin, le vagin était regardé comme une partie moyenne des organes génitaux. Nous devrons le laisser au nombre des parties internes, puisque la dissection est le seul moyen que nous ayons de l'étudier.

Le vagin est un canal membraneux situé dans le bassin, au-dessus de la vulve, au-dessous de l'utérus, en avant du rectum, derrière la vessie, et dans l'écartement des deux ligamens larges, ou plutôt dans les graisses du bassin. On a dit qu'il était prismatique, et qu'il présentait quatre faces; distinction bonne pour l'analyse, mais qui n'a rien d'exact : il est vraiment cylindroïde.

Sa longueur varie suivant les âges et les individus, et suivant l'état de gestation ou de vacuité. Il est relativement plus court chez les enfans. Il s'alonge quand la matrice distendue s'élève dans le grand bassin. Sa longueur, chez une fille nubile, est de trois à quatre pouces; je dis trois à quatre, parce que la paroi antérieure et la postérieure sont inégales.

Le diamètre ordinaire est d'un pouce, mais son ampleur devient considérable chez les femmes qui ont eu beaucoup d'enfans. En général, quand il cède dans un sens à la distension, c'est pour diminuer dans l'autre.

J'ai dit que la paroi antérieure est en contact avec la vessie, circonstance importante, puisque la distension du vagin entraîne celle de son adossement vésical, et qu'il n'est pas rare de voir une inflammation gangréneuse y faire suite, et produire une fistule vésico-vaginale. Une pareille inflammation peut résulter encore de l'introduction des instrumens.

La paroi postérieure, inférieurement, n'est séparée de l'intestin rectum que par une couche mince de tissu cellulaire; en haut est le péritoine, qui s'applique sur elle, faisant repli avec la portion de lui-même adossée au rectum. Remarquez cette disposition, et n'oubliez jamais que, faute de maintenir l'utérus en appuyant de la main gauche sur l'ombilic, il arrive de voir le forceps déchirer le vagin et pénétrer dans la cavité abdominale. Vous signaler un pareil fait, c'est dire assez combien vous devez apporter de prudence dans vos manœuvres, et quels événemens vous aurez à redouter.

Intérieurement, on peut considérer quatre parois: une antérieure, une postérieure, deux latérales. La paroi antérieure est plus courte d'un pouce que la postérieure, qui s'accommode à la courbure du sacrum. On voit, sur cette paroi antérieure, des rides transversales qui vont, sur la ligne médiane, en arrière, se confondre dans une sorte de raphé que les anciens avaient appelé colonne du vagin. Ces rides servent à l'alongement du conduit quand l'utérus vient à s'élever, évolution qui n'aurait pas été possible si la nature n'avait mis en réserve une certaine étendue repliée dans l'état ordinaire. La partie supérieure du vagin n'est pas en continuité directe avec la matrice; cette continuité est interrompue en arrière par une espèce de cul-de-sac.

En bas, le vagin se trouve rétréci, même dans la femme déflorée; ce rétrécissement augmente par la présence de la membrane *hymen*.

Cette membrane, dont l'existence a été contestée par des hommes du premier mérite, existe indubitablement toutes les fois qu'elle n'est pas détruite. C'est une cloison, un petit diaphragme situé immédiatement derrière la fosse naviculaire, et dont la forme est variable. Tantôt c'est un croissant à concavité libre et tournée en avant; d'autres fois un anneau complet; chez quelques jeunes filles, c'est un obturateur percé de plusieurs petites ouvertures; parfois il est imperforé. Nous verrons qu'une époque arrive où cette disposition cause des accidens.

La membrane *hymen* est un repli de la muqueuse, contenant, d'après plusieurs anatomistes, des tissus fibreux, mais surtout elle résulte d'une expansion du plexus pampiniforme, et comme tous les tissus érectiles, elle doit contenir des élémens fibreux. Aussi n'est-il pas étonnant qu'elle résiste quelquefois à de violens efforts. Le plus souvent elle cède aux premières approches ; mais cette règle a ses exceptions dans lesquelles il est aisé de se tromper. La présence de cette membrane n'est pas toujours un signe de virginité, et le rapprochement des sexes n'est pas la seule cause de la destruction. Il peut se faire qu'une violence intérieure l'ait rompue, que le séjour du sang derrière elle ait produit son érosion, comme il peut arriver que la fécondation se fasse, elle restant intacte à la faveur d'une grande laxité de sa part, ou de l'exiguité du pénis: je ne serais pas embarrassé pour vous citer des exemples nombreux à ce sujet. J'étais consulté par une jeune fille qui fut extrêmement surprise quand je lui dis qu'elle était grosse; en effet je l'ai trouvée décorée du signe de la virginité. Je compris, à ce qu'elle me dit, qu'elle avait pu, dans son esprit, compter sur l'inefficacité d'un acte qui ne s'était pas consommé. Sa position fut extrêmement embarrassante ; son amant usa de prudence, et ne voulut accepter les conséquences de ce fait qu'il rejeta sur un autre.

Derrière, et au-dessus de la membrane *hymen*, sont deux ou quatre tubercules désignés sous le nom de caroncules myrthiformes; quelques anatomistes pensent qu'elles ne sont que les débris de la membrane. Haller dit avoir vu la membrane et les caroncules sur le même cadavre; j'avoue que je n'ai pas eu l'occasion de faire cette observation; dans tous les cas, elles ont pour usage de fournir à l'ampliation du vagin.

Le vagin est formé d'un tissu propre et de tissus qui lui sont communs avec d'autres parties. Le tissu propre est blanchâtre, nacré, quelques auteurs le considèrent comme une expansion du système fibreux. Je veux bien en effet le regarder comme un tissu fibreux, mais modifié de manière à souffrir l'extension. Je tiens cela de ses qualités physiques et du fait de l'accouchement, du passage de l'enfant, du séjour de la tête qui, sans le déchirer, peut y rester une heure, deux heures et davantage, après quoi, le vagin se retire et retourne à peu près à ses dimensions premières.

Les tissus qui lui sont communs avec d'autres parties, sont les membranes muqueuse et péritonéale.

L'utérus.

L'utérus est un organe essentiellement musculaire. Il est situé au-dessus du paquet intestinal, derrière la vessie dont le péritoine le sépare incomplètement en avant du rectum, et dans l'écartement péritonéal formé par les ligamens larges.

Sa forme est dite ressembler à une poire ou à une pyramide : comparaison inexacte. Sa forme lui est particulière et ne ressemble à aucune bien définie.

Il présente une partie tout-à-fait supérieure appelée fonds; la partie inférieure est désignée sous le nom de col, l'autre portion, intermédiaire à ces deux là, se nomme corps de l'utérus. Il offre une surface interne et une autre externe.

Au dehors, une face antérieure, une postérieure et trois bords : le bord supérieur est formé par le fonds, il est convexe en haut et arrondi d'avant en arrière. Les bords latéraux sont pénétrés par les nerfs et par les vaisseaux utérins; également c'est par eux que se fait la communication des annexes immédiats et médiats, des trompes et des ovaires.

Si vous venez à diviser l'utérus sur la ligne médiane, la cavité se présente à vos yeux irrégulière, variable dans ses dimensions.

Inférieurement, près du museau de tanche, est un rétrécissement au lieu nommé orifice externe; l'espace limité par eux, a pris le nom de col de l'utérus.

Le reste vous présente une cavité triangulaire, dont l'angle inférieur est situé à ce col, et les deux autres sont percés de deux orifices communiquant aux trompes. Cette cavité est lisse et polie; quelques anatomistes ont dit qu'elle était striée. Ceci n'est vrai que pour le col où se voient de nombreuses duplicatures.

L'utérus a son tissu propre, et comme le vagin, il emprunte d'autres tissus aux organes voisins.

Son tissu propre est une couche musculaire, son revêtissement intérieur dépend de la muqueuse vaginale, à l'intérieur le péritoine le recouvre, mais en haut, en avant, en arrière et pas sur les côtés.

La muqueuse de l'utérus diffère singulièrement des membranes qui portent ce nom. C'est avoir trop généralisé que de la désigner ainsi : son organisation est véritablement intermédiaire entre celles des membranes séreuse et muqueuse et semble établir la fusion entre ces deux systèmes à leur point de contact, car, au-delà du col utérin, la dissection ne saurait démontrer la présence d'un tissu muqueux.

La tunique propre est la plus considérable, elle a quatre ou cinq lignes d'épaisseur et plus. Elle est plus rouge vers le fond ; au voisinage du col, elle devient nacrée et grisâtre; elle résiste à l'instrument tranchant à la manière des tissus fibreux, mais dans l'état de plénitude, il est parfaitement évident que sa nature est musculeuse.

NEUVIÈME LEÇON.

27 avril 1836.

Messieurs, nous nous sommes occupés, dans notre dernière leçon, des différens vices de conformation des parties externes de la génération ; nous vous avons parlé de l'imperforation du vagin, soit congéniale, soit produite par une cause accidentelle ; nous vous avons parlé des moyens opératoires qu'on devait employer pour y remédier, mais nous ne l'avons fait que succinctement, parce qu'il vous en sera parlé d'une manière plus détaillée dans le cours de médecine opératoire.

Aujourd'hui nous examinerons les vices de conformation de l'utérus et de ses annexes.

Il faut que vous sachiez, Messieurs, que l'utérus peut être soumis à une multitude de vices de conformation ; il arrive quelquefois que l'utérus manque complètement, il est impossible d'en trouver aucun vestige et le vagin se termine par une sorte de cul-de-sac. Pour peu que vous consultiez les auteurs, vous trouverez des exemples nombreux de ce vice de conformation. Baudeloque en cite un remarquable, qu'il observa sur une femme chez laquelle l'utérus manquait complètement. Cette femme fut unie à un homme par les liens du mariage ; mais elle ne se soumit aux approches conjugales que comme à un pénible devoir ; elle avait toutes les apparences de l'homme ; les seins étaient fort peu développés, les facultés intellectuelles au contraire l'étaient beaucoup ; elle se faisait remarquer par son goût pour les exercices violens, et surtout pour celui du cheval ; en un mot, c'était une femme à qui il manquait quelque chose, c'était une femme incomplète.

Je vais vous dire à quel signe vous pouvez reconnaître que l'utérus manque à une femme. Quand ce vice existe, l'évacuation menstruelle ne se manifeste pas. J'appelle toute votre attention sur ce point, parce que, dans le cours de votre pratique, il vous arrivera d'être consultés pour savoir si une fille, chez laquelle les règles manquent, peut être propre au mariage. Dans ce cas, vous direz, oui, cette fille est propre au mariage, si du reste elle est bien conformée ; mais elle n'y est pas propre si le vice de conformation que nous venons de signaler existe chez elle. Il faut donc, alors se livrer à un examen minutieux pour s'assurer si l'utérus existe. Pour cela vous introduisez une sonde dans le canal de l'urètre et dans la vessie, vous portez le doigt indicateur dans le rectum et vous tâchez de le rapprocher de la convexité de la sonde ; de cette manière il sera facile de s'apercevoir si la tumeur formée par l'utérus existe ou non. Un autre moyen encore consiste à faire coucher la femme sur le dos, à fléchir les cuisses sur le bassin, et dans cette position, à moins qu'il n'y ait un embonpoint excessif, en touchant l'hypogastre, il sera facile de reconnaître l'existence de l'utérus.

Cette absence de l'utérus n'est pas aussi complète dans tous les cas. On trouve quelquefois des vestiges, une sorte de rudiment. Ainsi M. Renauldin a observé un sujet chez lequel il a trouvé, à la place de l'utérus, une espèce de cordon ligamenteux, sans forme bien distincte; cependant c'était un utérus.

D'autres fois l'utérus existe bien développé, avec sa forme normale, et ses annexes, mais il est réduit à des dimensions si exiguës qu'il n'est, pour ainsi dire, qu'à l'état rudimentaire, tel enfin, qu'il existe chez les enfans de deux à trois ans. Il n'est pas rare de trouver des exemples de ce cas; Morgagni en cite plusieurs. Mais je me rappelle surtout en avoir vu deux fort remarquables, le premier à St-Louis, dans le service de M. J. Cloquet; c'était une jeune fille de ving-deux à vingt-trois ans, arrivée à l'hôpital avec une maladie aiguë. Les organes extérieurs de la génération étaient bien développés, le pénil était garni de poils; mais cette jeune fille n'avait jamais eu ses règles. Elle succomba à sa maladie; à l'ouverture du corps on trouva le vagin bien conformé, mais l'utérus était absolument comme celui d'un enfant de deux ans; ce qu'il y avait de plus remarquable encore, c'est que les trompes étaient celles d'une femme pubère et fort bien développées. Le second cas, présenté par le professeur Dupuytren à l'Académie de médecine, était à peu près semblable.

La conséquence physiologique qui découle de ces faits, c'est que les femmes atteintes de ce vice de conformation sont à jamais stériles.

Dans d'autres cas, l'utérus existe bien développé, avec ses dimensions ordinaires, mais cependant offrant d'autres vices. Aussi, il arrive quelquefois que l'utérus, au lieu de s'ouvrir dans le vagin, s'ouvre au-dessus du pubis. Ce cas est fort rare, cependant Morgagni (*epistolæ anatomicæ*) cite l'exemple d'une femme qui offrait ce vice de conformation ; cette femme conçut et l'accouchement eut lieu, mais non sans une horrible dilacération. Il faut dire aussi que les circonstances qui accompagnent ce fait permettent d'élever quelques doutes, car Morgagni dit qu'il le tenait par ouï dire, de je ne sais quel ambassadeur.

D'autres fois l'utérus s'ouvre dans l'intestin rectum, et les faits de ce genre sont beaucoup plus authentiques que les précédens. Il existe, dans un fort bon traité d'accouchemens, deux exemples de deux femmes, chez lesquelles l'utérus s'ouvrait dans le rectum. L'une d'elles, malgré cette conformation vicieuse, se livra au rapprochement des sexes par une voie insolite ; elle put concevoir et l'accouchement eut lieu, mais avec une énorme dilacération. C'est à cette époque qu'un médecin fit une thèse sur cette question : *Possent ne per rectum mulieres concipere?* — *Conclusio affirmativa.* Mais cette thèse fut défendue comme portant atteinte aux mœurs.

Il y a d'autres cas où rien ne dénote qu'il y ait un vice de conformation, et où cependant la cavité de l'utérus se trouve divisée par une sorte de cloison en deux parties, tantôt égales, tantôt inégales. Je me rappelle avoir recueilli à la Maternité l'observation d'un utérus ainsi conformé; je le communiquai à M. Cruveilher qui en a donné le dessin dans son grand ouvrage. La femme, sur laquelle je fis cette observation, mourut à la Maternité, et à l'autopsie, elle présenta cette disposition sans que rien l'indiquât à l'extérieur. Un autre cas de ce genre a été remarqué par un interne du même hôpital, chez une femme qui était venue y faire ses couches et qui offrait cette cloison, s'étendant seulement jusqu'à l'ouverture du col.

Mais la cloison ne se borne pas toujours là et quelquefois elle s'étend de l'utérus à la partie supérieure du vagin, et même jusqu'aux parties externes de la génération, de sorte que la femme semble avoir deux vagins. On en trouve un exemple rapporté par Scorpa (*tabulæ anatomicæ*); c'était une jeune fille de sept ans qui présentait un double vagin, et en même temps deux membranes *hymen*. (Ici M. Moreau fait voir à ses auditeurs une fort belle planche, où se trouve dessiné un cas de ce genre).

Quelquefois cette division médiane se fait sentir à l'extérieur; on remarque une dépression à la place qu'occupe l'utérus, qui, dans ce cas, a à peu près la forme d'un cœur de carte à jouer. La cloison peut s'étendre et diviser l'utérus en deux parties. L'utérus alors n'est pas bifide, mais bilobé et se rapproche de celui des ruminans, des carnassiers, des rongeurs. Il arrive alors que par suite de cette disposition, il existe deux cols. Il est bon que vous connaissiez bien cette anomalie, parce qu'elle peut donner lieu à des erreurs de diagnostic.

Je dois à ce sujet vous rapporter un cas fort curieux que j'ai observé. Une femme ou fille publique vint à la maison d'accouchemens pour faire ses couches. Une élève sage-femme la toucha; le chef de clinique survint, et dit à la sage-femme: Eh bien, où en est-elle? La sage-femme répondit : La dilatation est de tant de lignes, l'enfant est bien placé. Une demi-heure après, une autre élève sage-femme vint toucher cette femme, et dit qu'elle n'était pas en travail, que le col n'était pas dilaté, qu'elle ne sentait pas l'enfant. Cependant au bout de quelques instans, la poche des eaux se rompit et la femme accoucha. Aussi ne manqua-t-on pas de dire à la seconde sage-femme qu'elle ne s'y connaissait pas. Cette particularité fut notée sur le registre d'accouchemens, et la femme sortit de l'hôpital. L'année suivante elle revint, grosse de nouveau. Elle se fit toucher par deux sages-femmes, et il arriva précisément la même chose que l'année précédente. Cette femme fut placée dans mon service, mais elle se trouva dans des circonstances défavorables ; une épidémie régnait alors sur les femmes en couches; elle en fut victime et succomba au bout de quelques jours à une métro-péritonite très-intense. A cette époque je faisais des recherches sur cette maladie, je fis donc l'autopsie et je trouvai un utérus bilobé. Je fus curieux de savoir les circonstances qui avaient accompagné l'accouchement, je consultai le registre et j'y trouvai la note dont j'ai parlé. Voici ce que je remarquai chez cette femme : elle avait deux utérus et le vagin était cloisonné, de sorte que lors qu'elle fut touchée par les deux sages-femmes, la première introduisit le doigt dans le bon vagin qui communiquait avec le col dilaté, tandis que l'autre avait pénétré dans le mauvais vagin et avait rencontré le col non dilaté. Mais il y eut une particularité fort remarquable, c'est que la femme avait conçu la première fois dans la moitié gauche, la seconde fois dans la moitié droite, et que dans le premier cas elle avait eu un garçon, tandis que dans le second, elle avait eu une fille. Je cite ce fait parce qu'il renverse complètement une théorie des anciens à laquelle on avait attaché une certaine importance.

Un autre cas, dont j'ai oublié de vous parler, est celui de l'utérus qui n'existe pour ainsi dire qu'à moitié. Il semble que l'autre moitié soit atrophiée ou presque pas développée. Vous en trouvez un exemple, dans le bulletin de l'École de médecine, recueilli par Chaussier, toujours à la mine féconde de la Maternité. C'était une femme chez laquelle Chaussier ne trouva que la moitié gauche de l'utérus; la moitié droite n'existait pas. Chaussier apprit que cette femme avait eu plusieurs enfans, et à peu près un nombre égal de filles et de garçons; nouvelle preuve contre le système des anciens.

Je ne vous parlerai pas davantage de ces cas; vous voyez les conséquences qui en découlent. Je dois cependant vous dire quelque chose des vices de conformation des annexes de l'utérus. Je serai très-court, mais il est important que vous connaissiez ces circonstances, parce que ne pouvant pas arriver du vivant du sujet à la connaissance de ce vice, il est bon que vous sachiez qu'il peut exister, ce qui vous servira à expliquer le défaut de fécondité chez des femmes bien conformées.

Quand il y a absence de l'utérus, il y absence des trompes, mais lorsque l'utérus est à l'état rudimentaire, les trompes peuvent exister. Il peut arriver que les trompes soient oblitérées et que cette oblitération soit congéniale ou produite par une cause accidentelle, comme une inflammation du bas-ventre. L'extrémité frangée des trompes peut par suite d'une inflammation, contracter une adhérence avec la membrane péritonéale et s'opposer ainsi à la préhension, au saisissement de l'ovaire pendant l'acte générateur. C'est de cette manière qu'on peut expliquer la stérilité des femmes bien conformées, mais qui ont eu des inflammations du bas-ventre.

Quant aux autres vices de conformation des trompes, je vous en parlerai plus tard, lorsque nous traiterons de l'âge de retour. Mais je dois vous parler encore des ovaires; ils se trouvent dans une position qui n'est pas tellement fixe qu'ils ne puissent souvent être déplacés et former une hernie dans la région inguinale. Ce cas est assez fréquent et Percival Pott en cite un exemple fort remarquable. Une femme vint à l'hôpital de Londres ayant deux tumeurs aux aines. Au peu de volume qu'elles offraient, à leur sensibilité, on n'hésita pas à prononcer qu'il y avait hernie; mais quelle était cette hernie? on crut qu'elle était épiploïque. On se décida à faire l'opération et on trouva un corps blanc qu'on crut être l'épiploon devenu squirrheux; le résultat fut le même des deux côtés. Cependant lorsque l'opération fut terminée, on voulut examiner la nature de ces corps et on fut fort étonné en reconnaissant qu'on venait de faire subir à cette femme une véritable castration, qu'on lui avait enlevé les deux ovaires.

La femme guérit, mais un changement singulier s'opéra chez elle; sa voix grossit et se rapprocha de celle de l'homme; les seins s'atrophièrent, les formes perdirent leur rondeur; enfin, elle affecta une démarche analogue à celle de l'homme. Il y a dans ce fait quelque chose de fort curieux sous le rapport physiologique, c'est que la castration de l'homme le rapproche de la femme, tandis qu'au contraire la castration de la femme la rapproche de l'homme.

Si nous voulions être fidèle à notre plan, nous devrions examiner les différens déplacemens dont l'utérus est susceptible, car cet organe peut changer de place d'un instant à l'autre, et lorsque le déplacement est complet, il devient une position permanente, et il en résulte un état maladif; mais cet objet rentre dans un cours de pathologie plutôt que dans un cours d'accouchemens. Aujourd'hui nous devons donc le laisser de côté, sauf à y revenir plus tard, si nous en avons le temps.

Nous allons nous occuper de suite des changemens physiologiques qui se présentent dans les organes de la génération pendant l'état de grossesse.

Vous savez que pendant la grossesse les organes de la génération reçoivent de grandes modifications. Ainsi ces organes avant la conception ne sont pas doués d'une très grande vitalité; mais lorsque la femme a conçu, la nature paraît diriger toutes ses forces vers cet appareil, en un mot, l'animer d'une nouvelle vie. Ce sont ces modifications dont je veux vous entretenir.

Les changemens qui surviennent dans l'utérus par l'état de grossesse, sont de différente nature; ainsi, on peut les considérer sous le rapport de la forme, du volume, de la situation, de la contexture, et enfin des propriétés vitales de l'organe.

La Forme. Vous savez que l'utérus dans l'état de vacuité a une forme à peu près pyramidale, légèrement aplatie d'avant en arrière; par la grossesse cette forme change; l'utérus s'alonge par l'accroissement uniforme qui procède de haut en bas, et il en résulte que la forme de pyramidale qu'elle était devient ovoïde; l'utérus peut être comparé dans cet état à un œuf de grande dimension.

Le Volume. Dans l'état de vacuité, le diamètre

vertical de l'utérus est de 2 pouces 1/2 à 3 pouces ; cependant ce diamètre est très variable, et il est beaucoup plus court chez une jeune fille que chez une femme qui a conçu. Le diamètre antéro-postérieur chez la femme qui n'a pas conçu est de 7 à 8 lignes, la distance d'une trompe à l'autre de 18 lignes, rarement de deux pouces. Si vous mesurez l'utérus distendu par l'état de grossesse, vous trouvez que le diamètre vertical est de 11 à 12 pouces, le diamètre antéro-postérieur de 6 à 7 pouces, la distance d'une trompe à l'autre de 8 à 9 pouces. La circonférence de l'utérus est de 26 à 28 pouces, celles du col de 12 à 14. Vous voyez donc que l'utérus a considérablement augmenté.

La situation et *la direction*. Vous concevez facilement qu'avec le changement de forme et de volume, il est impossible que la situation de l'organe reste la même. Dans les premiers temps de la grossesse le col de l'utérus paraît s'affaisser et se rapprocher des parties externes de la génération. Vers le deuxième mois le fonds de cet organe s'arrondit ; entre le deuxième et le troisième, il arrive au niveau du pubis et quelquefois le dépasse; à trois mois il est à deux travers de doigt au dessus du pubis ; à quatre mois, il est à quatre travers de doigt et le col se trouve dirigé davantage d'avant en arrière ; à cinq mois, il est à deux travers de doigt au dessous de l'ombilic ; à six mois, il est dans la région ombilicale; à sept, il s'élève encore, et à huit, il dépasse la région épigastrique; mais il y a quelque chose d'important à remarquer, c'est qu'à neuf mois il s'abaisse un peu et est moins élevé qu'à huit. On a expliqué cette particularité en l'attribuant à la dilatation du col; mais la véritable cause est la distension, le relâchement des muscles du bas-ventre à cette époque avancée de la grossesse. Nous nous proposons de revenir sur ce sujet, lorsque nous parlerons des signes du terme de la grossesse où la femme est arrivée.

Vous concevez que ces changemens ne peuvent pas exister sans apporter de notables modifications aux annexes de l'utérus, nous examinerons cela tout à l'heure, mais continuons ce qui est relatif à l'utérus. Tant que cet organe se trouve dans le bassin, sa direction est parallèle à la ligne médiane; au quatrième mois, elle est encore ainsi; mais au cinquième mois, l'utérus se dévie, tantôt à droite, tantôt à gauche, mais plus souvent à gauche; cette direction est nécessaire, car l'utérus étant alors très convexe ne peut pas se trouver en contact avec la convexité lombaire, et glisse dans les gouttières qui se trouvent de chaque côté. En se déviant ainsi, l'utérus éprouve une sorte de mouvement de rotation sur son axe, et cette rotation est telle que la face antérieure devient latérale droite et la face postérieure latérale gauche.

Mais, pourra-t-on nous dire, à quoi servent des descriptions aussi minutieuses? il est inutile d'en fatiguer les esprits. Messieurs, nous n'en parlerions pas, si à ces faits ne se rattachaient des circonstances pratiques fort graves. En effet, il y a des cas où la nature ne se suffissant plus, vous êtes obligé de vous armer du fer et de lui venir en aide. Ainsi toutes les fois que vous serez appelés à pratiquer l'opération césarienne, soit par l'ancienne méthode, soit par la méthode de la ligne blanche, si vous ne connaissez pas les modifications apportées dans la disposition des parties par l'état de grossesse, au lieu de diviser les tissus dans le lieu où les vaisseaux s'anastomosent, vous inciserez dans la partie où ils ont un volume plus considérable, et il en résultera une hémorrhagie qui pourra faire succomber le sujet ou tout au moins deviendra un obstacle pour l'accouchement. Ajoutez encore que vous diviserez les nerfs, les trompes et les ovaires qu'il est important de ménager. Vous voyez donc, Messieurs, combien il est utile de connaître les modifications que je viens de vous détailler.

Maintenant que vous connaissez bien les changemens apportés par l'état de grossesse dans la forme, le volume et la situation de l'utérus, disons quelque chose des organes voisins.

A mesure que l'utérus s'élève, il pousse de bas en haut le paquet intestinal ; mais jamais on ne trouve d'anse d'intestin entre l'abdomen et l'utérus ; on trouve seulement quelquefois une portion de l'épiploon. D'un autre côté l'utérus refoule la vessie; de là naît une difficulté fort grande pour le cathétérisme , soit pendant les derniers temps de la grossesse, soit pendant les derniers momens du travail, où cette opération devient complètement impossible.

Ensuite, l'utérus en se développant attire sur

lui la membraue péritonéale, les quatre replis faciformes disparaîssent entièrement, et le péritoine s'applique sur l'utérus. D'un autre côté le ligament rond ne pouvant pas suivre le développement de l'organe, ne se trouve plus à sa partie supérieure, mais accolé à peu près à la partie moyenne du corps.

Ce qui me reste maintenant à dire, Messieurs, sur les autres modifications de l'utérus dans l'état de grossesse, étant très important, je n'aborderai point ces développemens aujourd'hui et nous les renverrons à notre prochaine leçon.

DIXIÈME LEÇON

9 avril 1836.

Dans notre dernière réunion, Messieurs, nous nous sommes occupé des différens vices de conformation de l'utérus; nous avons vu combien ils étaient nombreux et variés; nous avons vu que dans beaucoup de cas, ils pouvaient amener la stérilité, que dans d'autres cas les fonctions de l'organe, sans être suspendues, pouvaient rencontrer un obstacle proportionné à la gravité du vice de conformation. Nous ne reviendrons pas sur ce sujet.

Nous avons terminé notre leçon par l'exposition des phénomènes physiologiques auxquels étaient soumis pendant l'état de grossesse la forme, le volume, la situation de l'utérus. Il est bon de rappeler quelques instans votre attention sur ce qui est relatif au volume.

L'utérus, dans la grossesse, ne se développe pas d'une manière uniforme, c'est-à-dire, que toutes les parties n'acquièrent pas simultanément un développement proportionnel. Ainsi, le fond se développe plus rapidement que le col. Si nous nous reportons à l'anatomie, nous trouvons l'explication de ce phénomène. En effet, nous avons remarqué que dans le fond de l'utérus, les fibres sont plus molles, plus relâchées que celles du corps de cet organe, et que les fibres du col sont encore beaucoup plus denses et plus serrées que les unes et les autres, au point que dans l'amputation de cette partie, le fer rencontre une résistance assez considérable.

Ainsi l'utérus se développe d'abord par le fond, de sorte que si on l'examine au deuxième et troisième mois de la grossesse, on voit que ce développement s'est fait au-dessus des trompes; après le troisième mois le développement sè fait au dépens du corps, et enfin dans les trois derniers, il se fait aux dépens du col.

Il faut cependant se hâter de reconnaître que dès la conception il s'opère une modification dans tout l'organe; il y a un plus grand afflux de liquides, le tissu tend à se ramollir et à offrir moins de résistance. Mais en se dilatant, le tissu de l'utérus se comporte-t-il comme celui des organes creux, de la vessie, de l'estomac? Si nous consultons ce qui a été écrit à ce sujet, nous trouvons une divergence d'opinions extrême. Ainsi, les anciens pensaient que l'utérus se développait comme les organes que je viens de citer; mais les anciens n'étaient pas très avancés en anatomie et ils avaient été portés à conclure par analogie d'après ce qui se passe chez les ruminans. L'opinion des anciens a été reproduite dans ces derniers temps par des hommes auxquels l'art des accouchemens doit beaucoup; ainsi, Morisot, qui a été un des flambeaux de la science, prétend que le tissu de l'utérus s'amincit, tandis que d'autres prétendent qu'il augmente d'épaisseur.

D'autres soutiennent que le tissu de l'utérus ne s'amincit pas, mais qu'il n'augmente pas d'épaisseur et qu'il reste pendant l'état de grossesse ce qu'il était auparavant. Comment expliquer des opinions si diverses émises sur un même fait, si l'on ne tenait compte des circonstances où ces auteurs se sont trouvés et des tendances de l'esprit humain à généraliser?

L'erreur de Mauriceau est très-concevable : car si vous touchez une femme dans les derniers temps de sa grossesse, vous trouvez le tissu du col aminci. Pour avoir une opinion bien fixe et bien nette sur cette question, il faut examiner l'utérus arrivé à son summum de développement ; or, l'occasion ne s'en rencontre pas souvent et l'on ne peut l'avoir que lorsqu'on est conduit à pratiquer l'opération césarienne, ou lorsqu'une femme meurt par une cause quelconque dans les derniers temps de sa grossesse. Si alors on examine l'utérus, on verra comment il est possible de concilier les trois opinions dont je viens de parler. En effet, vous trouverez le tissu de l'utérus épaissi au lieu où s'insère le placenta, à peu près le même qu'auparavant au corps, et enfin considérablement aminci au col. Il n'en faut donc pas davantage pour expliquer la divergence des auteurs.

Si vous comparez par la balance la masse de l'utérus pendant les derniers temps de la grossesse à ce qu'elle est avant la grossesse, vous verrez que la dilatation de cet organe est bien différente de celle des autres organes creux ; il y a, en effet, entre ces deux étatsde l'organe une différence énorme, et d'après les expériences de Levret, l'utérus vidé du produit de la conception est à l'utérus naturel comme un est à onze trois quarts. Mais, nous devons dire que, pour arriver à un résultat positif, il faudrait avoir pesé l'utérus avant et après la grossesse chez la même femme. Cependant ce que l'on sait suffit pour dire qu'il y a, pendant la grossesse, un accroissement considérable dans l'utérus.

Je ne m'étendrai pas sur la théorie de Solayrès préconisée aussi par Baudeloque. Par cette théorie, ces deux praticiens attribuaient l'accouchement au défaut de résistance du col qui était obligé de céder à l'action réunie des fibres du fond et du corps de l'utérus. Ainsi, d'après cette opinion, pendant les six premiers mois de la grossesse, les fibres du fond et du corps se développent; pendant les trois derniers, celles du col se dilatent, et lorsque, par tel ou tel accident, par une constitution lymphatique, le col cède plus tôt, l'accouchement a lieu plus tôt.

Oui, ceci peut être vrai; mais il n'en est pas toujours de même; la pratique le prouve. Ainsi, je donne, dans ce moment, mes soins à deux dames. La première a fait trois fausses couches, et enfin dans sa dernière grossesse, elle avait été assez heureuse pour arriver sans accident jusqu'au sixième mois. Un jour, elle fit une course à la suite de laquelle elle se trouva très-affaissée ;

elle me fit appeler et je fus effrayé en voyant que le col était considérablement abaissé; j'avais d'abord lieu de penser qu'elle n'irait pas huit jours sans accoucher, et aujourd'hui tout porte à croire qu'elle ira à terme. La seconde m'a offert un exemple à peu près semblable. Elle avait aussi fait plusieurs fausses couches; se croyant menacée d'en faire une nouvelle, elle me fit appeler; je trouvai un suintement sanguinolent, le col presque effacé et très-dilaté; j'ordonnai le repos, je fis tirer un peu de sang et les accidens disparurent. Ainsi, en résumé, lorsque le col s'efface avant le terme, on peut craindre une fausse-couche, mais il y a des exceptions.

Baudeloque disait encore que, lorsque les fibres du col retardaient leur dilatation, il y avait retard dans l'accouchement. Ce qu'il y a de certain c'est que ces retards se rencontrent quelquefois. Ainsi, j'ai donné mes soins à une femme qui, d'après son compte, porta dix mois et vingt jours, et d'après le mien, dix mois et dix jours, dix jours de plus que la loi n'accorde. Ce retard se rencontre surtout dans le cas de squirrhe, où la dilatation du col devient plus difficile. On peut donc admettre l'explication de Baudeloque jusqu'à ce qu'on en ait une meilleure.

Mais revenons aux autres changemens apportés dans l'utérus par la grossesse, changemens qui offrent des circonstances pratiques fort importantes.

Nous avons dit que l'utérus éprouvait des changemens dans sa *texture*. En effet, dans la grossesse, tous les tissus de l'utérus sont considérablement modifiés, mais celui qui éprouve le plus de changemens, est le tissu propre de cet organe. Ce tissu d'une nature équivoque, puisque les uns l'ont rangé parmi les tissus fibreux, les autres parmi les tissus musculeux, revêt alors des caractères tellement tranchés, acquiert des propriétés tellement caractéristiques des tissus musculeux, qu'il est impossible de ne pas le ranger parmi ces derniers. Ainsi ces fibres se prolongent, deviennent rosées, pas toujours cependant, parce que chez tous les animaux, le tissu musculeux n'est pas toujours rouge, et si l'on soumet au lavage un muscle d'un homme, il prend une teinte blanchâtre. Ce tissu, qui d'abord était inextricable, se dessine d'une manière plus régulière, et l'on peut suivre les fibres dans des directions différentes.

Il y a sur cette texture de l'utérus une multitude de théories. Ruysch croyait que l'utérus était formé par un plan de fibres charnues, disposées circulairement, et dont le centre était au milieu de l'organe. D'autres auteurs après lui se sont plus ou moins rapprochés de cette théorie. Alphonse Leroy prétend qu'il y a deux plans, un superficiel et l'autre profond; Mme Boivin, qui s'est livrée à des recherches sur cette matière, a admis quelques-unes de ces explications.

Enfin, si vous examinez un utérus distendu par le produit de la conception, vous verrez que les ligamens ronds de cet organe ne sont autre chose que la prolongation des fibres utérines. Que conclure de tout cela? Qu'il faut en revenir à l'explication des anciens et dire que le tissu de l'utérus est inextricable et qu'on peut le comparer à celui du cœur.

Les vaisseaux de l'utérus éprouvent aussi des modifications pendant l'état de grossesse. Vous savez que, dans l'état de vacuité de l'utérus, ces vaisseaux ont peu de volume; ils pénètrent dans cet organe par l'écartement des deux replis péritonéaux, se répandant de gauche à droite en forme de zig-zag, et viennent s'anastomoser sur la ligne médiane avec les vaisseaux du côté opposé. Avec la grossesse, les fibres du tissu utérin s'éloignent les unes des autres, il en résulte que les vaisseaux sont moins comprimés. A mesure que le tissu musculaire se développe, le tissu artériel suit ce développement; il tend à se rapprocher de la ligne droite et son incurvation devient moins grande. Ainsi le calibre des artères augmente à mesure que les sinuosités diminuent.

Les veines satellites des artères éprouvent les mêmes changemens, et cet accroissement de volume pour les veines est nécessaire, car, comme il arrive plus de sang dans l'utérus pendant la grossesse que dans l'état naturel, si le calibre des veines n'était pas augmenté, le sang éprouverait de la difficulté pour retourner au cœur et la mère étoufferait.

Ainsi il y a augmentation du calibre des artères et des veines, et ces derniers vaisseaux sont tellement dilatés qu'on peut introduire le petit doigt dans leur orifice. Les veines ainsi modifiées ont reçu le nom de *sinus utérins*, et quelques auteurs ont voulu les considérer comme tenant le milieu entre les veines et les artères; mais il est bien certain que ce ne sont que les veines de l'utérus augmentées.

Que résulte-t-il de cet accroissement? c'est que le sang est plus abondant, que la circulation est plus active, et que si par une cause quelconque il arrive un écoulement de sang, il peut être très-abondant et faire périr la femme.

Les vaisseaux lymphatiques sont également susceptibles d'augmentation. Ainsi Ruysch dit avoir injecté ces vaisseaux et les avoir trouvés du volume d'une plume de corbeau. Il n'y a même pas besoin de recourir à l'injection, et ceux qui dans les hôpitaux ont disséqué des femmes mortes de péritonites à la suite de couches, ont trouvé ces vaisseaux très-développés. Nous pouvons aussi consulter l'ouvrage de M. Cruveilher et nous verrons que les vaisseaux lymphatiques sont susceptibles d'une telle distension que M. Cruveilher dit en avoir vu distendus par le pus, jusqu'au volume de la veine saphène.

Les nerfs aussi augmentent de volume, et William Hunter en cite plusieurs exemples.

Je dois maintenant vous parler des modifications que l'état de grossesse fait subir aux *propriétés vitales* de l'utérus. Vous savez que, dans l'état naturel, les propriétés vitales de cet organe sont réduites aux propriétés de la vie organique, comme dit Bichat, propriétés en vertu desquelles chaque organe peut puiser les matériaux nécessaires à la vie et chasser les matières impropres à l'entretien de la vie; mais par la grossesse, ces propriétés se développent et acquièrent une intensité beaucoup plus grande.

Par les modifications de tissus que nous avons signalées, les forces toniques, si je puis m'exprimer ainsi, sont plus grandes. Il y a deux autres propriétés qui sont surtout augmentées, c'est la sensibilité et la contractilité.

On ne peut pas dire que la sensibilité animale soit nulle dans l'utérus pendant l'état naturel, car si on touche une femme, elle a la sensation du choc sur le col; cela n'est pas étonnant, puisque sur ce point se réunissent des filets du plexus lombaire; la sensibilité existe également au fond de l'organe qui reçoit des filets du trisplanchnique. Mais cette sensibilité se développe tellement par la grossesse, que non-seulement elle existe pour le col, mais encore pour la surface interne de l'organe et que la femme perçoit les mouvemens du fœtus. D'autres circonstances qui vous prouveront encore combien cette sensibilité se développe, sont les douleurs que la femme éprouve dans les contractions utérines pendant l'enfantement, et lorsqu'on est obligé de porter la main dans l'utérus pour opérer la version; dans ce cas, les femmes éprouvent des douleurs tellement atroces, qu'elles disent qu'on leur arrache les entrailles.

La propriété la plus remarquable de nos organes est sanscontredit la contractilité organique sensible. Cette propriété s'accroît, non seulement dans l'état de grossesse, mais encore toutes les fois qu'il existe un mouvement de fluxion dû à un état morbide ou à tout autre cause. Ainsi, quand il existe un polype dans l'utérus, cet organe se contracte et le polype est chassé absolument comme le produit de la conception; il n'y a donc aucun doute sur cette propriété, puisqu'un corps contenu dans l'utérus tend toujours à être expulsé. Au reste, si quelqu'un pouvait en douter, je l'engagerais à observer ce qui arrive lorsqu'on porte la main dans l'utérus, soit pour extraire le placenta, soit pour retirer des caillots; la main se trouve alors chassée avec force. Cette propriété persiste même lorsque la contractilité animale n'existe plus. Ainsi lorsqu'un homme est mort, ses muscles ne se contractent plus, à moins que ce ne soit par le galvanisme, tandis que dans les viscères creux, la contractilité persiste plus longtemps. En effet, on voit un animal mort expulser de l'urine et des matières fécales; ouvrez le ventre d'un animal qui vient de mourir, et vous verrez les contractions du canal intestinal. Il est probable que la même chose se passe chez la femme, et voici ce qui le prouve, c'est qu'on voit le produit de la conception expulsé lorsque les muscles n'ont plus d'action; de même pour l'expulsion des caillots.

Je dois vous citer à cette occasion un fait que j'ai observé. Je fus appelé par une sage-femme auprès d'une femme que je trouvai morte d'hémorrhagie; le col était assez dilaté et je crus qu'il y avait quelques chances de sauver l'enfant; je procédai donc à l'accouchement; j'amenai l'enfant, mais il était privé de vie; en portant le doigt dans l'utérus, il fut repoussé avec force et je crus un instant que la femme n'était pas morte.

Ces propriétés vitales jouent un très-grand rôle; mais pour que les choses se passent bien, il faut qu'elles soient dans l'état normal, car elles sont susceptibles d'être exaltées à un trop haut degré et alors elles peuvent amener des phénomènes très-fâcheux.

ONZIÈME LEÇON.

2 mai 1836.

Messieurs, nous vous avons parlé dans notre dernière leçon des changemens apportés par l'état de grossesse dans l'utérus, dans les vaisseaux, les nerfs; nous vous avons aussi parlé de l'accroissement des forces vitales dans cet organe; nous vous avons dit que non seulement ces propriétés augmentaient, mais qu'il s'en développait de nouvelles. Nous vous avons encore entretenu de la contractilité organique sensible, et nous avons longuement insisté sur cette propriété, parce que c'est sur elle que sont fondés les phénomènes de l'accouchement; mais vous avez vu que cette propriété était susceptible d'être modifiée dans son intensité, et qu'il était nécessaire de connaître ces modifications, parce qu'il en résultait des circonstances pratiques fort importantes. Ainsi, nous vous avons rappelé que dans quelques cas cette propriété est tellement exaltée, et portée à un point si extrême, qu'il en résulte un obstacle fort difficile à surmonter. Je vous en ai donné la preuve en vous rappelant ce qui arrive en portant la main dans l'utérus; dans certaines circonstances la contraction est si forte, que l'homme le plus vigoureux ne peut laisser sa main dans l'utérus, ainsi il m'est arrivé plusieurs fois d'avoir la main dans cet organe, de tirer les pieds du fœtus, et de ne pouvoir retirer ma main pour amener le fœtus au dehors.

Il résulte de ce phénomène que quelquefois le tissu de l'utérus se déchire, et le fœtus passe dans l'abdomen ; c'est là un cas fort grave, et dont la femme est ordinairement victime; nous y reviendrons plus tard.

Seulement il faut que vous sachiez que par opposition, cette faculté contractile peut être diminuée, suspendue, presque annihilée, et il en résulte des phénomènes sur lesquels je dois appeler votre attention.

Lorsqu'il y a suspension de la contractilité, les accoucheurs appellent cet état atonie, ou inertie de l'utérus; mais remarquez bien qu'il n'y a dans ce cas que diminution et non abolissement des forces vitales; autrement la femme ne tarderait pas à succomber.

Cette atonie peut affecter quelquefois la totalité de l'organe ou seulement quelques-unes de ses parties, tandis que les autres restent douées de contractilité. Elle peut aussi se manifester pendant le cours du travail, après l'expulsion d'une partie du fœtus, et le plus ordinairement après l'expulsion de la totalité.

A quoi servent ces distinctions? Eh bien, Messieurs, je vous le répéterai encore, il en découle des circonstances pratiques fort importantes. Ainsi, lorsqu'il y a atonie générale, il n'en résulte rien de bien grave, si ce n'est un ralentissement dans la marche du travail, inconvénient auquel on peut remédier avec de la patience et du temps ; mais il n'en est pas de même lorsque l'atonie survient après l'expulsion d'une partie ou de la totalité du fœtus. Lorsque le fœtus est sorti en entier, le cas n'est pas encore aussi grave que lorsqu'il n'y en a qu'une partie; cependant l'utérus n'étant pas revenu sur lui-même, les communications des vaisseaux restent ouvertes, et on dit avoir vu de graves hémorrhagies se faire par le cordon ombilical. Jusqu'à ce jour je n'ai observé aucun cas de ce genre, mais Baudeloque dit en avoir vu, et lorsqu'un fait de cette gravité est affirmé par Baudeloque, nous devons y croire. Je pense qu'alors il n'y a qu'une chose à faire, c'est de pratiquer la ligature du cordon ombilical sur le bout qui tient à la mère.

Mais quand l'atonie de l'utérus survient, lorsqu'il y a encore une partie du placenta qui tient à la mère, il arrive que les vaisseaux du placenta étant ouverts, et l'utérus ne revenant pas sur lui-même, il en résulte une hémorrhagie proportionnée à la quantité de placenta qui reste attachée. Cette circonstance est beaucoup plus grave, parce que, dans le premier cas, il suffit du repos et de quelques moyens toniques pour attendre l'expulsion naturelle du placenta, tandis que dans celui-ci l'hémorrhagie ajoutant à la débilité de l'organe, plus on attend, plus on court de risques.

Nous devons, dans ce cas, employer des moyens actifs et procéder à la délivrance artificielle. C'est ce qui m'est arrivé il y a quatre jours ; j'ai été appelé pour un cas semblable auprès d'une femme d'un tempérament lymphatique ; je la délivrai artificiellement ; à l'instant la perte cessa, l'utérus revint sur lui-même, et la femme aujourd'hui va très bien.

Quelquefois l'atonie ne survient qu'après l'expulsion du fœtus et du placenta. Alors les vaisseaux sont largement ouverts, et il y a une hémorrhagie qui emporte les femmes, si elles ne sont pas secourues promptement ; et quelquefois même, hâtons-nous de le dire, malgré les soins les plus prompts, des femmes ont succombé. Il faut bien dire cela, Messieurs, pour ne pas imprudemment et comme on le fait trop souvent, jeter le blâme sur l'homme de l'art qui a fait tout ce qui a dépendu de lui.

Voilà pour l'atonie générale. Quant à l'atonie partielle, elle peut affecter le col, le fond de l'organe jouissant des propriétés contractiles, *et vice versâ.* L'atonie du col est la plus fréquente, cela se conçoit très bien, parce que cette partie est la plus épaisse ; par conséquent, lorsqu'elle est distendue pendant long-temps par la tête du fœtus, la faculté contractile est anéantie, et le col ne revient plus sur lui-même. Que résulte-t-il de cet accident ? rien de bien grave ; il se fait une hémorrhagie d'un sang très coagulable, et qui s'arrête d'elle-même en bouchant le col.

Les cas qui doivent le plus fixer votre attention, sont ceux où l'atonie frappe le fond et le corps de l'utérus, le col revenant sur lui-même, j'entends parler de la partie supérieure du col.

Lorsque la tête du fœtus occupe le vagin, le reste du corps étant expulsé, le col reste béant à sa partie supérieure; les fibres du corps de l'utérus étant frappées d'atonie par un long travail, il y a pour ainsi dire interruption entre la cavité du fond et le col; le sang s'accumule, et vous êtes étonné en portant la main sur le ventre de trouver le fond de l'utérus de niveau avec l'ombilic, ou l'ayant dépassé. Si vous n'y faites attention, la femme ne se plaint pas; au contraire, elle éprouve une sorte de bien-être, elle vous dit qu'elle est disposée au sommeil, elle vous engage à ne pas la déranger et à la laisser dormir. Gardez-vous en bien! ce n'est qu'un sommeil trompeur; la malheureuse s'endormirait pour ne plus se réveiller! En effet, l'affaissement qu'elle éprouve n'est dû qu'à l'hémorrhagie intérieure.

Nous reparlerons plus tard de ces accidens; revenons à l'atonie.

Maintenant que nous avons parlé des principales variétés de ce phénomène, disons quelque chose de ses causes.

Ces causes sont nombreuses. Les unes sont inhérentes à la constitution; les autres fortuites, accidentelles. Parmi les premières, vous pouvez ranger le tempérament lymphatique, l'affaiblissement de la constitution par une cause quelconque, comme une mauvaise nourriture, la misère, des chagrins profonds; toutes ces circonstances en effet disposent à l'atonie.

Les causes accidentelles sont celles-ci: une distension énorme de l'utérus, soit par l'accumulation du fluide amniotique dans cet organe, soit par l'existence de plusieurs fœtus; un travail trop opiniâtre et prolongé outre mesure, par exemple chez une femme d'un âge avancé et accouchée pour la première fois, et chez d'autres qui, étant très lymphatiques, ne mettent pas les muscles en jeu et abandonnent l'utérus à ses propres forces; enfin, l'affaiblissement qui résulte d'hémorrhagies pendant la grossesse ou pendant l'accouchement.

Vous reconnaîtrez que l'atonie existe en totalité ou en partie aux signes suivans. Quand la femme accouche, à la nature des contractions, au peu de progrès que fait le fœtus après l'écoulement du fluide amniotique; lorsque la femme est accouchée, en portant la main sur le ventre, vous ne trouvez pas le globe utérin; tout est mou, flasque, et l'abdomen, si je puis me servir de cette comparaison, ressemble à un linge mouillé; si au contraire vous portez la main à l'utérus, vous trouvez une large cavité. Voilà pour l'atonie générale.

Si l'atonie est partielle, voici ce que vous remarquez. Au premier abord vous apercevez sur l'abdomen la formation du globe utérin, et en portant le doigt dans le col vous sentez l'utérus revenir sur lui-même; mais si vous portez la main sur le ventre, vous voyez l'utérus s'élever vers l'ombilic et quelquefois même le dépasser, et si vous la portez dans l'utérus, il n'y a plus aucun doute, et vous vous apercevez que cet organe n'est pas entièrement revenu sur lui-même.

Quel est le pronostic que l'on doit porter dans ce cas? il est variable. Ainsi, il est peu fâcheux lorsque la femme est simplement affaiblie; mais il devient plus grave si c'est la constitution de la femme qui est débilitée, et cette gravité est d'autant plus grande que la débilitation de la constitution est plus considérable et qu'il y a eu un écoulement de sang plus immodéré.

Que faire dans cette circonstance? la conduite de l'homme de l'art varie suivant le cas. Si vous avez affaire à une femme molle, d'une constitution appauvrie, restez tranquille, engagez la malade à prendre du repos, prescrivez-lui l'usage d'alimens un peu toniques et contenant beaucoup de parties nutritives; ainsi à de bon bouillon vous unirez des vins généreux et pas trop chauds cependant; sous ce rapport les vins d'Espagne et du midi de la France conviennent parfaitement.

Si l'atonie survient après l'accouchement, il y a quelques indications particulières à remplir. D'abord si cette atonie existe sans hémorrhagie par le cordon, il faut attendre; s'il y a une hémorrhagie, il faut procéder à la délivrance artificielle; ce qui est relatif aux hémorrhagies internes, nous en parlerons lorsque nous traiterons des grandes hémorrhagies; je dois dire seulement, avant de terminer, qu'en principe il faut se hâter de délivrer l'utérus des corps qui le distendent

www.ingramcontent.com/pod-product-compliance
Ingram Content Group UK Ltd.
Pitfield, Milton Keynes, MK11 3LW, UK
UKHW021101260726
13994UKWH00002B/634